Hans Fricke

Der Toplitzsee

Hans Fricke

Der Toplitzsee

Meine Zeitreise.

Mit 90 Abbildungen
und Dokumenten

Amalthea

Meinem verstorbenen Freund
Dieter Heunemann
gewidmet

Besuchen Sie uns im Internet unter:
www.amalthea.at

Umschlaggestaltung: Kurt Hamtil, verlagsbüro wien
Umschlagfotos: U. Moeckli und H. Fricke
Herstellung und Satz: VerlagsService Dr. Helmut Neuberger
& Karl Schaumann GmbH, Heimstetten
Gesetzt aus der 11,5/15 Punkt Minion
Druck und Binden: CPI Moravia Books GmbH Korneuburg
Printed in Austria
ISBN 978-3-85002-676-5

Inhalt

Zu diesem Buch
7

Vom Pazifik an den Toplitzsee
20

Aufbruch zum Gipfelsturm nach unten
32

»Unternehmen Bernhard«
oder »Geld wie Heu«
54

Wurm »Willi« und seine Schwefelwelt
76

Unterwegs mit Meisterfälscher Bernhard Krüger
93

Die Akte CK
115

Die Marineversuchsstation
und ihre Forscher
127

Im Auftrag der Alpenrepublik
149

Der Pharmahändler und andere Glücksritter
167

Das Rätsel der serbischen Bankbehälter
178

Spurensuche in Wien
196

Simon Wiesenthal
und das »Maison Rouge« in Straßburg
209

Henriette v. Schirach
und die verschollenen Wagner-Partituren
222

Eine Zeitreise ganz anderer Art
234

Anhang

Quellen *249*
Dank *250*
Personenregister *252*
Ortsregister *255*

Zu diesem Buch

Ich bin Biologe und liebe meine Tätigkeit über alles. Seit meiner Jugendzeit beobachtete ich tauchend unter Wasser Fische und fühlte mich später als angehender Berufszoologe in meinem beschützten Elfenbeinturm der Wissenschaft recht wohl. Was für ein Privileg war es doch, seinem Hobby nachzugehen und dafür auch noch bezahlt zu werden! Auch wenn die Stipendien eines promovierten Mannes mit einem Dr. vor dem Familiennamen unterhalb des Einkommens einer Putzfrau lagen, gekümmert hat mich das nicht. Ich lebte für meine Wissenschaft. Und die Welt unter Wasser – egal wo auf unserem Planeten – finde ich auch heute noch wahnsinnig aufregend. Ich beobachtete und hielt fest, was dort unten geschah.

Zugegeben – ich habe eine fast »manische« Neugier für alles, was um mich herum geschieht, was ich gerade lese oder erlebe. Ich kann mich sporadisch für Quantenphysik, Herzrhythmus, schwarze Löcher, Plattentektonik, Gaia, Spieltheorie, Tauchboottechnik und vieles mehr begeistern. Heraus kommt dabei ein »solides« Viertelwissen von ziemlich Vielem, was jedoch nicht dazu verführen sollte, unbedingt überall mitreden zu müssen. Es hilft allerdings, Zusammenhänge schneller zu verstehen; es hilft, schneller orientiert zu sein. Aufgewachsen und erzogen hinter dem Eisernen Vorhang hatte ich jedoch – und habe sie auch heute noch – viele Defizite. Damals drehte sich zum Beispiel mein Verständnis für Geschichte vorwiegend um die russische Oktoberrevolution, um die glorreichen Siege der Roten Armee im Großen Vaterländischen Krieg gegen Hitlerdeutschland, um Arbeiterbewegung im verhassten Kapitalismus. Dass es neben

Karl Marx, Friedrich Engels und Lenin noch andere Denker gab, erfuhr ich nur tröpfchenweise.

Ich ging als 18-Jähriger in den Westen, studierte an der Freien Universität in Berlin Zoologie, Physik und Chemie und promovierte dort mitten in den Studentenunruhen am 31. Mai 1968 im Fach Zoologie. Einen Monat zuvor war Rudi Dutschke, charismatischer Studentenführer und Chefideologe der Außerparlamentarischen Opposition, auf offener Straße niedergeschossen worden. Viele Studenten nahmen Partei und standen dem Staat und der Gesellschaft immer ablehnender und skeptischer gegenüber.

Fast gehörte es damals zum guten Ton, auf den Straßen Berlins für die hehren Ziele der Studentenbewegung mitzumarschieren. Es war eine Zeit, die nicht spurlos an mir vorbei gegangen war – und deshalb beginne ich an dieser Stelle, sollte sie doch einen Einfluss darauf haben, worüber ich jetzt schreiben möchte.

Ich hatte einen besonderen Anlass. Kurz nach meiner Flucht aus dem ersten Arbeiter- und Bauernstaat wurde ich in einem Auffangheim des Roten Kreuzes für Abiturienten in der Lutherstraße 17 in der Nähe des KADEWE Zimmernachbar von Rudi Dutschke, einem ruhigen und sympathischen Mitbewohner. Ich verfolgte deshalb in den kommenden Jahren mit Sympathie und Überzeugung seine überaus fesselnden und merkwürdig fanatischen Reden, die er auf dem Campus der Universität mit einer eindringlichen und etwas blechernen Stimme hielt. Der Zufall wollte es, dass ich im Studentendorf der FU in der Potsdamer Chaussee mit Gaston Salvatore im gleichen Haus wohnte. Gaston war Soziologe und die rechte Hand von Rudi Dutschke. Er lehrte uns meist beim Abendessen in der gemeinsamen Küche bis spät in die Nacht hinein die Theorie gesellschaftlicher Umbrüche, Sozioökonomie und evolutionäre Historie.

Von all dem verstand ich als Biologie herzlich wenig, hörte aber trotzdem gern und interessiert zu und lernte dabei eine Menge aus einem ganz anderen Fachbereich. Gaston war ein angenehmer Fanatiker. Wir stritten aber auch über den Aggressionstrieb von Konrad

Lorenz, einem damals gern bemühten Partygespräch, von dem ich ein bisschen mehr verstand, arbeitete ich doch als Doktorand bei diesem berühmten Verhaltensforscher und war im Winter 1967 für ein Jahr nach Berlin zurückgekehrt, um meine Studien an der FU endgültig abzuschließen.

Ich wurde ein sporadischer 68-er, ein Mitläufer, wie es damals viele gab. Wir meinten es ernst und waren von der Sache überzeugt. Beim Marsch auf das Springer-Haus in Westberlin knüppelte die behelmte Stummpolizei – Stumm war der ehemalige Polizeipräsident von Berlin – rabiat auf uns ein. Ich wurde merkwürdig an Bilder aus der NS-Zeit erinnert, an den Aufmarsch der schwarzen Horden. Sahen wir hier einem beginnenden neuen Faschismus ins Gesicht? In einem Hinterhof in die Enge getrieben, machte sich Angst und auch ein bisschen Faszination bei mir breit. »Klatsch, klatsch, Knüppelchen, Schütz – der damalige Regierende Bürgermeister von Berlin – der wünscht sich Krüppelchen«, intonierten wir. So ganz richtig fand ich es allerdings nicht, dass wir in die Mannschaftswagen der Polizei, die uns ohne Zweifel peinigte, stinkende Buttersäure aus dem organisch-chemischen Institut der Universität warfen. Irgendwie gefiel mir die Radikalisierung auf beiden Seiten nicht. Ich konnte auch nicht zustimmen, Gewalt mit Gegengewalt zu beantworten.

All das sporadisch Gesellschaftlich-Politische schien wieder in Vergessenheit zu geraten, als ich nach meiner Promotion zu den Fischen zurückkehrte und in den folgenden Jahren in einem kleinen Zelt in der Sinaiwüste am Roten Meer nach Herzenslust forschte. Doch mich plagte schlechtes Gewissen, in diesen wichtigen aufregenden Zeiten sang- und klanglos wieder im Elfenbeinturm meiner Wissenschaft zu verschwinden. Es war etwas zurückgeblieben, was mich beschäftigte: die Ereignisse draußen in der Welt ließen mich nicht mehr unberührt. In Fernen Osten war der Vietnamkrieg in vollem Gange, Friedensbewegungen entstanden. Als in Berlin anlässlich einer Versammlung des Ordens Pour le Mérite der Kommunarde Fritz Teufel dem bayerischen Ministerpräsidenten Strauß einen Klingelbeutel für den Vietcong vor die Nase hielt und Strauß ausfallend schrie »Ihr seid doch alle besoffen«, nahm die Sympathie für den Vietcong und für das vietnamesische Volk rasant zu. Amerika kam dabei schlecht weg.

Seit diesen Tagen nehme ich Partei für die Unterprivilegierten, und Politiker in den Regierungen sehe ich – besonders auch jetzt mit zunehmendem Alter – mit Verdrossenheit und überaus skeptischem Blick. Allerdings würde ich Gaston Salvatore – falls er seine Meinung bis heute beibehalten haben sollte – und mit ihm Karl Marx widersprechen und nicht mehr die Masse der Arbeitnehmer für den alleinigen wichtigsten Motor »evolutionärer« Historie halten: Veränderungen in beiden Richtungen, gut wie böse, erfolgen meist durch kleine Gruppen. Das lehrt uns auch die Biologie.

In meinem Zelt am Roten Meer, fernab vom Geschehen und in ziemlicher Isolation, kämpfte ich damals mit den ganz profanen Dingen des täglichen Lebens, zum Beispiel: Woher bekomme ich Lebensmittel und Trinkwasser? Nur meine Forschungen erinnerten ein wenig an die Tage in Berlin. Wie verändern Umweltbedingungen die Sozialsysteme der Fische? Das war mein Thema, sozusagen zoologische Gesellschaftsforschung aus sozio-ökologischer Sicht – es klang ein bisschen ähnlich wie die Reden von Gaston Salvatore in der Küche des Studentendorfes in der Potsdamer Chaussee. Ich litt ein wenig unter der Einseitigkeit meiner doch für mich so spannenden Tätigkeit. Und wenn ich draußen im Feld junge Zoologenkollegen meines Alters traf, mit denen ich gern diskutierte, drehte es sich meistens doch nur um unsere unmittelbare Arbeit.

Es fehlte mir an Diversität in unseren Gesprächen, auch in unserem Wissen. Ich hatte von aufregenden Ergebnissen amerikanischer und englischer Forscher über Populationsgenetik gelesen, wie sich erfolgreiche Gene in einer Population ausbreiten – eine verfeinerte und eingängige Grundlage von Darwins Evolutionstheorie. Das Wort Populationsgenetik hatte ich dagegen an unserer Universität nicht einmal gehört. Wir würden auf dem Wissenschaftsmarkt der

Zukunft stets in der zweiten und dritten Reihe stehen, wenn sich dort nicht bald etwas tat. Auch in der Wissenschaft brauchten wir Veränderungen, kleine Revolutionen, wie sie gerade in Berlin stattfanden.

Es lag nicht unbedingt nur an uns selbst. Es war unsere Ausbildung, die gravierende Mängel aufwies: es fehlte an modernem Wissen, aber auch an humanistischer Bildung. Meine alten akademischen Lehrer Klaus Günther oder gar Konrad Lorenz in Seewiesen waren da – obwohl sie zum Establishment gehörten – dem Klassenfeind der Bewegung – von ganz anderem Kaliber. Ihren Gesprächen zu lauschen, war immer ein Fest für das Gehirn. Es waren gebildete Leute, die nicht nur in der Zoologie zu Hause waren. Etwas Humboldtianisches ging von beiden aus. In unseren universitären Lehrplänen dagegen war wenig Platz für Dinge außerhalb des eigenen Fachgebietes. Ich bedauerte sehr, dass ich nie in den Genuss eines »Studium generale« gekommen war.

Ein wenig traf mich allerdings auch eigenes Verschulden. Ich hatte die Vorhallen meiner eigenen Wissenschaft viel zu schnell durcheilt, um möglichst bald wieder draußen im Feld unterwegs sein zu können. Die sporadische Nähe zur Studentenbewegung in Berlin war für mich daher eine willkommene Gelegenheit – ein schneller Blick über eine Mauer in einen anderen Hof. Ich brauchte in Zukunft etwas, was mir hin und wieder so eine kleine zweite Aus-Zeit bescherte, eine Beschäftigung mit etwas ganz anderem, um die vielen eigenen Wissenslücken wenigstens etwas zu füllen. Alles kam unerwartet schnell Anfang der achtziger Jahre durch einen kleinen Süßwassersee im Salzkammergut in Österreich.

Ich war auf der Suche nach einem Tauchboot, und eines der Ziele sollte sein, den über 100 m tiefen Alpenseen auf den Grund zu gehen. Unter ihnen gab es kaum einen, dessen Boden jemals ein tauchender Mensch erreicht hatte: Es sollte gewissermaßen ein Gipfelsturm nach unten werden. Das GEO-Magazin in Hamburg war an diesem Unternehmen interessiert und versprach Hilfe. Was lebt dort unten in der ewigen und undurchdringlichen Finsternis, wo niemals ein Sonnenstrahl hinkommt?

Eines der von mir sorgfältig ausgewählten Gewässer war der Toplitzsee im Salzkammergut in der Steiermark in Österreich, der einzige See, der ab etwa 15 m Tiefe fast sauerstofflos und darunter mit dem giftigen Gas Schwefelwasserstoff angereichert war. Eine einzigartige Chemie also, indem sich dieser See dramatisch von allen anderen unterschied. Weshalb ich ihn auswählte, soll Thema des ersten Kapitels sein. Was ich nicht ahnte und damals auch nicht wissen konnte, war, dass er für mich zu einem Dauerthema werden sollte, das wie Phönix aus der Asche immer wieder auch heute noch sporadisch in mein Leben tritt. Ich wusste auch nicht, dass ich selbst Teil eines Mythos würde, den dieser See umgibt, und dass ich mich auch noch verteidigen und rechtfertigen müsste, nur weil ich darin auf Tauchfahrt ging.

Jeder See, so lernte ich schnell, hat seine eigenen schauerlichen Geschichten und seine eigenen Legenden, die von den Anrainern wie ein Schatz sorgsam gehütet werden. Im Starnberger See z. B. versank angeblich im 19. Jahrhundert auf dem winterlichen Eis ein Achtspänner des Königs. Eine 60-köpfige Pilgergesellschaft ging 1688 im Königssee unter, und ein Volkswagen verschwand dort 1964 auf Nimmerwiedersehen in einem Eisloch. Den VW samt Fahrer haben wir später durch Zufall in 132 m Tiefe tatsächlich gefunden. Der Toplitzsee war im Volksmund berühmt für sein angeblich dort versenktes Nazi-Gold, er war gewissermaßen die Bundesliga unter den schaurig-schönen Seegeschichten. Noch heute zieht es »Schwammerlsucher«, wie sie die Einheimischen nennen, und andere Glücksritter an diesen wunderschönen schmalen See, der von den steilen Felsen des Toten Gebirges umgeben ist. Jeder einigermaßen realistisch denkende Mensch würde sich hüten, einen wertvollen Schatz absichtlich in ein über 100 m tiefes Wasser zu versenken. Es bedarf erheblichen technischen Aufwandes, Güldenes aus dieser Tiefe wieder ans Tageslicht zu befördern. Ein tiefer See ist dafür wahrlich ein ungeeignetes Versteck; es sei denn, ein Corpus Delicti muss für immer verschwinden. Ich bezweifle daher sehr, dass Gold zu dieser letzten Kategorie zählt und dass jemals Gold im Toplitzsee versenkt wurde.

Aber die Macht des Goldes und die Fantasie der Menschen hatte ich schwer unterschätzt. Ich hatte auch unterschätzt, dass ein Vierteljahrhundert vorher an den Ufern des Sees eine deutsche NS-Kriegs- und Nachkriegsgeschichte vom STERN in einer großen 15-teiligen Serie »Geld wie Heu« aufgedeckt wurde und noch so präsent war, als sei sie erst gestern geschehen. Mit dem unvergessenen Gert Fröbe als Bösewicht brachte der österreichische Regisseur Antel diesen Politkrimi als »Der Schatz im Toplitzsee« ins Kino.

Mit dem Eintreffen unseres Tauchbootes am Toplitzsee lief ich deshalb in die geschärften offenen Messer der Medien. Ich transformierte schnell zu einem undurchsichtigen U-Bootfahrer, der je nach Belieben für den Staatssicherheitsdienst (er war ja mal aus der DDR geflüchtet), den BND, den KGB und – als ein befreundeter schwedischer Fotograf aus Israel zu Besuch kam – gar für den israelischen Geheimdienst MOSSAD arbeitete. Unter dem Deckmantel der Wissenschaft und mit dem Segen der österreichischen Behörden geschah dort am See etwas unerhört Undurchsichtiges, dem auf alle Fälle nicht zu trauen war – der rechte Stoff für die Regenbogenpresse. Ich wurde sehr an Günter Wallraffs Buch »Dreizehn unliebsame Reportagen« erinnert. Es nutzte auch nichts, dass die GEO-Redaktion schützend ihre Hand über mich hielt und gar bei einem großen deutschen Magazin gegen Bares Berichtigungen einklagte. Es glaubte kaum jemand, dass ich im Toplitzsee Bakterien und Würmer in einer geheimnisvollen Schwefelwasserstoffwelt suchte, dass ich tatsächlich in Sachen Wissenschaft unterwegs war. Und wenn ich heute die seitenlangen Beobachtungsprotokolle lese, die damals Frau Sorgalla von der GEO-Redaktion für mich von einem kleinen Tonband abtippte, so zeigen diese Seiten, dass ich wirklich ziemlich naiv in diesem See auf Tauchfahrt ging.

Zu fünft waren wir zum Toplitzsee aufgebrochen. Olaf Reinecke und Jürgen Schauer, mit denen ich am Roten Meer zahlreiche Tauchfahrten unternommen hatte, Dietmar Beyer, ein Techniker der Universität München, und Urs Möckli aus der Schweiz. Urs hatte seinen Beruf als Grafiker an den Nagel gehängt und wollte jetzt Berufsfotograf werden, der er auch heute noch ist. Der Toplitzsee bot ihm eine einmalige Chance dafür.

Ich selbst wollte einen Dokumentarfilm drehen, der zwei Jahre später im ZDF tatsächlich über den Bildschirm ging. Es wurde ein ruhiger schöner Film, und die ZDF-Redaktion nannte ihn »Das Geheimnis des Toplitzsees«. Obwohl ich »Geheimnisse« generell in Titeln von Filmen und Texten nicht mag, traf er dieses Mal ins Schwarze. Vermutlich erwartete die Fangemeinde des Toplitzsees, nun endlich des Pudels wahren Kern unserer Tauchfahrten zu erfahren, dass ich also die Katze aus dem Sack lassen würde, die ich der Sensation wegen fürs Fernsehen zurückgehalten hatte. Sie wurden aber schwer enttäuscht. Für mich war das eigentliche und unerwartete Geheimnis die Entdeckung eines Wurmes in einer Welt, wo er nicht leben durfte. Ich nannte ihn fast liebevoll »das kleine Loch Ness im Miniformat«. Doch ich will nichts vorwegnehmen.

Durch die Sendung wurde ich fast automatisch in die Rolle eines Toplitzsee-Experten gedrängt, der ich nicht war und auch nicht sein wollte. Ich wollte bei des Schusters Leisten bleiben, bei der Biologie. Mich interessierten nicht die abenteuerlichen Geschichten sogenannter Augenzeugen, die sich immer wieder zuhauf bei uns meldeten. Ich begann, selektiv »wegzuhören«. Das hatte seine Gründe. Durch meine frühere einseitige Schulausbildung sperrte ich mich gegen alle Nazi-Geschichten. Ich hasste das Wort Nazi und gebrauche es auch heute noch sehr selten. Ich wollte einfach nichts damit zu tun haben. Auch die gnadenlose unverschämte Jagd der Boulevardpresse tat ihr Übriges, und frei nach indischer Weisheit wäre es mir am liebsten gewesen: Nichts sehen, nichts hören und nichts riechen. Doch es kam anders.

In den darauf folgenden Monaten und Jahren erhielt ich von den unterschiedlichsten Personen Anfragen, Hinweise und manchmal auch wichtiges zeitgeschichtliches Wissen, auch Dokumente und Briefe waren darunter. Sie wurden mir zugeschickt mit der Bitte, dass sie nur zu meiner eigenen persönlichen Verfügung stünden. Was sollte ich damit anfangen? Manchmal hatte ich das Gefühl, dass diese Personen ihres hohen Alters wegen ihre doch wichtige Geschichte loswerden wollten, sich aber scheuten, sie professionellen Schreibern anzuvertrauen. Ich merkte bald, dass einige der Papiere und auch die oft interessanten Gespräche mit ihren Urhebern verloren gehen würden, wenn ich sie nicht irgendwie dokumentierte. Ich begann, sie halbherzig zu sammeln, der Ordnung halber – und das war ein Fehler. Ich hatte nicht mit meiner Neugierde gerechnet, die draußen im Ozean in meinem Beruf als Biologe immer wieder ohne Unterlass angeregt wurde.

Aber ich nahm die Herausforderung an und sprang in ein ganz anderes, mir anfangs völlig fremdes, neues Gebiet – und ich gebe offen zu, dass es mir Spaß zu machen begann. Ich gewann Gefallen an unserer jüngeren Zeitgeschichte. Es blieb zwar immer eine Nebensache, der ich aber doch erhebliche Zeit widmete.

18 Jahre später lief im ZDF zur besten Sendezeit mein neuer Film über den See. Über drei Millionen Zuschauer haben ihn gesehen. Dieses Mal stammte der Titel von mir: »Der Fluch des Toplitzsees«. Der Titel war doppeldeutig: auf der einen Seite der Fluch eines gewissermaßen unfreiwillig in Verruf geratenen wunderschönen, stillen und tiefen Alpensees – und auf der anderen Seite die mehr persönliche Variante, dass die »Sache Toplitzsee« anfangs für mich wirklich ein Fluch war (davon war im Film natürlich nicht die Rede).

Als ich im Sommer 2000 den Toplitzsee besuchte, war der vordere Teil des ansonsten unzugänglichen Gewässers von einem hohen Sichtschutz umgeben. Draußen auf dem Wasser dümpelte ein Floß. Riesige auf einem Zelt aufgedruckte Buchstaben »OCEANEERING« zeigten, dass hier amerikanische Unterwasserprofis am Werke waren, die auch bei der Suche nach der »Titanic« geholfen hatten. Ein verstohlener Blick über den Zaun verriet mir, dass dort junge Sicherheitsbeamte – sympathisch, braun gebrannt und wohltrainiert – Herr der Lage waren. Sie kamen aus Israel. Ich hatte einige Jahre eine Gastprofessur an der Hebräischen Universität in Jerusalem und kannte diese tatkräftigen jungen Sabras, die im Land geborenen Israelis.

Im Oktober 1999 hatte sich ein Journalist bei mir als ehemaliger Agent des israelischen Geheimdienstes MOSSAD und als Trainer der israelischen Kickbox-Nationalmannschaft vorgestellt (ich fragte mich, ob Israel überhaupt so ein Team besaß). Ein Bodyguard begleitete ihn. Stolz war er, angeblich das Vertrauen einer Gruppe alter SS-Männer erworben zu haben, die ihn zu einer ungewöhnlichen Party eingeladen hatten. In einem Hinterhof in der Nähe Stuttgarts, so der Journalist, vergewaltigten sie eine Minderjährige. Ein sogenannter »snuff-movie« sei dann gedreht worden; der Eingeweihte weiß, um was es sich da handelt. Seine abartige ungewöhnliche Präsentation, der ich keine Bedeutung beimaß, irritierte mich nicht einmal. Er war ein Abenteurer, ein überheblicher Aufschneider. Ich verabschiedete mich schnell. Mit diesem Typ Mensch wollte ich nichts zu tun haben. Und er war der Urheber dieser extrem teuren neuen Aktivität am Toplitzsee, die vom amerikanischen Sender CBS und dem Wiesenthal-Zentrum in Los Angeles finanziert wurde. Ich fragte mich nur, wie er diese beiden angesehenen Institutionen für sein Vorhaben gewinnen konnte. Was für ein krasser Gegensatz war er doch zu den sympathischen jungen Sabras!

Keiner wusste in der Tat an diesem Tag über den Grund des Sees besser Bescheid als ich. Viele Stunden waren wir über den Seeboden gekreuzt, und unsere Berichte lagen bei den Behörden vor. Nichts würden die Amerikaner da draußen an ihrem Tauchort finden, bestenfalls einige verfaulte britische Pfundnoten. Mir taten die Fernsehleute von CBS leid, die aus dem Desaster einen Film herstellen mussten. Ich hatte mit ihnen gesprochen, und sie selbst hatten bald gemerkt, dass sie einem Aufschneider und Betrüger aufgesessen waren. Doch Scott Pelley, Korrespondent von CBS, hatte recht. Auch wenn sie nichts finden, der Toplitzsee-Legende schadet das kaum. Die Leute werden trotzdem weiter von dem See träumen, von seinen Schätzen in der Tiefe. Das bleibt spannend, genau wie das Monster von Loch Ness.

Einige Jahre später meldete sich eine weitere amerikanische Firma, die für ein neues Abenteuer am Toplitzsee bereit war, das durch Beteiligungen von Sponsoren finanziert werden sollte. Zur Absicherung ihres eigenen Gewinns wollte die Firma den angeblich doppelten Boden des Sees aus schwimmenden Baumstämmen abräumen. Daraus ließen sich Möbel herstellen, und diese Möbel ließen sich besonders teuer verkaufen – so mein Telefongegenüber aus Florida – wenn der Käufer weiß, woher das Holz stammt, aus dem berüchtigten Hitler-See in Österreich. Dass wir schon vor mehr als 20 Jahren berichtet hatten, dass es diesen schwimmenden doppelten Boden gar nicht gab, war der Firma bislang unbekannt.

Doch was ist nun eigentlich wirklich wahr an den Gerüchten, Geschichten, halben und ganzen Wahrheiten dieses unverdientermaßen in Verruf geratenen Alpensees, dem angeblichen Mülleimer des Dritten Reiches? Einige dubiose Todesfälle hatten sich an seinen Ufern zugetragen, und je nach Qualität des Berichterstatters wurden daraus Verschwörungen, Intrigen und Belege für sinistre Machenschaften. Markus Köberl hat sich die Mühe gemacht, diesen Dingen nachzugehen. Sein Buch »Der Toplitzsee« ist voll von Belegen. Gerüchte lassen sich schnell erfinden, aber sie sind nur sehr schwer wieder zu beseitigen, immer bleibt ein kleiner metaphysischer Rest. Auch ich bleibe wohl dort an den Ufern des Toplitzsees der undurchsichtige U-Bootmensch.

Ein großer Zufall, über den ich später berichte, war es, der mich verführte, einigen der Toplitz-Legenden selbst nachzugehen. Bei dieser Suche begegnete ich vielen unterschiedlichen Personen und lernte schnell, wer ein Wichtigtuer, Aufschneider und Besserwisser und wer wirklich ernst zu nehmen war. Aber auch unter diesen gab es qualitative Unterschiede. Stolz schwang oft mit, wenn sie in Nachlässen von Archiven irgendwelche Papiere erwischt hatten, die ins Profil ihrer Geschichten passten.

Mich störte oft eine gewisse Dokumentengläubigkeit der Suchenden, als ob so ein Stück Papier eine Garantie für Wahrheit wäre. Hier ein Beispiel für eine Botschaft, die als Dokument aus dem Jahr 1972 auf dem Nachrichtenmarkt umherschwappte. Ein SS-Wachoffizier, der am Toplitzsee Dienst tat, schrieb: »Ich habe damals als Deutscher Soldat einen Befehl bekommen, ausgeführt und wer da an meine Ehre will, soll es wagen ...!! (Originaldiktion). Ich habe nach Versenkung aller befohlenen Dinge ca. 30000 cbm vom Berg runtersprengen lassen und so ist dort wo das Gold oder sonst was Kisten liegen, der See nur noch 94 und nimmer 107 m tief, also ...!!«

Ein sonst angesehener Recherchejournalist nahm diesen Brief als bare Münze und als Beleg für die Existenz eines Goldschatzes im Toplitzsee. Hätte er aber die STUTTGARTER ZEITUNG vom 5. November 1963 gelesen, so hätte er dort erfahren, dass bereits damals nach dreistündigem Verhör durch die Österreichische Staatspolizei der gleiche SS-Mann zugegeben habe, dass die von ihm lange Zeit eifrig kolportierten Angaben von ihm erfunden wurden, um sich interessant zu machen. Er war nicht einmal bei den Kistenversenkungen dabei. Man drohte ihm an, wegen Falschaussagen den Prozess zu machen. Hätte der Journalist selbst der Tageszeitung nicht getraut und zur Kontrolle die Mitglieder einer Versuchsstation der Deutschen Marine, die seit 1942 täglich am See arbeiteten, gefragt, so hätte er erfahren, dass Sprengungen außerhalb ihrer eigenen Versuche dort nie stattgefunden haben. Es ist fast so wie mit den berühmten gefälschten Hitlertagebüchern. Die Entdeckung trübte damals den Blick der STERN-Journalisten und verhinderte Nachprüfung von Papier und Kordel des Manuskriptes mit kriminaltechnischen Methoden, die später den Betrug entlarvten. Man fällt leicht in die Falle, an Dinge zu glauben, an die man sich festgebissen hat.

Im Spätherbst 1985 chauffierte ich heimlich einen 84-jährigen alten Herrn, den ehemaligen SS-Sturmbannführer Bernhard Krüger, Träger des EK I und II, Leiter eines wichtigen Referates im Reichssicherheitshauptamt der SS in Berlin, einen der fähigsten Geldfälscher aller Zeiten, auf eigenen Wunsch hinab zum Grund des Sees. Er wollte ein letztes Mal dort in der Finsternis, jetzt von den Scheinwerfern unseres Tauchbootes erhellt, die Überreste seines zu Fall gebrachten Lebenswerkes sehen: Kisten voller gefälschter britischer Pfundnoten, auf die er auch heute noch stolz war. Ich spürte in diesem Augenblick, dass der Toplitzsee in der Tat ein Ort mit irren Geschichten ist. Auch meine Tauchfahrt zählte dazu, jetzt mit einem der größten Geldfälscher fast auf Körperkontakt in der Enge eines kleinen Tauchbootes zu sitzen und anzuhören, wie Hitlers papierene Waffe gegen den alliierten Feind entstand und dann hier an dieser Stelle zugrunde ging.

Ich nahm mir vor, bei meiner »Tauchfahrt« in die Geschichte des Sees nicht zu sehr in der Vergangenheit zu kramen, obwohl es oft nicht zu verhindern sein würde, sondern wollte nur solchen Sachen folgen, zu denen ich einen persönlichen Bezug hatte, denen ich also selbst begegnete. Manchmal sollten sie weit weg vom See stattfinden – und manchmal spielte der See auch nur eine indirekte und unwichtige Rolle. Ich ahnte damals nicht, dass für mich der Toplitzsee eine Zeitreise werden würde, in der ich über die Welt meiner Väter, aber auch über unser eigenes Heute viel erfahren sollte.

Vom Pazifik an den Toplitzsee

Diesen Blick aus dem Fenster des amerikanischen Tieftauchbootes »Alvin«, 2500 m unter dem Meeresspiegel westlich von Ecuador im Pazifik, werden John Carliss und Robert Ballard nicht so schnell vergessen – ein Blick nach draußen, der Geschichte machen sollte. Schlierendes Wasser strich sachte an den langen Röhren von gigantischen Bartwürmern vorbei, die nie zuvor ein Mensch in dieser Größe jemals gesehen hatte. Weiße Krabben holperten in dichten Scharen über die Lava. Überall quoll warmes Wasser aus dem vulkanischen Untergrund. 17 °C maß das Thermometer über dem Boden, während außerhalb der Quellen der kalte Ozean nahe dem Gefrierpunkt alles Leben auf Sparflamme stellte. Viel gedieh dort nicht. Corliss und Ballard hatten eine Oase im Ozean entdeckt. Sie waren dabei, sensationelle neue Einblicke über das Werden der Erdoberfläche zu gewinnen.

1972 auf der »Southtow«-Expedition waren amerikanischen Forschern zum ersten Mal rätselhafte Wärmeanomalien im freien Ozean aufgefallen, die von hydrothermalen Quellen stammen mussten. Dort unten, wo die Kontinentalplatten zentimeterweise im Jahr auseinandergerissen werden, quillt Magma nach oben, und Risse entstehen im Untergrund. Kaltes Meerwasser strömt dort ein und wird unterirdisch hoch erhitzt. Mit Mineralien gesättigt, schießt diese bis zu 300 °C warme Soße mit Macht nach oben und tritt dann ins kalte Meerwasser ein, wo sie sofort abkühlt und Teile ihrer gelösten Fracht los wird. 150 m über dem Grund liegt die Temperatur nur noch 0,01 °C über der Umgebungstemperatur. Solche kleinen Temperaturanomalien hatten die Wissenschaftler auf die Spur der Tiefseeoasen gebracht, die heute – 30 Jahre nach ihrer Entdeckung – fast schon zum Allgemeinwissen mariner Dokumentationen zählen. Die »hot vents« und »black smokers« gibt es in fast allen Weltmeeren.

Corliss und Ballard hatten bald den Geruch ihres Erfolges in den Nasen, als sie damals die ersten Proben nach oben brachten: Es roch nach Schwefelwasserstoff, dem Gestank verfaulter Eier. Im heißen Gestein dort in der Tiefsee unter immensen Drücken und Hitze wird das allgegenwärtige Sulfat im Meerwasser in eine andere, energiereichere Schwefelverbindung reduziert, zu Schwefelwasserstoff: der Geruch der Hölle, aber auch die energetische Grundlage für eine völlig vom Sonnenlicht unabhängige Tierwelt, die mit Hilfe spezialisierter Bakterien diese Energiequelle in lichtloser Tiefe nutzen kann. Während draußen an Land das grüne Chlorophyll der Pflanzen das Sonnenlicht einfängt und Kohlendioxid und Wasser zu längeren Kohlenwasserstoffketten bindet, war es hier unten ganz anders. Kohlendioxid, als Hydrogenkarbonat gelöst, und Schwefelwasserstoff als Energie lieferndes Molekül wurden hier ähnlich wie die Fotosynthese zu langen Kohlenwasserstoffketten vereinigt – auf chemische Weise: Chemosynthese.

In den heißen Soßen entdeckten Mikrobiologen altertümliche Bakterien, Archaebakterien, die sich bei Temperaturen von über 100 °C am wohlsten fühlten. Heute liegt der Rekord weit über 130 °C. Diese heißen Hydrothermalquellen gaben jetzt auch den Anstoß, über die Entstehung unseres Lebens auf der Erde und im All unabhängig von der Sonne nachzudenken. Eine Zeitschrift, die »Inter Ridge News« entstand, die in jeder Ausgabe über neue faszinierende Entdeckungen berichtete. Damals, Ende der siebziger Jahre, verfolgte ich mit Herzklopfen diese neuen sensationellen Enthüllungen aus dem inneren Raum unserer Erde, der Tiefsee: Eine Sternstunde der Meeresforschung. Ich las mit Begierde, was ich darüber in die Hände bekam.

Wie einfach schien doch alles: Ein rein anorganischer Vorgang, die Reduktion von Sulfat zu Schwefelwasserstoff unter Druck und Hitze, hatte letztlich zur Bildung ganz neuer Ökosysteme beigetragen. Das Leben beutete auf seine Weise mit unterschiedlichen Methoden eine alte und weit verbreitete Ressource aus. Fast alle Tierstämme waren dort unten in den kleinen und ephemeren Oasen, nur 50–100 m groß, versammelt. Wenn der heiße Strom von unten aus der Kruste des Erdmantels nach einigen Dutzend Jahren versiegte, waren auch seine Bewohner dem Tode geweiht. Die Oasen waren also nicht für alle Ewigkeit bestimmt.

»Alvin« entdeckte bald Friedhöfe ihrer sterbenden Bewohner. Sie alle mit ihren riesenwüchsigen Ausmaßen waren aber prinzipiell keine Unbekannten, es waren keine neuartigen Organisationsformen, die der Wissenschaft bislang unbekannt gewesen wären. Sie hatten ihre Entstehung und Evolution draußen außerhalb der Hydrothermalquellen vollzogen und hatten sich nur den Bedingungen der heißen giftigen Quellen angepasst, so dass es zu neuen Arten kam. Ihren Riesenwuchs verdankten sie ihrer energiereichen Umgebung, denn der geringe Fallout organischen Materials von oben aus der Lichtzone des Ozeans würde niemals ausreichen, so große Biomassen zu produzieren und am Leben zu erhalten.

Diese Zusammenhänge faszinierten mich – und ich dachte damals an eine Studie des berühmten deutschen Seenforschers Ruttner, der in den 30er-Jahren über den Toplitzsee im Salzkammergut in Österreich berichtet hatte. Dieser 103 m tiefe, schmale See, fast 2 km lang und nur 400 m breit, umgeben von den steilen Hängen des Toten Gebirges, war ein sogenannter meromiktischer See. Im Frühjahr, wenn in anderen Seen das gesamte Wasser umgewälzt wird und bis zum Grund eine gleichbleibende Temperatur von 4 °C herrscht, blieb im Toplitzsee die Durchmischung des Wasserkörpers aus. Ruttner entdeckte, dass ab einer Tiefe von 15 m der See sauerstofflos – in der Fachsprache anoxisch – war. Im Tiefen stieg der Chloridgehalt, und es herrschte ganz im Gegensatz zu anderen Seen eine Temperatur von fast sechs Grad, eine Wärmeanomalie also. Und mehr noch: Das Tiefenwasser war angefüllt mit Schwefelwasserstoff. Dieser entstand aber nicht wie in der Tiefsee durch einen geophysikalischen Vorgang unter Druck und Hitze, sondern hier spielte Fermentierung eine Rolle, der Abbau organischer Substanz, besonders von den Unmengen der alljährlich im Herbst in den See fallenden Blätter.

Mich bewegte eine fixe Idee, die ich aber kaum einem Kollegen zu erzählen wagte, um nicht in den Verdacht zu geraten, ganz und gar den Boden unter den Füßen verloren zu haben. Denn Lehrbuchmeinung war, dass sulfidische Lebensräume – also Schwefelwasserstoff-schwangere Gewässer – giftig und ohne Leben, also »azoisch«, seien. Konnten wir nicht mit gutem Grund annehmen, dass auch im Süßwasser unserer Seen unter diesen sulfidischen Bedingungen Interessantes zu entdecken sein müsste? Schwefelwasserstoff blieb schließlich Schwefelwasserstoff. Vielleicht unterschied er sich durch seine Isotope, aber giftig war er hier wie dort in der Tiefsee. Ich wusste auch, dass die Alpenseen durch ihre Eiszeitgeschichte – im krassen Gegensatz zur Tiefsee – geologisch sehr jung sind, dass also gar mit neuen Artbildungen wie in der Tiefsee hier keineswegs zu rechnen war. Auch war mir klar, dass in den tiefen Gebieten der Seen nicht sehr viel Leben vorkommen kann. Es ist ein extrem artenarmer Lebensraum.

Im Herbst 1978 hatte mich Jacques Piccard mit seinem Tauchboot »Forel« zu einer Tauchfahrt im Genfer See eingeladen. Es war ein einschneidendes Erlebnis für mich. Gesehen habe ich nicht sehr viel, und was ich sah, könnte ich nur mit einem beeindruckenden Nichts umschreiben. Trotzdem: Die »Tiefsee« der Alpenseen schien etwas, was es zu erforschen galt, auch wenn weltbewegende Entdeckungen dort nicht zu erwarten waren. Aber der Toplitzsee mit seiner besonderen Chemie machte von allen tiefen Alpenseen eine Ausnahme. Dort wollte ich hin und nachsehen, ob nicht vielleicht doch etwas Besonderes in seiner Schwefelwasserstoffwelt zu finden war.

Am Toplitzsee war Tauchverbot, und die Bundesforste, Eigner des Sees, wachten darüber, dass dieses Verbot auch wirklich eingehalten wurde. Ich muss gestehen, und die Bundesforste mögen mir noch einmal verzeihen, dass ich 1980 mit einem Tauchgerät allein, um möglichst wenig Aufsehen zu erregen, an einem frühen Maimorgen bei steigenden Nebelgeistern heimlich in den See stieg. Die Fischerhütte, eine Jausenstation am See, hatte noch geschlossen, und nur Familie Zimmermann, die freundlichen Bootsverleiher, waren dabei, sich auf einen emsigen Tag vorzubereiten, denn der aufsteigende Nebel versprach wieder einen wolkenlosen Tag mit vielen Touristen.

Im flachen südwestlichen Vorderteil des Sees lag ein Verhau übereinandergestapelter Bäume. Sie bildeten ein geheimnisvolles Labyrinth, das mich als Unterwassermenschen magisch anzog. So wie ein Höhenkranker beim Blick in die Tiefe den Drang zum Sprung nach unten verspürt, verführt mich der Blick in tiefes Wasser dazu, egal ob im Meer oder daheim im Süßwasser, am liebsten sogleich dort hinabzutauchen. Hier sah ich die Legende vom doppelten Boden des Sees vor mir; den doppelten Boden, wo Schätze verschwunden sein sollen und wo Tauchern das Gruseln gelehrt wurde. Unweit von mir stand ein Gedenkstein, der an die Romanze von Erzherzog Johann erinnerte, der hier 1819 die damals 15-jährige Postmeisterstochter Anna Plochl traf. Auch ich schloss an diesem Tag mit dem Toplitzsee eine Art Bund, der viele Jahre über halten sollte. Alles war perfekt, die Stimmung über und unter Wasser und meine brennende Neugierde, die Schwefelwasserstoffwelt des Sees selbst kennenzulernen.

Ich hatte mir ein Ruderboot ausgeliehen und paddelte gemächlich über das düstere und etwas unheimliche Wasser, dass noch von keinem Sonnenstrahl berührt wurde. Auf der Oberfläche trieben riesige gelbe Schwaden von Blütenstaub der umliegenden Wälder. Ich fuhr an der nördlichen Seite des Sees an einem steilen, fast senkrechten Hang entlang. Beim Blick ins Tiefe sah ich grünliches Wasser, das durch den reichlichen Blütenstaub nicht besonders klar war. Hier war die vermeintliche Stelle, wo ein SS-Mann den Felsen gesprengt haben soll, um damit versenkte Goldkisten im Tiefen ein für alle Mal zu begraben. Was für ein grandioser Unsinn, dachte ich mir. Die frischen großen hellen Stellen im Kalkgestein, die man beim Blick nach oben auch an den steilen Hänge der Gößler Wand zuhauf sehen konnte, schienen mir eher Auswaschungen und durch winterliche Kälte verursachte Rissflächen als scharfkantige Flächen einer Sprengung zu sein. Die Wand ging auch hier im See in der Tat fast senkrecht nach unten. Und hier begriff ich auch, dass dieser Ort für einen Nichttaucher ein Ort ist, wo Legenden, Märchen und Mythen gesponnen werden, wo die Fantasie auf Wanderschaft geht. Für mich aber lag dort unten eine Welt, der ich jetzt auf den Leib rücken wollte. Eine angenehme Unruhe befiel mich. Ich sah Ballards riesige Bartwürmer vor mir, die Horden weißer Krabben und die spuckenden Vents. Ihnen würde ich nicht begegnen, aber irgendetwas würde ich trotzdem entdecken – es war nur eine Frage der Zeit.

Ich hielt auf den ersten Wasserfall zu, der jetzt im späten Frühjahr ziemliche Wassermassen polternd nach unten beförderte. Einige Jahre später sollte ich an dieser Stelle eine Bolex-Filmkamera in einem Unterwassergehäuse in die tosende Wassermenge werfen und so für 18 Sekunden den rasanten Absturz des Wassers hinab in den See filmen – die Kamera überlebte unbeschadet. An einer verkrüppelten kleinen Fichte dicht am Ufer machte ich meinen Kahn fest und stieg an Land. Kein Mensch war weit und breit zu sehen. Reste des Nebels hingen oben im Nadelwald und hatten gegen die aufsteigende Sonne keine Chancen. Es war so die rechte Stimmung für meine verbotene Handlung, ohne Genehmigung zum ersten Mal in den Toplitzsee hinabzusteigen.

Schnell schlüpfte ich in meinen schweren Unisuit-Trockentauchanzug, mit dem ich schon oft unter dem Eis getaucht war, aber trotzdem niemals trocken das Wasser verlassen hatte. Irgendwo hatte der komplizierte Reißverschluss des Anzugs ein kleines Leck, das ich nicht orten konnte. Gleich unterhalb des Wasserfalls glitt ich in das nur knietiefe Wasser. Da, wo er die Seeoberfläche durchbrach, stiegen Millionen von Luftblasen auf und erzeugten einen kleinen Strom, der mich sachte nach draußen in Richtung Seemitte trieb. Ich entließ die Luft aus dem Überdruckventil meines Anzugs und tauchte ab.

Aus der Fischperspektive sah ich den Blasenschwall des runterprasselnden Wasserfalls, der vielleicht einen halben Meter in die Tiefe ging. Eine Forelle kämpfte dort gegen die Turbulenzen an und versuchte, ausgerechnet an dieser Stelle Position zu halten. Zwischen den Ästen einer abgesunkenen Fichte hingen wie Christbaumschmuck perlschnurartig aufgefädelte Laichschnüre, wahrscheinlich von einem Barsch. Auf den Ästen gewahrte ich einen dichten Wald circa einen Zentimeter großer, sehr farbiger Hydropolypen, die ich in dieser Masse noch nie gesehen hatte. Grüne gallertige Kugeln einer Kolonie von Wimpertierchen (Ophridium versatile) flatterten in der Strömung und beulten sich, fast wie ein am Boden festgehaltener Heißluftballon, im Wind. Diese Kugeln sah ich gern, sind sie doch sensible Messfühler besonders sauberer und intakter Gewässer. Ich war mir in diesem Augenblick bewusst, dass ich mich in der Sauerstoffwelt des Toplitzsees befand.

Eine riesige Blatthalde lag zu meinen Füßen, Blätter vom letzten Herbst. Kreuz und quer liegende Bäume bildeten einen verschachtelten dichten Wall, den ich frei wie ein Vogel mühelos überqueren konnte. Es wurde dunkler. Da sah ich sie zum ersten Mal – weinrote Schwefelpurpurbakterien ungewöhnlicher Schönheit, die den Limnologen aus stillen Gewässern nicht unbekannt sind. Sie überzogen die versunkenen Bäume in dichten Teppichen und leuchteten fast fluoreszierend, wenn sie vom Strahl meiner Unterwasserlampe getroffen wurden. Es waren die ersten unmittelbaren Zeugen dafür, dass hier Schwefelwasserstoff, Kohlendioxid und organische Verbindungen in meiner Umgebung unsichtbar vorhanden waren.

Schwefelpurpurbakterien sind sogenannte fototrophe Bakterien und nutzen Licht als Energiequelle zur Erzeugung chemischer Energie für ihr Wachstum. Aber im Gegensatz zu den grünen Pflanzen, die bei ihrer Fotosynthese Wasser spalten und dadurch Sauerstoff produzieren, benutzen die Schwefelpurpurbakterien den Schwefelwasserstoff, wobei als Nebenprodukt Schwefel entsteht. Schwefelpurpurbakterien hatte ich früher schon oft als tiefrote schleimige

Matten gesehen, wenn ich mit meinen Jugendfreunden Horst und Peter in Tümpeln unterhalb der Entengrütze auf Unterwasserjagd ging. Man nannte uns damals sehr treffend und zu Recht die Tümpeltaucher. Hier im Toplitzsee bemerkte ich jedoch einen großen Unterschied. Unterhalb des Wasserfalls war das Wasser klar, und ich hatte nicht – wie damals in den Tümpeln meiner Jugendzeit – das Gefühl, in einem langsam verrottenden und krank erscheinenden Gewässer zu tauchen. Der Toplitzsee machte auf mich hier unten, nur wenige Meter tief, einen gesunden Eindruck. Ich genoss die Farbenpracht der Bakterien.

Weiter unten wurde es schnell finster. Jetzt merkte ich auch, wie kaltes Wasser – wenn auch sehr wenig – durch den lädierten Reißverschluss des Unisuits langsam meinen Rücken runterkroch. Mit ausgestreckten Armen glitt ich wie ein Fallschirmspringer im freien Fall nach unten. Die Luft im Anzug komprimierte sich dabei und verringerte den Auftrieb, der mich sonst in perfekter Schwebe hielt. Je tiefer ich tauchte, umso schneller zog es mich jetzt abwärts. Ein leichter Druck auf den Inflaterknopf, blubbernd entwich Luft aus dem Ventil und strebte dem höchsten Punkt in meinem geschlossenen Luftsystem entgegen – in die Beine, die jetzt beim Abwärtsschwimmen notgedrungenermaßen nach oben zeigten.

Mein Absturz ins Tiefe wurde etwas gebremst. Ich zog die Beine an und richtete mich auf. Sofort glitt die Luft von unten in Richtung Kopf und verfing sich im Kragen meines Anzuges. Ich bekam im wahrsten Sinne des Wortes einen dicken Hals. Tauchen mit einem Unisuit ist eine Kunst und beginnt erst Spaß zu machen, wenn man sie auch ganz beherrscht.

Unbemerkt verschwanden meine Beine im weichen Blattwerk der angeschwemmten Halde, die der Wasserfall heruntertransportiert hatte. Und überall, rechts, links, vor und über mir perlten plötzlich Gasblasen aus dem weichen Boden – Methan und Kohlendioxid, Endprodukte bakterieller Arbeit. Beide Gase erinnerten mich daran, weshalb ich hier unten war. Fast bis zur Hüfte sank ich in den Blätterwust ein, der jetzt an dem steilen Hang langsam in Bewegung geriet. Eine meterdicke Blattlawine wälzte sich heimtückisch und lautlos abwärts. Ich bewegte mich kaum und glitt mit ihr nach unten.

Plötzlich wurde es schlagartig kälter. Ich spürte die stechende Kälte im Gesicht, meine Hände wurden klamm, und die treibenden Blätter um mich herum wurden auf geheimnisvolle Weise etwas langsamer. Die Blätter und ich hatten die Sprungschicht des Toplitzsees erreicht, wo das salzhaltigere Wasser beginnt. Unter mir war es jetzt fast pechschwarz. Hier wird der Wasserkörper in die Sauerstoffwelt, – wo Fische, Krebse, Hydropolypen und Schnecken leben – und dann in die Welt dort unten im Schwarzen messerscharf getrennt. Das war die Welt des giftigen Schwefelwasserstoffs, von dem Ruttner berichtet hatte – der Endpunkt meiner Reise.

Im Dämmerlicht beim Blick auf meinen Tiefenmesser nahm ich nur schemenhaft wahr, dass ich mich bereits in 20 m Tiefe befand. Durch einen leichten Stoß der Schwimmflossen befreite ich mich aus dem beweglichen Untergrund und schaltete die Unterwasserlampe ein. Das Wasser über den Blättern, das im dämmrigen natürlichen Licht fast kristallklar erschien, war mit einem Schlag von Schlieren milchig weißen Schwefels und rötlich brauner Huminsäure erfüllt, die sich wahrscheinlich aus den Blättern gelöst hatten. Wie in einem verrauchten Zimmer durchschnitt der Lichtkegel das wabernde Wasser.

Über den Blättern entdeckte ich eine geschlossene breite grüne Wiese. Ein atemberaubender Anblick. Nur Blumen hätten jetzt noch gefehlt. Was war das? Waren es Matten von Cyanobakterien, die vor zweieinhalb Milliarden Jahren den Sauerstoffgehalt unseres Planeten langsam zu füllen begannen? Sie waren aber zu tief, sie saßen bereits mitten im Sulfidischen. Cyanobakterien konnten es also nicht sein. Dann – oberhalb davon – nahm ich filigrane weiße Muster von Schwefelfadenbakterien (Beggiatoa) wahr, die mit erkennbarer Regelmäßigkeit Muster am Boden formten. Auch die Adern der vielen Blattleichen um mich herum waren von zartem Weiß überzogen. Ein Negativ der Blattform entstand, an dem ich Ahorn und Buchen erkannte. Ich hatte nicht den Eindruck, dass ich mich gerade auf einem Friedhof organischer Verwesung befand, gewissermaßen im Kampfgebiet der Schwefelbakterien – und doch war das die volle Wahrheit. Ich stoppte meinen Abstieg in diese schweflige Unterwelt, denn ich war allein, und die Finsternis zu meinen Füßen war kein einladendes freundliches Gelände für einen einsamen Taucher.

Ruttners Toplitzsee-Beobachtungen hatten mich ganz und gar überzeugt. Seine Schwefelwelt müsste jetzt erforscht werden. Mit Tauchgeräten schien es mir aber zu gefährlich zu sein. Der See war zu tief, und seine Hänge dort unten waren zu steil. Einige Taucher hatten hier bereits ihr Leben gelassen. Seit Wochen studierte ich in dieser Zeit die Möglichkeit, in Zukunft mit einem Tauchboot zu arbeiten, mit einem eigenen oder einem angemieteten. Der Toplitzsee müsste aus Sicherheitsgründen mit einem Tauchboot erforscht werden. Doch wann, das stand noch in den Sternen.

An einem wolkenlosen kalten Tag Anfang März tauchte ich noch einmal vor dem Wasserfall. Waren die Schwefelbakterien auch im Winter vorhanden? Mein Zoologenkollege Ekkehard Vareschi begleitete mich. Der See war zugefroren. Risse durchzogen das Eis, und bei jedem Schritt dröhnte ein markerschütternder, klirrender hallender Ton über den See, der sich kaskadenartig fortpflanzte und manchmal am anderen Ufer reflektierte und zurückgeworfen wurde. Spannungen gab es also im eisigen Untergrund, und ich stellte mir im Geist die Tiefe und die unheimliche Finsternis vor, die ich bereits kennengelernt hatte.

Albrecht Syen, der Wirt der Jausenstation, hackte uns ein Einstiegsloch ins 40 cm dicke Eis. Ekkehard bohrte handbreite Löcher ins Eis, durch die er eine Thermosonde bis zum Grund hinunterließ. 3,6 °C war es oben am Eisrand, doch ab 15 m Tiefe bis hinunter zum Grund war es gleichbleibend 5,7 °C warm. Ruttners Wärmeanomalie gab es also auch heute noch.

Ich tauchte als Erster durch Albrechts Eisloch ins grünblaue Dämmer unterhalb der geschlossenen Eisdecke. Ekkehard saß am Rand, und seine Flossen baumelten über mir im quadratisch eisigen Einstiegsloch vor dem Blau des Winterhimmels. Das Wasser war in der Tat klar wie ein Kristall. Und dann sah ich es – ein riesiges Gehirn. Über mir spannte sich ein gigantisches neuronales Netzwerk von Nervenzellen aus, die durch Dendrite untereinander verbunden waren oder auch manchmal blind endeten. Es war ein Netzwerk gasgefüllter Straßen, und ich realisierte, dass die geschlossene Eisdecke als Auffangfläche jener Gase fungierte, die aus der Schwefelwelt des Sees aufstiegen. Sie sammelten sich an vielen Stellen als runde Blasen, die sich später durch Risse im Eis langsam ausbreiteten und untereinander verbanden oder auch als Einbahnstraße endeten. Jetzt glaubte ich auch, was ich früher skeptisch als Märchen abgetan hatte: Die Dorfjugend machte sich im Winter einen Spaß daraus, auf schneefreien Eisflächen diese Blasen anzustechen und zu entzünden. Das unter Druck stehende Gas entwich und meterhohe Flammen standen für Sekunden über dem Eis.

Perfekt austariert näherte ich mich fast bewegungslos dem Hang und versuchte, dicht über dem weichen Untergrund zu schweben, um nicht den Untergrund aufzuwirbeln. Fast Nacht war es um mich herum. Die dicke Eisdecke und der Schnee verschluckten das wenige Tageslicht. Von den grünen und roten Bakterien fehlte fast jede Spur. Dieses berührungsempfindliche Ökosystem kleinster Organismen unterlag also den Jahreszeiten, und im Geist stellte ich mir vor, hier unten mit Kameras und Messfühlern den Regeln der Bakterienökologie nachzugehen – eine Doktorarbeit für einen tauchbesessenen Mikrobiologen.

Meine winterlichen Tauchambitionen waren damit beendet. Ich war zwar nur bis ins Grenzland des Toplitzsees vorgedrungen, da wo der Sauerstoff aufhört und die dunkle tiefe Schwefelwelt beginnt. Dorthin konnte ich jedoch nur mit einem Tauchboot, das ich jetzt brauchte, aber noch nicht wusste, wie ich es finanzieren könnte. Ich hatte aber eine Art »business plan« erstellt, und der verriet mir, dass ich auch als Nichtmillionär durchaus ein Tauchboot betreiben und unterhalten könnte. Jetzt fehlte nur noch das Kapital für die Anschaffung eines solchen Gerätes. Das Tauchboot musste klein sein, durfte nicht mehr als 2–3 Tonnen wiegen, und Transport wie auch Reparaturen mussten von mir selbst ausgeführt werden können. Ich ahnte zu diesem Zeitpunkt nicht, dass ich anderthalb Jahre später nicht nur glücklicher Besitzer eines Tauchbootes wurde, sondern am Roten Meer den jungen Tauchlehrer und genialen Techniker Jürgen Schauer kennenlernte, der auch das Boot in sein Herz schloss. In den kommenden 25 Jahren gingen wir über viele Stunden in Meeren und Seen unseren Ambitionen nach – und der Toplitzsee wurde gewissermaßen unser Lieblingssee im Süßwasser.

Aufbruch zum Gipfelsturm nach unten

Diese Geschichte habe ich schon oft erzählt, gehört sie doch zu meinen persönlichen Sternstunden: die Geschichte, wie ich Besitzer eines Tauchbootes wurde. Ich hatte für das Magazin GEO einige Berichte geschrieben und fotografiert und fühlte mich dort in der Redaktion sehr wohl. Ich saß mit Rolf Winter, dem Chefredakteur, bei einem Italiener an der Außenalster in Hamburg. Wir sprachen über zukünftige Projekte. Ich wollte im Roten Meer tauchen, in den tiefen Alpenseen und endlich dem legendären lebenden Fossil, dem Quastenflosser, auf die Spur kommen. Rolf Winter hatte an diesem Tag eine Eingebung. Nach dem Mittagessen wurde ich nämlich zukünftiger stolzer Besitzer eines eigenen Tauchbootes und war zukünftig auch mein eigener Kommandant.

Das Boot für zwei Personen, elektrobetrieben, sollte 200 m tief tauchen können und wurde in sehr kurzer Zeit von zwei tschechischen Ingenieuren gebaut. Vor Romanshorn am Bodensee in der Schweiz tauchte es am 28. Juni 1981 zum ersten Mal und am 2. März 1989 nach 767 erfolgreichen Tauchfahrten anlässlich der Bergung eines abgestürzten Flugzeuges vor Rorschach – wieder am Bodensee und wieder in der Schweiz – zum letzten Mal. Heute steht es gewissermaßen auf seinem Altenteil als erstes deutsches Forschungstauchboot im Foyer des Deutschen Museums für Meeresforschung in Stralsund. *Geo*, so nannte ich es, tauchte im tropischen Atlantik, im Nordpolarmeer, im Roten Meer, im Indischen Ozean und wurde unser verlässliches Gefährt in den Alpenseen. Mein Traum war in Erfüllung gegangen.

Bereits die sechste Tauchfahrt fand im Roten Meer vor Eilat in Israel statt. 224 Tauchfahrten folgten an der Küste des Sinai. Dann war eine Generalüberholung fällig, für die wir aber kein Geld hatten. Wir hatten nicht einmal einen ordentlichen Stellplatz und parkierten *Geo* auf der Tenne unseres Bauernhauses in Aschering nahe des Max-Planck-Institutes Seewiesen, an dem ich arbeitete. In diesen Tagen lernte ich Dr. Bölkow von MBB bei München kennen. Mit ihm hatte ich über ein deutsches Tieftauchboot für 3000 m diskutiert, was uns den Anschluss an die kleine elitäre Gemeinde der Tauchbootnationen ermöglicht hätte: USA, Frankreich, Japan und Sowjetunion. Leider hat später die deutsche Forschung diesen Plan zerredet und hat bis heute kein eigenes Tiefseeboot. Wir dachten damals an einen neuartigen Druckkörper aus Kohlenstofffasern, und ich war fasziniert von der Schlichtheit dieses genialen Konstrukteurs. Es machte großen Spaß, mich mit ihm – obwohl ich selbst kein Techniker war – über technische Dinge zu unterhalten. Dr. Bölkow kam als Geschenk des Himmels. Er half uns, im Musterbau seines Konzerns neben dem Prototyp eines neuen Tornados *Geo* kostenlos zu überholen und auf Herz und Nieren zu überprüfen. Jede Schraube wurde erneuert, und das Boot bekam ein völlig neues Innenleben. Wir fühlten uns bei den begnadeten Ingenieuren von Münchens Bester Bastelbude in Ottobrunn sehr wohl. Unser Tauchboot erstand in neuem Glanz. Am 15. Juni 1983 war es fertig, und bei strömendem Regen zog ich *Geo* auf einem Anhänger mit meinem Landrover zum Starnberger See. Ein Testtauch war nötig. Alles funktionierte. Jetzt konnten wir endlich in Richtung Toplitzsee aufbrechen.

Bis hierher war es jedoch kein leichter Weg. Ich wusste nicht, dass in den vergangenen 20 Jahren bei den Behörden in Österreich angeblich über 200 Anträge für Tauch- und Bergegenehmigungen im Toplitzsee eingegangen waren, die alle abgelehnt wurden. Seit 1963 bestand nämlich am Toplitzsee absolutes striktes Tauchverbot. Damals im Herbst 1963 hatte eine zweifelhafte und undurchsichtige Tauchaktion von einem ehemaligen Agenten des Militärischen Abschirmdienstes des Dritten Reiches Georg Freiberger (der uns später noch einmal beschäftigen wird), einem zwielichtigen privaten Goldmünzenpräger Dr. Karl-Heinz Schmidt, der angeblich eine Tonne Gold verarbeitet hatte, und einem Ingenieur Gottfried Oswald stattgefunden. Sie schickten den jungen 19-jährigen Münchner Sporttaucher Egner nachts allein an einer Leine in die Tiefe. Weshalb genau, das bleibt bis heute ungeklärt. Schmidt soll das Gold und Freiberger Geheimakten der SS-Zentrale, dem Reichssicherheitshauptamt in Berlin, interessiert haben. Egner tauchte nicht wieder auf. Seine Auftraggeber durchschnitten – wahrscheinlich selbst in Panik – die Leine und sausten nach München, wo sie den Vater des Verunglückten benachrichtigten. Der Fall machte durch seine Beteiligten und die seltsamen Umstände Weltpresse. Österreich war gefordert, zu reagieren. Acht Taucher und 160 Polizisten suchten für 35 Tage mit einem Kostenaufwand von 200 000 DM den See nach Egner und gleichzeitig nach Gold und Dokumentenkisten ab. Der Seegrund sollte bei dieser Gelegenheit ein für alle Mal ausgeräumt werden. Die ZEIT berichtete dann am 6. Dezember 1963, dass 200 missgelaunte Journalisten jetzt den See verließen. Zwar war die Leiche gefunden, aber nichts Güldenes oder geheimnisvoll Papierenes hatte am Seeboden gelegen. Die »Süddeutsche« vermerkte in ihrem »Streiflicht« vom 4. Dezember, »die Phantasie, genährt von orakelhaften Aussprüchen geheimnisvoller Mitwisser, tat das Ihre, um den kalten, klaren Bergsee zum ungeklärtesten Punkt der rasch verflossenen 1000 Jahre zu machen … Und doch wäre es nicht verwunderlich, wenn in den langen Winternächten rund um Bad Aussee und weit ins Deutsche hinein das Raunen erneut anhöbe. Warum war bei der Zerstörung der Legende so viel Geheimnistuerei im Spiel, mit Maschinenpistolen, Hubschraubern und Sonderausweisen?«. Es war ein bisschen viel grotesker militärischer Rummel, und ein Reporter der Abendzeitung brachte es auf den Punkt. Als unbefangener Beobachter käme einem unweigerlich der Gedanke, dass hier große Buben am Werke seien, die jetzt das aufregendste Spiel ihres Lebens trieben.

Der See wurde – so die Behörden – nun endgültig leer gefischt und konnte wieder seiner alten Bestimmung, ungehemmtem erholsamem Fremdenverkehr, zugeführt werden. Ich verstand aber trotzdem das strikte Tauchverbot, das von nun ab von den Behörden über den Toplitzsee verhängt wurde. Goldgierige mussten daran gehindert werden, sich weiterhin im See zu Tode zu tauchen. Aber trotzdem ging in den folgenden Jahren ein Haufen neuer Anträge für Bergegenehmigungen ein. Auch amtliche Erklärungen konnten also offenbar einer Legende nicht den Garaus machen.

Den drei Deutschen wurde übrigens in München wegen fahrlässiger Tötung der Prozess gemacht. Als ich 2002 bei der Staatsanwaltschaft II versuchte, Einblick in die Prozessakten zu bekommen, hörte ich erstaunt, dass die Angeklagten damals freigesprochen und die Prozessakten vor neun Jahren wegen Datenschutz verschreddert worden waren. Die Angeklagten hatten dem Verunglückten die Schuld in die Schuhe geschoben, denn er selbst habe sie zu dieser Tauchaktion angestiftet. Ehrenmänner schienen diese drei wirklich nicht gewesen zu sein.

Ich war wohl der Erste, der nicht um eine Bergegenehmigung ersuchte. Auch verließ ich mich darauf, dass Österreich den See von seiner faschistoiden Vergangenheit nun endgültig leer geräumt und befreit hatte. Immerhin waren dort die acht Taucher von der Firma Lestin für über einen Monat tätig gewesen. Das alles würde mich von der Last befreien, als Goldsucher und Dokumentenjäger angesehen zu werden, und so hoffte ich, mich ganz und gar meiner Wissenschaft widmen zu können. Wer lebt dort unten im Schwefelwasserstoff?!

Nach meinen ersten Behördengängen wurde mir aber klar, dass eine Tauchgenehmigung für den Toplitzsee zu erhalten fast so schwierig war, wie auf den Mond zu fliegen. Ich erzählte einem Freund, Dr. Richard Wick, Frühpensionär der AGFA, der mit uns am Roten Meer gewesen war, von den auftauchenden Schwierigkeiten mit den österreichischen Nachbarn. Richard sah darin keine Probleme, hatte er doch einen Freund, der den österreichischen Innenminister persönlich kannte. Richard versprach zu helfen. Der Innenminister sagte ja, und mit dieser Zusage fuhr ich nach Wien zur

Generaldirektion der Österreichischen Bundesforste, dem Seebesitzer. Auch hier stieß ich jetzt auf wohlwollende Ohren, nur die Landesregierung Steiermark sowie das Bundesdenkmalamt müssten noch zustimmen.

Ein skurriler, aber doch sehr freundlicher Briefwechsel entwickelte sich, und manchmal hätte ich ein Wörterbuch nötig gehabt, um das österreichische Beamtendeutsch zu verstehen. In der Politischen Expositur in Bad Aussee, ein merkwürdiger Name für ein öffentliches Amt, kam der letzte Akt. Ein kleiner unscheinbarer Hofrat, der offenbar nicht lachen konnte, bemerkte »Ham's ja eh alles an Genehmigungen«. Doch dann fiel ihm ein, noch den Naturschutz in Graz anzurufen, den Hofrat Probst von der Rechtsabteilung III. Der Hofrat war böse, fühlte er sich doch zu Recht übergangen, und er hatte die Macht, unser Unternehmen zu Fall zu bringen. Ich entschuldigte mich bei ihm, dass er bisher nicht gefragt worden war, denn ich konnte die Gepflogenheiten der österreichischen Amtswege unmöglich kennen. Er ließ uns einige Tage zappeln, bevor er dann doch sein Jawort gab.

In diesen Tagen lernte ich auch den Ministerialrat Dr. Leeb vom Innenministerium kennen, der uns ein wohlwollender Freund wurde, und dessen Rat wir später gerne einholten. Und er konnte sich auch hundertprozentig auf uns verlassen, ich würde ihm stets über jeden Schritt unterrichten. Geheimnisse würde es zwischen uns nicht geben.

Am 16. Juni 1983 abends um 20 Uhr zockelte eine merkwürdige Karawane von Fahrzeugen entlang der regennassen Uferstraße des Grundlsees. Nebelschwaden hingen an den sichtbar feuchten dunklen Berghängen. Ganz oben lag Schnee – es hatte Neuschnee gegeben. Vorweg fuhr ein Landrover im Schritttempo. Er schleppte auf einem Anhänger ein schweres Gerät, eingepackt unter einer weißen Persenning. Die Form ließ eher einen kleinen Sherman-Panzer vermuten als ein Zweimann-Tauchboot, das wir gerade zum Toplitzsee schleppten. Unser Ziel war nur noch vier oder fünf Kilometer entfernt. Im

Windschatten *Geo*s folgte Olaf mit einem Wohnmobil, unserer zukünftigen Werkstatt. Urs und ich bildeten die Nachhut. Morgens um 11 Uhr waren wir am Starnberger See aufgebrochen. Regen, Stau und Unfälle auf der immer vollen Salzburger Autobahn hatten das Fahren an so einem Tag nicht zum Vergnügen werden lassen.

In Bad Aussee hatten wir uns bei der Gendarmerie gemeldet. Unsere Ankunft war im Voraus avisiert worden. Morgen früh würden wir *Geo* mit einem Kran ins Wasser heben. Die Gendarmen waren höflich, aber doch lag eine wohlwollende Spannung in der Luft. Mit einigen linguistischen Tricks hatten sie uns auf den Zahn fühlen wollen. Wir seien ja keine Schatzsucher, das wüssten sie. Aber würden sie erfahren, wenn wir den Schatz dann doch gefunden hätten? Da war es, das Misstrauen. Den beiden Gendarmen war klar, dass wir in Wirklichkeit dem Nazi-Gold hinterher waren, denn umsonst hätte man nach 20 Jahren Tauchverbot – ausgerechnet Ausländern – nicht eine Tauchgenehmigung erteilt. Wir – verkappte Schatzsucher unter dem Deckmantel der Wissenschaft – kungelten ganz gewiss mit denen da »oben« von der Regierung. Das »Streiflicht« der Süddeutschen von damals 1963 hatte recht behalten. Das Raunen in den kalten Winternächten hier im Ausseer Land und weit nach Deutschland hinein war in der Tat nicht erloschen, die Sehnsucht nach Gold war am Leben geblieben. Trotz offizieller Proklamation, der See sei endgültig vom braunen Schlamm der Vergangenheit befreit, hatte wohl alles nichts genutzt. Ich hatte mich gehörig geirrt.

Im Dorf Gößl bogen wir links ab. Am Gasthof Veit sahen Einheimische unserer kleinen Kolonne skeptisch nach. Wieder waren Glücksritter unterwegs, sie sollten den See doch endlich in Ruhe lassen. Ein Junge folgte uns auf seinem Fahrrad. Düstere Stimmung lag an diesem späten Abend über dem Tal, das hin zum Toplitzsee führte. Regen setzte wieder ein, und die Scheinwerfer des Landrovers durchschnitten den regenverhangenen engen Waldweg. Wäre ich jetzt allein auf diesem Pfad, kämen mir der Wald und die Landschaft dämonisch düster, fast bedrohlich vor. Sie passte zu ihrer Vorgeschichte. Vor 38 Jahren waren auf dem gleichen Weg Fahrzeuge der SS, aber auch zwangsverpflichtete Gößler Bauern mit ihren Pferdewagen unterwegs, um einige Dutzend Holzkisten im See zu versenken. Bis zu diesem Zeitpunkt war der Toplitzsee ein unbedeutender, romantischer Alpensee, den jeder gern besuchte. Dann seit den letzten April Tagen 1945 kam die Verdammnis über ihn, verlor er seine Jungfräulichkeit. Er wurde das Synonym für Nazi-Schätze, absonderliche mysteriöse Morde, sinistre SS-Geschichten und ein Moloch für Abfälle des Dritten Reiches, der Mülleimer des Teufels. Mit einem Mal lastete ein verhängnisvoller Fluch über diesem wunderschönen See, der in der Tat weltbekannt werden sollte. Damals entstand die Legende vom Nazigold, damals wurde sie hier geboren – eine Legende, die nicht totzukriegen ist. Ich spürte jetzt, dass ich hier in diesem Tal mit meiner Geschichte von Herrn Ruttner, der Schwefelwasserstoffwelt und den Bakterien niemanden überzeugen könnte. Unterwasserfreaks wie wir mussten den Gößler Bauern suspekt sein. Sie würden nicht verstehen, dass wir nur unserem Forscherdrang und dem Abenteuer folgten, Wissen zu mehren. Ich war und bin ein »Abenteurer« dieser Art – und das würde ich in den folgenden Tagen jedem ehrlich ins Gesicht sagen. In einer kleinen Jagdhütte der Bundesforste am westlichen Ufer des Sees bezogen wir Quartier. Bald prasselte ein Kaminfeuer. Ein wenig wohlige Wärme hatten wir alle an diesem kalten regnerischen Junitag bitter nötig.

Früh am nächsten Morgen rissen uns Fahrgeräusche eines Schwertransporters aus dem Schlaf, der irgendwo zwischen Gößl und dem See die engen verschlungenen Waldwege meistern musste. Viele Schaltgeräusche und ständiges Spielen mit dem Gaspedal verrieten, dass der Fahrer mit der Enge der Waldwege kämpfte. Nur schrittweise kam er voran. An diesem Morgen fragte ich mich, wie *Geo* ins Wasser gehoben werden könnte. Der Dauerregen hatte sein Gutes. Der See war um etwa 15 cm gestiegen, was uns jetzt beim Wassern zugutekommen würde. Um das Boot aufzuschwimmen und manövrierfähig zu machen, waren wenigstens anderthalb Meter Wassertiefe nötig. Vorn am Ufer war der See allerdings viel zu flach. Der Kranmann fuhr den Arm seines Gerätes bis zum Ende aus, und Minuten später schwebte *Geo* zwanzig Meter über den Fichten und setzte Minuten später sanft auf der Wasseroberfläche auf. Jürgen öffnete die Luke, kroch ins Innere und überprüfte *Geo*s Systeme.

Ich dachte an unseren Dokumentarfilm und ließ mich mit der Kamera, an einem Seil befestigt, mit dem Kran in luftige Höhe über die Baumwipfel ziehen. Da lag das kleine gelbe Ding unter mir, ein Fremdkörper über dem gleißenden Wasser. Die Sonne brach nach Tagen endlich wieder durch, und ihr grelles Licht auf dem Wasser tat uns allen gut. Die Stimmung stieg im Nu, und wir nahmen es als gutes Omen.

Um 10.22 Uhr, Tauchnummer 233, schlossen wir *Geo*s Luke und tauchten ab. Sehr ruhig und langsam glitt das Boot nach unten. Schon in 44 m Tiefe war es draußen fast stockdunkel. Nur ein winziger kleiner dunkelgrüner Lichtfleck erschien über uns beim Blick nach oben durch den gläsernen Dom. Außentemperatur 5,9 °C. Wir landeten in 55 m Tiefe in einer bizarren Landschaft. Der Grund, leicht nach Osten geneigt, war in zartes angenehmes Grau gehüllt, das sich wabenartig ins Unendliche fortzusetzen schien, und darauf lagen knallbunte Blätter des letzten Herbstes. Ein surrealistisches Bild. *Geo* kroch im Schritttempo über den flockigen weichen Boden und schob mit seinem Kiel eine gewaltige Wolke weichen Sedimentes vor sich her. Unser Blick war geschärft für die Suche nach Leben da draußen vor dem Fenster. Ich wusste, dass wir uns jetzt mitten in der Schwefelwasserstoffwelt befanden – wir waren am richtigen Ort. Bäume umgaben uns, Wälder unter Wasser. Auf ihren Ästen lagerten samtene Kissen wolliger Sedimente, die durch den leisesten Hauch von Unruhe, produziert durch unsere Gegenwart, sich sofort in Nichts auflösten. Fichten mit grünen Nadeln versperrten uns den Weg, und wenn wir aus Versehen gegen einen losen Stamm, von denen es unendlich viele in diesem See zu geben schien, stießen, waberte es im Untergrund. Wellen wie ein Erdbeben pflanzten sich unterirdisch fort. Diese wahllos überall kreuz und quer am Boden liegenden Bäume schienen untereinander in Verbindung zu stehen. Stießen wir gegen einen, bewegten sich alle. Und was uns überraschte, sie sahen alle frisch aus, als ob sie erst gestern hier heruntergepurzelt wären.

Wir machten unsere erste wichtige Entdeckung: eine geheimnisvolle schwimmende Baumschicht, einen doppelten Boden, hatte der Toplitzsee nicht. Auch wenn es eine freischwimmende Baumschicht im offenen Wasser nicht gab, war auch dieser Wald am Boden in dieser undurchdringlichen Finsternis für einen Taucher kein einladendes Gelände. Eher war es eine Landschaft, in der man sich in der Tat leicht zu Tode tauchen konnte. Sein erstes Opfer war 1946 ein amerikanischer Marinetaucher, der hier in offizieller Mission nach Nazirelikten und Dokumenten suchen sollte. Absolute Finsternis, Kälte und die narkotische Wirkung der Atemluft sind in dieser Tiefe die großen Feinde der Taucher, auch für Berufstaucher. Ich fragte mich, ob so ein See wie der Toplitzsee jemals wirklich abgesucht werden könnte. Wir dagegen saßen hinter einem großen Fenster, warm angezogen und atmeten in unserer künstlichen Umgebung Luft normalen Drucks. Wir hatten große Scheinwerfer, die die Umgebung auch auf Entfernung erhellten. Wir waren nicht der Kälte und dem begrenzten Gesichtsfeld eines leicht narkotisierten Helmtauchers ausgesetzt. Tauchen in dieser Tiefe ist immer auch ein psychologisches Problem. Der Toplitzsee war für uns dagegen ein freundliches Gelände, und ich erinnerte mich meines heimlichen Abstieges auf nur 20 m, wo ich unter mir die Schwärze der Tiefe erblickte. War hier in 80 m wirklich das Licht am Ende, drang kein Photon bis hierher hinab? Wir machten einen Test.

Jürgen stellte die Scheinwerfer aus und schaltete alle Geräte ab. Nichts war mehr zu erkennen. Schwärzer und finsterer konnte die Dunkelheit nicht sein. Irgendwo perlte Luft aus einem kleinen Leck und erzeugte einen leisen hohen Ton, die einzige akustische Unterbrechung in dieser sensorisch toten Welt, die kaum zu ertragen war. Im Roten Meer nachts in 170 m Tiefe hatte ich einmal im Freiwasser einen ähnlichen Versuch gemacht, Licht und Geräte abgestellt. Die Nacht im Meer war freundlicher als diese im Toplitzsee. Immer wieder blitzten hier und dort phosphoreszierende Organismen ihre Signale in die Nacht und ließen schemenhaft die Umrisse des großen Fensters erahnen. Auch an Knacklauten von diversen Garnelen mangelte es nicht, so dass unsere Sinnesorgane keineswegs von der Außenwelt abgeschnitten waren. Ganz anders hier im See, ohne Licht und Geräusch ein unheimlicher Ort in dieser Tiefe, an dem ich nicht begraben sein mochte. Fast dankbar war ich, als Jürgen alle Systeme wieder einschaltete. Größere Lebewesen gab es hier unten offenbar nicht.

Aus 80 m Tiefe stiegen wir auf. Über das Unterwasserradio hatte ich beim Wirt einen Kaiserschmarren bestellt. Mittags um 12.01 Uhr durchstieß *Geo* die Wasseroberfläche. Wir waren zufrieden. Der Toplitzsee hatte sich unter den Scheinwerfern *Geo*s von seiner allerbesten Seite gezeigt. In seinem tiefen Becken begeisterte uns sein zauberhafter Märchenwald, den wir in dieser Form nicht erwartet hätten. Das Wetter war prächtig. So könnte es in den nächsten Tagen weitergehen. Doch unsere Zufriedenheit und unser Glück waren trügerisch und währten nur einen Tag.

Wir waren am Nachmittag des folgenden Tages direkt an der Fischerhütte abgetaucht. An einem steilen Hang lösten wir eine Schlammlawine aus, die geräuschlos und hinterhältig ins Tiefe fiel. Plötzlich sahen wir vor uns eine regelmäßige Form am Boden, die von Sedimenten zugedeckt war. Ein Brett? Jürgen meinte: »Was ist schon, ein Gartenstuhl vom Wirt!« Der Gartenstuhl entpuppte sich als eine aufgeschlagene Kiste. Dann weitere Bretter – und ein Behälter, schwarz mit verrostetem Verschluss. In diesem Augenblick gaben unsere Scheinwerfer ihren Geist auf – ihr Licht wurde rötlich, die Batterien waren am Ende. Wir kurvten noch westlich um einen Baum und entdeckten dort eine weitere Holzkiste, die oben ein verträumtes Häubchen von flaumigen Sedimenten trug. So etwa stellt sich Otto Normalverbraucher eine richtige Schatzkiste vor. Ich schrieb am Abend in mein Notizbuch: »Ich dachte daran, dass dieser Fund Folgen haben wird, vielleicht sogar den Frieden unserer Operation stören kann – wir sind keine Schatzsucher, wir haben andere Ziele!«

Jürgen und ich waren aufgeregt. Was nun? Werden wir diesen Fund draußen bekannt geben? Warten nicht draußen am Ufer genug versessene Reporter auf diese befreiende Nachricht, dass im See trotz der großen Entrümpelungsaktion 1963 doch noch Schätze lagern, wie es eigentlich jeder erwartet hatte? Und wussten sie nicht schon lange, dass diese angeblichen Forscher in Wirklichkeit ja doch nur ganz gewöhnliche Schatzsucher waren? Nur eine solche zwielichtige schlechte Nachricht war für sie eine gute Zeitungsmeldung. Wir würden Schlagzeile in der Regenbogenpresse machen. Bisher waren die Reporter draußen am Ufer geduldig mit uns. Mich nervten nur ihre ewigen Fragen nach NS-Relikten, die ich fast nicht mehr hören konnte. Gegen einige war ich aggressiv geworden. Nur Gold und geheime Dokumente fielen aus ihren Mündern. Der Toplitzsee verdiente es einfach nicht, auf diese Weise zu einem faschistoiden Gewässer zu verloddern. Leider war das immer röter werdende Licht der Scheinwerfer zu schwach, um ordentliche Bilder zu machen. Aus 45 m Tiefe tauchten wir deshalb auf, die Batterien gaben endgültig ihren Geist auf.

Abends beim Fischerwirt, gutem Essen und gespritztem Wein und allerbester Stimmung, schweiften Jürgens und meine Gedanken immer wieder ab. Ich sah es an seinem Gesicht. Wir hatten bisher keinem von den Kistenfunden erzählt, nicht einmal Dietmar, Olaf oder Urs. Doch zuerst mussten wir prüfen, was eigentlich in den Kisten versteckt war. Beide gingen wir abseits in den Wald. Wie sollten wir weiter vorgehen? Wir waren auf solche Funde nicht vorbereitet. Wir hatten nie daran gedacht, dass nach der großen österreichischen Säuberungsaktion 1963 noch Wichtiges unten auf dem

Seegrund liegen könnte. Und es war erst unser zweiter Tauchtag. Haben die Taucher der Firma Letin den See damals doch nicht genau abgesucht? Die Kisten lagen in nur 42 m Tiefe dicht vor der Fischerhütte. Die Taucher hätten sie eigentlich finden müssen. Die Situation bedrückte mich etwas, dachte ich doch an unsere weitere Mission. Die Funde lenkten uns zweifellos ab. Sie störten mich, denn mein Inneres war auf Biologisches programmiert und nicht auf die Suche nach NS-Relikten. Jetzt malten wir uns aus, was wohl in den Kisten steckte. Dokumente, Falschgeld? Eine seltsame Stimmung lag über dem Wald. Der dunkle Toplitzsee vor uns – grauer verhangener Abendhimmel, das Wetter hatte wieder umgeschlagen und dann die Gewissheit, dass der Fund für uns Folgen haben würde.

Unsere Freunde sollten zuerst informiert werden. Wir gingen zum Wohnmobil zurück und forderten sie auf, doch zum Pinkeln mit uns mal in den Wald zu gehen. Wahrscheinlich hatten sie längst gemerkt, dass irgendetwas heute Nachmittag geschehen war. So standen wir denn da, und sie merkten sofort, dass Harndrang doch wohl nur ein Vorwand gewesen war. Ich sagte ihnen: »Freunde, wir haben heute Kisten gefunden.« Olafs Antwort kam prompt: »Mann, is' mir schlecht«, das sagte er in seinem Berliner Dialekt immer, wenn er von etwas überrascht war. Wir gingen in die Jagdhütte und besprachen die Lage. Vorerst sollten wir Stillschweigen bewahren. Wenn wir den Inhalt der Kisten genau kannten, sollten wir Ministerialrat Leeb vom Innenministerium informieren. Dann packte uns das Fieber, das verrückte Fieber von Findern. Wir malten uns aus, was ab jetzt alles passieren könnte. Mit ein bisschen Schmunzeln fragten wir uns, ob nicht vielleicht schon unsere Zimmer überall verwanzt seien. Ich spielte die Tonbandprotokolle vor, die einen mehr oder weniger dramatischen Eindruck von unseren ersten Kistenbegegnungen vermittelten. Vor Mitternacht gingen wir auseinander.

Ich konnte nicht schlafen. Wirres Zeug schwirrte mir durch den Kopf. Ich ging nach draußen an den See, der jetzt fast schwarz vor mir lag. Die Berghänge kamen mir bedrohlich vor. Vorne vor der Hütte dümpelte das Tauchboot auf dem spiegelglatten Wasser. Ich hörte Stimmen von der anderen Seeseite. Eine Taschenlampe blitzte auf. Es war Urs, der von der anderen Seeseite eine Langzeitbelichtung von der Fischerhütte und dem Tauchboot machte. Urs nahm seinen neuen Beruf sehr ernst. Erst in der Morgendämmerung, als die Vögel in den Wäldern ihre Stimmen erhoben, schlief ich endlich ein.

Gegen neun Uhr tauchten wir wieder ab. Schnell fanden wir den rostigen Behälter und die Kisten. Mit dem Greifarm wackelte ich am oberen zylindrischen Teil des schweren verrosteten Eisenkörpers. Er rührte sich nicht von der Stelle und versackte nur etwas tiefer im Sediment. Dann sah ich einen zylindrischen weißlichen Körper von vielleicht 25–30 Zentimeter Durchmesser und etwa 15 cm Höhe. Mit dem Greifarm wedelte ich die Sedimente zur Seite. Weißliche Wolken stiegen von ihm auf.

Jürgen fragte über das Unterwassertelefon, wie viele Leute oben seien, und ob vielleicht Taucher ins Wasser gingen. Hier in 40 m könnten wir leicht geortet werden. Nur ein Ruderboot kreise um die Stelle, wo Luftblasen unseres Bootes die spiegelglatte Oberfläche durchstießen. Sollte der Behälter nicht vielleicht doch ein Sprengkörper sein? Jürgen meinte »nein«. Wir beschlossen, den Ort zu verlassen und suchten die Kisten auf. Das Holz war relativ weich. Mit dem Greifarm deflorierte ich den wundersamen Charme der ersten Schatzkiste und entfernte grob die Sedimente. Jetzt war es nur noch eine ganz gewöhnliche zugenagelte und 1 m lange Kiste, von der sich in Sekundenschnelle aller Flair eines taucherischen Märchens verflüchtigt hatte. Ein bisschen wehmütig betrachtete ich das Resultat meiner zerstörerischen Tätigkeit. Leicht ließen sich jetzt die Außenverstrebungen entfernen. Dann sah ich unter den Brettern einer anderen aufgeschlagenen Kiste die Leitwerke einer Rakete, so glaubten wir zunächst. Doch es war nur eine ganz gewöhnliche Bombe aus dem Zweiten Weltkrieg. Ihr Zünder fehlte. Ich dachte an unsere eigentliche Aufgabe. Statt interessantes Organismisches lag eine Bombe vor uns. Ich war mit diesem Anblick nicht zufrieden. Jürgen saß hinter mir und war merkwürdig still. Enttäuscht? Er ist ein neugieriger Sammler und mag die Romantik des Suchens. Ich bin dagegen kein Sammler, ich bin mehr ein Jägertyp, ein Dokumentarist, ich wollte in Gottes Namen Tiere beobachten und nicht nach Bomben suchen.

Auch in der anderen, noch intakten Kiste ruhte eine weitere Bombe, die hier am Grund des Sees besser aufgehoben war als ein abgeworfenes Stück Zerstörung und Tod über einer Stadt. Sie war gelb angestrichen und noch in guter Verfassung. Wir dokumentierten diesen Ort und entfernten uns schnell. Auch wenn wir hier unten Würmer oder einen abartigen Fisch gefunden hätten, die Reporter draußen hätte das wenig interessiert, das mussten wir uns ein für alle mal hinter die Ohren schreiben. Irgendwie war ich trotz dieser obskuren Entdeckung der Bomben erleichtert. Bomben sind kein Gold und keine geheimen Dokumente. Für unser Ansehen draußen schadeten Bomben vor den hungrigen Reportern weniger als Gold oder geheimes Papierenes. Ich fühlte, dass wir mit den Bomben noch einmal mit einem blauen Auge davon gekommen waren.

Albrecht Syen klärte uns auf, dass der zylindrische weiße Körper neben der Bombenkiste der Treibsatz einer Feststoffrakete sei, die hier im See von der Chemisch-Physikalischen Versuchsanstalt der deutschen Marine ausprobiert wurde. Viele historische Fotos in seiner Hütte belegten, dass der Toplitzsee in der Tat Versuchsgelände der Marine war. Jahre später sollte ich durch einen früheren Dienststellenleiter persönlich erfahren, weshalb die Marine in die Alpen zog. Vorweg gesagt, sie kamen nicht wegen des Hirngespinstes Alpenfestung, die von den Alliierten so gefürchtet wurde.

Mit den Bomben konnte ich jetzt guten Gewissens Dr. Leeb vom Innenministerium informieren. Ich erstattete Bericht. Dr. Leeb war auch Chef des Entminungsdienstes, der alles sprengkräftige Material des Zweiten Weltkrieges orten und entsorgen musste. Über 100 000 Tonnen sollen von der deutschen Wehrmacht und den Alliierten am Ende des Zweiten Weltkrieges vergraben und in Seen entsorgt worden sein. Eine Altlast, die gerade jetzt mit dem Beginn des Durchrostens alten Kriegsmaterials zu einem katastrophalen Umweltproblem werden kann. In der Schweiz wurden bis 1964 über 3000 Tonnen Munition in den Seen versenkt. Im Thuner See haben jetzt 60 % der Felchen (ein Speisefisch) verkrüppelte Geschlechtsorgane. TNT, das Dynamit, ist zwar schlecht löslich, hat aber nachweislich nicht nur toxische, sondern auch mutagene, physiologische und krebsauslösende Wirkungen. Die USA haben weltweit die Ozeane als »dumping sites« ihrer kriegerischen Altlasten benutzt, und so wird die amerikanische Marine noch in Erklärungsnot geraten, wenn diese Probleme in unserer sensibilisierten Zeit an die Oberfläche schwappen werden.

Wenige Tage später waren die Taucher des Entminungsdienstes zur Stelle. Sie haben seit Jahren alles sprengkräftige Material aus den Seen geholt, und ihnen wird auch in Zukunft die Arbeit nicht ausgehen. Wir wunderten uns über ihre einfache Ausrüstung. Mit Nasstauchanzügen sausten sie sehr schnell in diesem nur 6 °C warmen Wasser ins Tiefe. Wir leuchteten die Umgebung mit unseren Scheinwerfern aus. Einer der Taucher nahm die erste Bombe wie ein Spielzeug unter den Arm, band sie mit einigen Schlägen an einem gelben Nylonseil fest, und schon schwammen sie wieder aufwärts. Ihre Bewegungen waren schnell und präzise, sie hatten sie oft gemacht. Jetzt baumelten die Bomben, von einem aufgeblasenen Hebesack an der Oberfläche gehalten, im Freiwasser. Draußen am Ufer lauerten die Reporter. Hing dort der Schatz am Seil?

In aller Frühe am nächsten Morgen wurde der See von der Polizei gesperrt. Der kleine freundliche Polizeikommandant von Bad Aussee lebte auf – jetzt hatte er etwas Wichtiges zu tun, was ihm offenbar Spaß machte. Wir waren abgetaucht und sahen die Bomben schwebend im Lichtkegel des Bootes vor uns. Eine prallte gegen den Lampenbügel. Dann waren sie plötzlich mit einem Ruck weg. Bei der Bergung wurden schrittweise Hebeballons an das gelbe Nylonseil angehängt, so dass die Bomben Meter für Meter an die Oberfläche gebracht wurden. Jetzt hingen sie als ungute Fracht weit über uns. Plötzlich sauste eine der Bomben dicht an uns vorbei und schlug tief in den Boden ein. Ihr Leitwerk hatte beim erneuten ruckartigen Hochziehen das Seil durchschnitten. Weg war sie. Nie wieder würde sie zu finden sein – noch heute liegt sie am gleichen Ort. Vom Ufer aus zogen die Taucher den Rest an Land.

In diesem Augenblick wurde vorn am Zugang des See die Schranke für die Medien geöffnet. Autos rasten heran, und die Reporter überfielen das Ufer wie eine Schar wilder Hummeln. Dort lag jetzt die Ursache des Geschehens. Wir hatten schnell noch eine zweite Bombe geborgen, um dem Ganzen einen wichtigeren Eindruck zu verleihen. Urs saß darauf und fütterte kleine Enten, die friedlich vor den beiden Kriegsgeräten durch das Blickfeld schwammen. Enttäuschung bei den Medienleuten, wieder war kein Schatz geborgen worden.

Wir hatten unsere eigentliche Arbeit nicht vergessen und fuhren jeden Tag mit hohen Erwartungen ins Tiefe. Und jeden Tag wurden wir hier im vorderen Teil des Sees abgelenkt. Immer wieder sahen wir verdächtige Erhebungen, die von Sedimenten überdeckt die Fantasie anregten. Dann passierte etwas Außerordentliches, was Jürgen und mich ungemein beeindruckte. Wir waren um 16.52 Uhr von der Oberfläche zu einer Erkundungsfahrt im ersten Drittel des Sees abgetaucht.

In 75 m Tiefe bemerkte ich wieder eine verdächtige gerade Kante, die von flockigen Sedimenten überdacht war. Wir hatten langsam einen Blick dafür bekommen, dass bei regelmäßigen Formen – so wie im Winter bei Schnee – Menschengemachtes darunter lag. Es musste ein großes Brett sein. Ich stellte die vorderen Antriebspropeller auf rückwärts und blies mit Vehemenz in den Boden. Wir standen im Trüben und sahen zunächst nichts. Dann flatterte ein Stück weißes Papier durch unser Blickfeld. Was war das? Als sich der Dreck im freien Wasser abzusetzen begann, sahen wir sie – die in Reihen sorgfältig nebeneinander liegenden Bündel falscher englischer Pfundnoten, Blüten des Dritten Reiches, hergestellt im KZ Sachsenhausen. Wir hatten Kontakt mit dem »Unternehmen Bernhard«, der berühmten Falschgeldgeschichte des Zweiten Weltkriegs, die STERN-Reporter Loede aufgedeckt hatte.

Die oberen Scheine waren braun, aber deutlich war die Britannica der vielleicht 20 x 12 cm großen Noten zu sehen, die wie ein Pfandschein nur einseitig bedruckt waren. Wir hatten sie in Massen vor uns, sauber und akkurat in Packpapier eingewickelt und aufgestapelt. Auf einer Banderole lasen wir 21. Januar 1945. Das klare Weiß der Scheine unter den oberen angefressenen Braunen beeindruckte uns. Sie waren trotz 38-jähriger Wässerung bestens erhalten.

Fünf Jahre später saß an gleicher Stelle der oberste Fälscher der SS, Bernhard Krüger, der seinen Vornamen für diese topsecret Sache des Dritten Reiches ausgeliehen hatte, vor mir und rief enthusiastisch auf Sächsisch: »Nu, die sin' ja noch guud erhalten. Die brauchte man ja nur droggnen und kann sie wieder verwenden.«

Die Kiste hatte vielleicht eine Seitenlänge von einem mal einem Meter, aufgestapelt in Viererreihen. Zwölf dieser Stapel konnten wir ausmachen. Jetzt wurde mir auch klar, dass wir mit unseren Fotos und Filmbildern unsere Glaubwürdigkeit verlieren würden – jetzt war es eine Schatzsuchergeschichte, ein Makel, den wir nicht loswerden würden. Keiner würde uns jetzt glauben, dass dieses hier letzten Endes für uns wirklich nur Beiprodukt war – wir zogen nicht aus, NS-Relikte zu suchen.

Und doch war es ein bewegender Augenblick. Wir sandten eine Nachricht nach oben. Dietmar hatte Telefondienst auf Muckl, unserem kleinen Begleitboot an der Oberfläche. Auf dem Tonband war später zu vernehmen: »Hallo, hallo, Leute hört ihr uns? Hört ihr uns? Dietmar, sag es nicht weiter. Sag nur roger, roger, roger. Du kannst es nicht glauben. Wir sitzen vor einer offenen Kiste, und die Pfundnoten quellen aus ihr heraus. Es ist ein sagenhafter Anblick. Wir haben eine Falschgeldkiste gefunden. Melde dich wieder in einer Stunde, aber zeichne auf der Oberfläche ein, wo wir sind. Wir schicken Luft nach oben, und bitte sage momentan keinem anderen etwas davon. Ende und Aus.« Wir mussten sehr behutsam mit dieser Nachricht umgehen.

Unser Tauchboot GEO vor dem »Gipfelsturm nach unten«, der Erforschung der großen Tiefen der Alpenseen. Links Jürgen Schauer, rechts Hans Fricke (Foto Archiv Fricke)

Ankunft unseres Tauchbootes am Toplitzsee. Die Jagdhütte im Hintergrund wird zum Hauptquartier unseres Tauchbooteinsatzes. (Foto H.Fricke)

Auf einem Schienenweg im flachen Wasser kann GEO für Inspektionen an Land gezogen werden. (Foto H. Fricke)

Im flachen Wasser werden abgesunkene Bäume zum Hindernis, eine bizarre Landschaft, die auch von Sporttauchern gern besucht wird. (Foto U. Moeckli)

Am tiefsten Punkt des Sees in 103 m Tiefe haben wir unseren GEO-Wimpel abgesetzt, eine Landmarke. (Foto H. Fricke)

Abgesunkene Bäume formen einen märchenhaften Unterwasserwald, kein geeignetes Gelände für ein Unterwasserfahrzeug. (Foto Hans Fricke)

Jahrhunderte alte Sedimente liegen auf den Bäumen. Unser Tauchboot bringt Unruhe in diese schlummernden stillen Welten (Foto H. Fricke)

Im Winter tauchen wir unter der dicken Eisdecke des Sees, um die Entwicklung der Bakterienmatten im Tiefen zu verfolgen. (Foto H. Fricke)

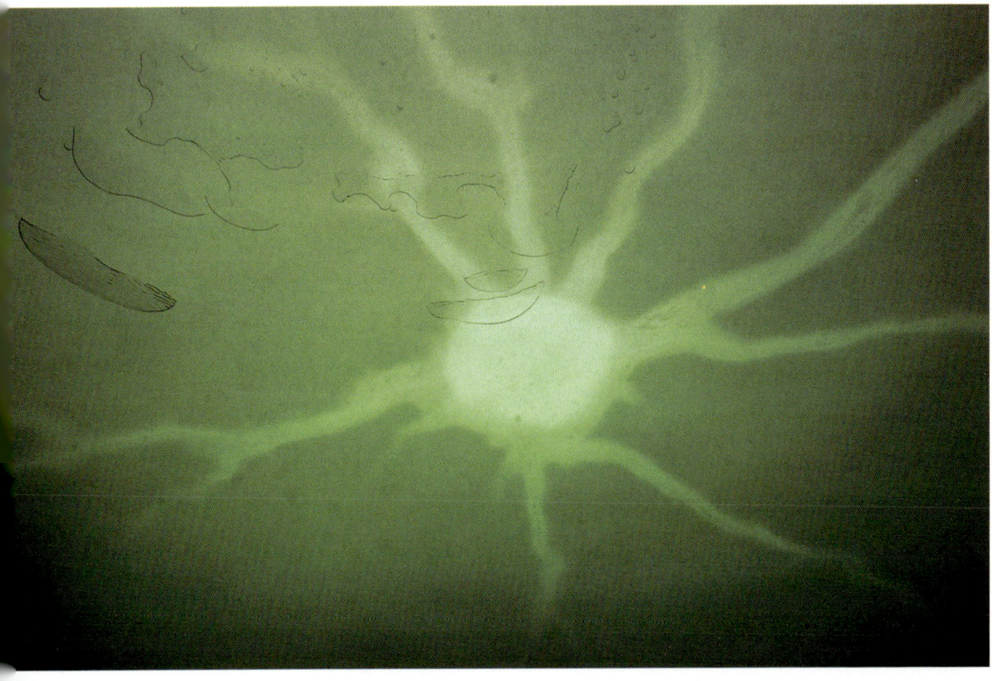

Die Eisdecke aus der Fischperspektive gleicht einem riesigen Gehirn mit Nervenverzweigungen. In Wirklichkeit sind es mit Sumpfgas gefüllte Spalten, die sich unter dem Eis ausbreiten. (Foto H. Fricke)

Eine Forelle, in einem Aquarium eingesperrt, soll uns zeigen, wo der Sauerstoffgehalt des Sees dramatisch abnimmt. (Foto K. Dobler)

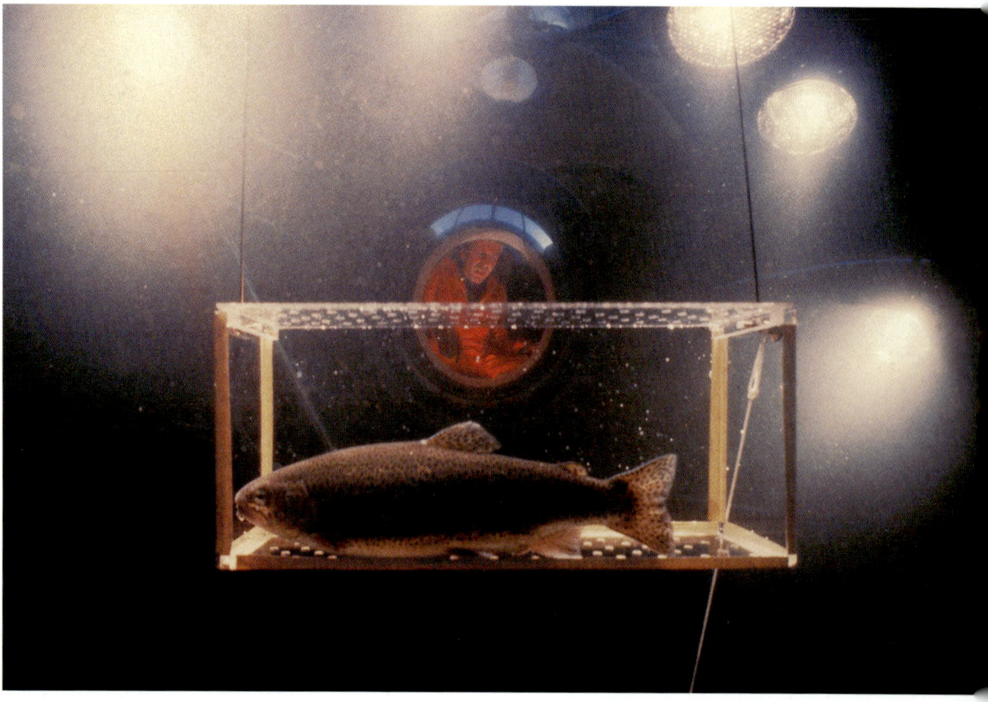

Die Forelle erhöht in 15 m Tiefe ihre Atemsequenz. Hier nimmt der Gehalt an Sauerstoff rapide ab. (Foto H. Fricke)

Jürgen gab in diesem Moment etwas Gas und beschleunigte aus Versehen das Boot. Das Geld verschwand in einer Wolke von Dreck, von fein verteiltem Lehm. Nichts war von unserem Geld mehr zu sehen. Eigentlich mochte ich so unseren unvorhersehbaren Abgang. Wir verabschiedeten uns aus dem trüben Murkel und drehten rechts ab, hinein ins klarere Wasser. Doch da lagen schon wieder Bretter – und auf einem tauchten wieder Schriften auf. Wir lasen die Initialen AB V. Eine neue Kiste mit ABIX. Ihr Deckel war mit einer großen runden und durchlöcherten Stahlplatte beschwert. Offenbar wurde sie als Ballast benutzt, damit die Kiste auch tatsächlich unterging. Jürgen blies mit dem Propeller dagegen – und Mengen von Geld flatterten durchs Wasser. Zum ersten und wahrscheinlich einzigen Mal in unserem Leben schwammen wir im wahrsten Sinne des Wortes in Geld, das wir für unsere weiteren Tauchunternehmungen so dringend nötig hatten. Ich hatte gelesen, dass diese Britischen Pfundnoten als Leihschein auch heute noch in der Bank of England umgetauscht werden könnten. Wir wären heute auf einen Schlag Millionäre geworden, wäre dieses Geld vor uns nicht falsch. Ein versuchter Umtausch hätte uns sicher für Jahre kostenloses Quartier beschert.

An diesem Tag nahm es kein Ende. Wir entdeckten weitere Kisten und fragten uns immer mehr, ob die Taucher von 1963 jemals hier unten gewesen waren. Das Manövrieren an diesem schrägen, schlammigen Hang wurde zunehmend schwieriger, und ich bat Jürgen, das Boot noch einmal oberhalb von uns abzusetzen, um der Dreckwolke zu entgehen. Und da lag wieder alles voller Geld, von Schlamm zugedeckt. Die geraden Kanten der Bündel verrieten die Massen unter dem Sediment. Ich sprach auf mein Tonband: »Heu ist das da draußen.« Wir hatten genug gesehen, wir hatten eigentlich die Nase voll von falschen englischen Pfundnoten. Und würde jetzt ein Arzt meinen Blutdruck messen, wäre der ganz unten. In mein Gehirn kehrte wieder der Alltag ein, die schöne flatternde Aufregung war dahin. Wir konnten wieder normal denken und tauchten auf.

Im Stillen fragte ich mich, wie dieser Irrsinn da unten irgendwie gerettet werden könnte. Heute sprechen wir von NS-Archäologie – und das da unten war ein Paradebeispiel dafür: Falschgeld als papierne Waffe gegen den Feind, hergestellt unter quasi staatlicher Aufsicht unter Einsatz aller nur möglichen Fälschertricks, hergestellt in einem abartigen politischen System in einem Konzentrationslager unter menschenunwürdigen Bedingungen. Diese Geschichte hatte historische Dimensionen und müsste für die Zukunft erhalten bleiben, dies müssten zukünftige Generationen erfahren und genauso sehen können, wie wir heute an diesem Tag mit unseren eigenen Augen. Nicht mit ein oder zwei, in einem Museum aufbewahrten Scheinchen, nein – die gigantische Menge war es, die uns so beeindruckte und erhalten bleiben müsste, das Inflationäre an Zahl, so wie es ihre Hersteller beabsichtigt hatten. Nur das könnte dem Zuschauer den Aberwitz dieser unrühmlichen deutschen Geschichte verinnerlichen. Nie wieder würde es noch einmal ein ähnliches Geschehen in der menschlichen Historie geben.

Der Dokumentarist war in mir erwacht – und dabei hatte ich zunächst andere Sorgen, den Reportern draußen am Ufer klarzumachen, dass wir keine Glücksritter und Schatzsucher waren. Warum aber reagierte ich nur so empfindlich, denen da draußen unbedingt als Saubermann der Wissenschaft erscheinen zu wollen? Warum wurde ich in eine ständige Defensive gedrängt? Hatte ich das nötig? Wie absurd kam mir das jetzt alles vor, unwichtig gegenüber dem, was wir gesehen hatten.

Jahre später geriet ich wegen der »musealen« Rettung dieses Geldes in einen schweren Disput mit einem arroganten Generaldirektor der Österreichischen Nationalbank in Wien. Und 17 Jahre später wurde durch die OCEANEERING Tauchaktion verbreitet, dass wir alle Geldkisten unter Wasser aufgerissen hätten. Sie hätten nachlesen können, dass bei der STERN-Tauchaktion 1958 die meisten Kisten aus dem primitiven Greifer herausrutschten und wieder zum Boden herunterfielen, wo sie teilweise zerstört wurden. Wir hatten nicht eine einzige unbeschädigte geschlossene Geldkiste gefunden. Der Anblick der Geldmassen hatte uns berührt, und wir hüteten uns davor, sie unangemessen zu behandeln – sie waren ein Stück NS-Archäologie. Verhindern konnten wir jedoch nicht, dass beim Wegblasen der flaumigen weichen Sedimente die zu oberst liegenden Noten mit weggepustet wurden.

Zum Abschluss unserer ersten Toplitzsee-Tauchfahrt gab ich eine Pressekonferenz. Alle waren sie versammelt, die uns in den letzten Tagen so genervt hatten. Auch Walter Tarra alias Walter Aufhaber vom Kurier. Er probierte es ein letztes Mal. Warum hätte ich Max Roelk in Kiel, Mitarbeiter der Chemisch-Physikalischen Versuchsanstalt, vor Beginn unseres Einsatzes kontaktiert? Was wollte ich eigentlich von ihm? Ich empfand für Walter Tarra Sympathie. Er war als Zeitungsmann ein erfahrener Vollprofi mit einer gewissen Berufsehre. Nie hatte er uns in irgendeiner Weise persönlich in schlechtes Licht gestellt, nie schlug er unter die Gürtellinie, wie es bei vielen seiner jungen Kollegen der Gazetten eigentlich die Regel war. Ich antwortete Tarra ehrlich. Beim Fischerwirt hingen genug Fotos, die belegten, dass damals im See mit Minen und Sprengstoff hantiert wurde, wir hatten Bomben gefunden. Ich hatte, so fuhr ich fort, die Verantwortung für die Tauchbootoperation und musste wissen, ob für den Einsatz des Tauchbootes in irgendeiner Weise Gefahren bestünden. Tarra war damit zufrieden. Nach Beendigung der Konferenz unterhielten wir uns, und ich machte ihm wegen seiner Berufsehre als Reporter ein kleines verstecktes Kompliment. Ihn freute es. Lachend erzählte er dann von der Geschichte der angeblichen Morddrohungen gegen mich, die im KURIER erschienen war, oder dem plötzlichen Auftauchen von falschen Pfundnoten in Zürich. Er habe es einfach erfunden, um interessante Zeilen im Sommerloch zu machen. Dann sagte er: »Lieber Herr Professor, Sie waren für mich ohne Widerspruch immer der integre ehrliche Forscher!« Das freute mich natürlich auch.

An diesem letzten Tag fiel noch eine besondere Botschaft vom Himmel, die für mich Weichen stellte und Auswirkungen auf die kommenden Jahre haben sollte. Es war ein so unwahrscheinliches Ereignis und ein so großer Zufall, dass ich selbst heute noch kaum glauben kann, dass so etwas in einem Menschenleben möglich ist.

Ein guter Freund, Dieter Heunemann, Techniker und Kameramann von Professor Eibl-Eibesfeldt in Seewiesen, hatte mich zur Pressekonferenz am Toplitzsee besucht. Wir spazierten an diesem freundlichen sonnigen Tag zurück nach Gößl, wo unsere Autos parkten. Unversehens aus heiterem Himmel berichtete er von einer Freundin in Kapstadt, wo er sieben Jahre lang arbeitete. Sie erzählte, dass ihr Vater für die Nazis Falschgeld gedruckt habe. Es war die Tochter von Bernhard Krüger, dem Druckexperten der SS, dessen Geld wir in den letzten Tagen so bewundert und am Ende doch gehasst hatten. Krüger lebte also noch. Er musste jetzt weit über achtzig sein und lebte sicher irgendwo als Pensionär in Deutschland. Mit Hilfe von Dieters Freundin fanden wir ihn, der in der Tat für die Außenwelt verschollen war. Er wohnte zur Untermiete in Hamburg.

Julius Mader, Hauptmann des Staatssicherheitsdienstes der DDR, schrieb in einem sehr polemischen und gegen den westlichen Klassenfeind gerichteten Buch »Der Banditenschatz«, dass Krüger von allen wichtigen Nachrichtendiensten der Welt gesucht und nicht gefunden wurde: »Der amerikanische Geheimdienstmajor und Washingtoner Falschgeldexperte George McNally, der gemeinsam mit Scotland Yard Krüger auf den Fersen war, gab die Jagd schließlich auf und vermerkte im Jahr 1952 abschließend in seinem Bericht, nach jahrelang vergeblicher Suche: Master Counterfeiter Krüger has never been heard of since, despite the concentrated efforts of half a dozen police forces to find him.« Abschließend bemerkte Mader, der in seinem Buch zu großen Übertreibungen neigte, dass Krüger im Mai 1945 mit ergaunertem Vermögen untergetaucht sei. Woher wollte er das wissen? Belege dafür hatte er keine.

Durch Zufall waren wir auf Krügers Spuren gestoßen. Ihn musste ich jetzt unbedingt kennenlernen. Ich wollte mehr über diese inflationären Mengen der falschen Pfundnoten erfahren und zwar

Insiderwissen, das noch nicht in der Kolportagekiste der Medien zigfach wiedergekaut worden war. Diese Chance gab es nun. Das »Unternehmen Bernhard« hatte sich in mein ganz privates Leben eingeschlichen – es wurde der Beginn meiner zweiten Aus-Zeit.

Doch jetzt muss die Geschichte »Geld wie Heu« erzählt werden, ein Abriss des »Unternehmen Bernhard«, das bereits viele Autoren beschäftigt hatte, und wo immer die gleichen Geschichten auftauchten. Es war eine spannende Erfolgsstory, die journalistisch vom STERN so hingetrimmt wurde, dass sie fast zu einem Klassiker des investigativen Journalismus wurde. Ein Vollblutreporter Wolfgang Loede war federführend – und er machte seine Sache gut. Umstände führten dazu, dass er seine eigene Story nicht selbst schreiben konnte. Ein anderer tat es stellvertretend – und ich hatte im Archiv des STERN die einmalige Chance, aus der Hand Loedes zu erfahren, wie seine eigene Geschichte verhackstückt wurde und zwar durch handgeschriebene markante Randbemerkungen mit dem häufigsten Wort »Quatsch«, denn dieses Wort liebte Loede. Doch so lernte ich, was an der STERN-Geschichte richtig oder auch falsch war.

»Unternehmen Bernhard« oder »Geld wie Heu«

Am 3. Mai 1945 gab SS-Sturmbannführer Dr. Wilhelm Höttl, Referatsleiter im Amt VI des Reichssicherheitshauptamtes in Wien und zuständig für die Dienststellen dieses Amtes in Österreich, Bayern, Böhmen und Mähren, angeblich einen verhängnisvollen Befehl. Er war gerade aus der Schweiz zurückgekommen, wo er im Auftrag seines Chefs, Ernst Kaltenbrunner, Allan Dulles, dem Chef des OSS-Büros in Bern, die Kapitulation der deutschen Streitkräfte auf österreichischem Boden anbieten ließ. Um Bericht zu erstatten, wartete er in einem kleinen Blockhaus in Altaussee auf seinen Chef Kaltenbrunner, oberster Hüter des Reichssicherheitshauptamtes und nach Reichsführer SS Himmler der Zweithöchste in der Hierarchie dieser Organisation. Kaltenbrunner war lange überfällig, und sein Telefon klingelte unentwegt. Jeder wartete auf Befehle, denn keiner ging mehr in diesen Tagen ein Risiko ein. Schon wieder klingelte das Telefon, Höttl meldete sich. Ein SS-Obersturmführer bat um zwei Lkws. Er habe einen reichswichtigen Transport und käme wegen Achsenbruch nicht mehr weiter. Höttl, der vielen Telefonate überdrüssig, herrschte ihn barsch an und schrie ins Telefon: »Werfen Sie die Ladung einfach in die Traun und schicken Sie ihre Leute nach Hause!« So beschrieb er es 1955 unter dem Pseudonym Walter Hagen in seinem berühmt gewordenen Buch »Unternehmen Bernhard«, ein Tatsachenbericht.

Als ich Höttl Jahre später persönlich traf, hörte ich die gleiche Geschichte mit identischen Worten. Hatte er sich wirklich erlaubt, das Telefon seines obersten Dienstherren ohne Erlaubnis zu bedienen? Ich wurde das Gefühl nicht los, dass sich hier durch häufiges

Erzählen etwas nicht Wahres in eine sekundäre Wahrheit verwandelt hatte, an die er jetzt felsenfest glaubte. Ob es wirklich so war, weiß also keiner genau.

Wahr ist aber, dass die Ladung, als sie auf dem Wasser aufschlug, aufplatzte, so dass Tausende britischer Pfundnoten in der Traun abtrieben. Die einheimische Bevölkerung und amerikanische Soldaten angelten sie aus dem Fluss. Die getrocknete Pfunde waren die ersten öffentlich sichtbaren Belege für die Geheimaktion mit Decknamen »Unternehmen Bernhard«. Es wurde ein außerordentlicher Polit- und Agentenkrimi der Kriegs- und Nachkriegszeit und gab zum ersten Mal Kunde über eine der größten und von staatlicher Seite aus vorangetriebenen Falschgeldaffären in der Geschichte der Menschheit. 140 Millionen Pfund falscher 5-, 10-, 20- und 50-Pfund-Noten mit einem Umtauschwert von drei Milliarden Reichsmark waren bis Kriegsende hergestellt worden.

Die Idee war nicht neu. Schon Friedrich der Große wie auch Napoleon wollten den politischen Gegner durch Geldfälschungen in die Knie zwingen. Geldfälschungen als papierne Waffe schwächen die Ökonomie des Gegners, und das war es wohl auch, an was die Nazis dachten, den englischen Sterlings eine empfindliche Niederlage zu verpassen. Aber auch die Feinde, England und später auch die USA, dachten daran, die deutsche Mark durch Abwurf von gefälschten Noten zu schwächen. Wer in Deutschland der Erste war, der den Angriff auf den Sterling ins Auge fasste, ist nicht mit Sicherheit zu belegen. Lawrence Malkin berichtet in seinem Buch »Hitlers Geldfälscher« von einer ominösen Sitzung im Finanzministerium in Berlin am 18. September 1939: »Man wollte Millionen gefälschter britischer Banknoten drucken, über den Straßen und Dächern Großbritanniens verstreuen und dann in aller Ruhe abwarten, bis die britische Wirtschaft kollabiert.«

Als wir 2002 John Keyworth von der Bank of England nach den möglichen Auswirkungen des damaligen deutschen Planes fragten, gab er unumwunden zu, dass es desaströs für die Ökonomie Englands gewesen wäre. Ein großer Teil der englischen Ökonomie basierte damals auf dem Verkehr von Bargeld. Die wöchentlichen und monatlichen Bargeldzahlungen wären zum Erliegen gekommen, weil jeder sein Vertrauen in die für unfälschbar gehaltene britische Pfundnote verloren hätte. Lange hätte es gedauert, bis dieser Schaden behoben und das Vertrauen in Bargeld wieder hergestellt worden wäre.

Aus den ersten Ideen, den britischen Sterling zu fälschen, entstand zunächst das »Unternehmen Andreas«. Der junge vierschrötige Haudegen Alfred Naujocks, von Beruf Mechaniker, war federführend; der geistige Vater dieses Unternehmens war er jedoch nicht. Naujocks gehörte mit seiner Muskelkraft zu jener schlagfreudigen Truppe von SS-Männern, auf die die Partei der Nationalsozialisten stolz war. Der damalige Chef des Reichssicherheitshauptamtes (RSHA) Reinhard Heydrich, von vielen Zeitgenossen als ein eiskalter, intelligenter Mephisto des Dritten Reiches und als Reinkarnation des Bösen beschrieben, hatte mit seinem Lieblings-SS-Sturmbannführer Naujocks viel vor. So erteilte er ihm einen delikaten Sonderauftrag, der Naujocks zu einer zeitgeschichtlichen Figur machen sollte. Unter seinem Kommando überfielen am 31. August 1939 SS-Männer in polnischen Uniformen den Reichssender Gleiwitz. Als »Opfer« blieben vorher ermordete Häftlinge aus dem KZ Sachsenhausen zurück, die in deutschen Uniformen steckten. Dieser sorgfältig geplante Vorwand als Akt der »Notwehr« führte zum Überfall auf Polen, Auslöser und der Beginn des Zweiten Weltkriegs. Als englische Flugzeuge nach Kriegsbeginn falsche Lebensmittelkarten und sogar schlecht gemachte Zwei-Mark-Scheine über Deutschland abwarfen, sann die SS auf Revanche. Auf Geheiß Heydrichs oblag Naujocks die Ausführung der Operation, die ihm weiteren zweifelhaften Ruhm einbrachte. Er stellte britische Noten großer Qualität her, die selbst seinem Nachfolger Bernhard Krüger Respekt abverlangten. Da er weder Drucker noch Papierfachmann war, besorgte die technische Seite der introvertierte Dr. Langer.

Höttl alias Hagen berichtet, dass Naujocks in der Delbrücker Straße in Berlin bestens ausgerüstete Werkstätten zur Herstellung der Noten besaß, die er auf Einladung Naujocks' besuchen durfte. Später siedelte die Herstellung in die Papierfabrik Spechthausen bei Eberswalde nahe Berlin um. Da sei auch Bernhard Krüger tätig gewesen, den Naujocks für seine Pläne eingespannt hatte, so jedenfalls Höttl.

Ich hatte das ungewöhnliche Glück, Höttls Buch von Bernhard Krüger persönlich leihweise zu bekommen. Am Rand vieler Buchseiten hatte Krüger seine eigenen Bemerkungen sorgfältig und akkurat mit Bleistift hinterlassen. Er vermerkte an der Stelle, er (Krüger) habe für Naujocks gearbeitet: »Infame Lüge!«. Krüger hat nämlich nie unter Naujocks gearbeitet! So kam ich in die Lage, Höttls berühmtes Buch durch den akkuraten Bernhard Krüger gegengelesen zu bekommen und lernte die allzu große dichterische Freiheit Höttls von der Wahrheit zu trennen!

Als Hitler laut Höttl seinen Segen für das »Unternehmen Andreas« gab, musste jedoch sichergestellt sein, dass es sich nicht um eine Fälschung oder Nachahmung, sondern um eine »nachträglich unautorisierte Herstellung« handle. Dies war aber nur möglich, wenn die Bank von England keine Unterschiede zu den originalen Noten finden könnte. Eine technisch große Herausforderung, die besonders an das Papier hohe Anforderungen stellte, aber auch an die Herstellung der Druckplatten sowie die Erschließung des Nummernsystems, das auf den Noten abgedruckt war. Schwierigkeiten tauchten beim Papier auf, das originale war glänzend und knisterte beim Anfassen, das falsche dagegen war matt und knisterte nicht.

Das Papier war sogenanntes Hadernpapier und bestand aus Resten von Leinengeweben, die mit Maschinen zerfasert wurden. Naujocks respektive Dr. Langer fand heraus, dass die englische Papierfabrik nicht neues Leinen benutzte, sondern gebrauchtes, das natürlich vorher gesäubert wurde. So kam er dem richtigen englischen »Papiergefühl« am nächsten.

Krüger erzählte mir später, dass die Naujocks' Noten sehr gut waren und er eigentlich nicht verstünde, weshalb sie nicht im großen Stil eingesetzt wurden. Als Höttl alias Hagen beschrieb, wie der typische Büttenrand der Noten entstünde, nämlich durch Verlaufen des Papierbreis auf angefeuchteten Filzplatten, las ich als Bemerkung »Total laienhaft!« Der Rand wurde nämlich an einer Metallkante gerissen. Besondere Schwierigkeit ergaben sich bei der Herstellung der Britannia, des ovalen Bildes in der linken oberen Ecke der Noten. Dies war ein Meisterstück von Graveurkunst. Krüger wies mich später auf einen kleinen weißen Strich in der Britannia hin und erklärte, dass dies ein Geheimzeichen der Bank von England sei. Auf unnachahmlichem Sächsisch bemerkte er, dass dies »keenem gleinem Logusfälscher auffallen« würde. Stolz schwang darin mit, dass die SS-Fälscher das Geheimzeichen bemerkt hatten.

Dann kam Naujocks' großer Tag, nämlich die Prüfung seiner Noten, die Höttl eingehend beschrieb: Ein Mittelsmann mit einem dicken Konto in der Schweiz meldete sich mit dem Vorbehalt bei der Schweizer Bank an, dass er englische Pfunde bekommen habe, die er für falsch halte. Ein im Referat VI F 4a des RSHA gefälschtes Schreiben der Falschgeldabteilung der Deutschen Bank wies darauf hin, dass sie die Noten für gefälscht hielten, was sie aber mit ihren Mitteln nicht nachprüfen könnten. Die Eidgenossen waren stolz, den Deutschen zeigen zu können, dass sie es besser können, und nach Prüfung bestätigten sie, dass die Noten echt seien. Krüger versah diese Höttl-Geschichte am Rand mit einem riesigen Fragezeichen. Er glaubte sie ihm einfach nicht. Es war wohl eine der von Höttl erfundenen Legenden.

Doch Naujocks' Tage waren gezählt. Er fiel bei Heydrich in Ungnade. Heydrich hatte in Berlin ein Edel-Bordell »Salon Kitty« eingerichtet, wo er Diplomaten, Politikern und wichtigen Persönlichkeiten des In- und Auslandes mit heimlich installierten Mikrofonen und speziell ausgebildeten Liebesdienerinnen so manches Geheimnis entlockte. Als Heydrich spitzbekam, dass Naujocks auch seinem Liebesgeflüster lauschte, wurde er von heute auf morgen kaltgestellt.

Er sollte zu einem SS-Sonderkommando in den Osten abgestellt werden – fast ein sicheres Todesurteil. Heydrich kam im Juni 1942 bei einem Attentat in Prag ums Leben, das Naujocks von seinem Albtraum befreite. Nachfolger Heydrichs wurde der ebenso eiskalte Österreicher Kaltenbrunner, der 1946 im Nürnberger Kriegsverbrecherprozess zum Tode verurteilt wurde.

Heydrich hatte damals die Idee, Erlöse aus den falschen Pfunden künftig zur Finanzierung des politischen Nachrichtendienstes, der unter beständigem Finanzmangel litt, einzusetzen. Auch der Chef des politischen Auslandsnachrichtendienstes, Walter Schellenberg, war dafür, die falschen Noten auch für den Nachrichtendienst zu verwenden. Außerdem wurde der Falschgeldbetrieb ins KZ Sachsenhausen in die Blöcke 18 und 19 verlegt, dort war er sicherer. Aus dem »Unternehmen Andreas« wurde 1942 das »Unternehmen Bernhard«. Krüger verriet mir, dass der Decknamen »Unternehmen Bernhard« von Walter Schellenberg stammte. Er entlieh den Vornamen seines technischen Mitarbeiters und Leiter des Referates VI F4, Krüger, für ein fragwürdiges Vorhaben höchster Geheimhaltungsstufe und setzte ihm damit ein wenn auch zweifelhaftes Denkmal.

Für seinen Herstellungsbetrieb in Sachsenhausen suchte Krüger in verschiedenen KZs über 140 jüdische Häftlinge unterschiedlichster Berufe, von Künstlern, Bankfachleuten, Malern, Graveuren, Papierexperten, Druckern, Setzern u. a. Sie kamen aus vielen Ländern. Höttl bezeichnete sie in seinem Buch als Berufsverbrecher, sie waren es aber nicht. Noch in der Nachkriegszeit mussten diese Todeskandidaten – alle wären sie nach Beendigung des »Unternehmens Bernhard« als Geheimnisträger einer streng geheimen Reichssache umgebracht worden, um ihre Rehabilitierung kämpfen. Nur einer, ihr Mithäftling Smoljanoff, war professioneller Geldfälscher, also ein Krimineller. Die Monatsproduktion an falschen Noten steigerte sich jetzt auf 400 000 Stück, die sorgfältig registriert und durch Zerknittern und Abreiben auf schmutzigen Oberflächen von den Häftlingen künstlich gealtert wurden. Eine riesige Menge falscher Noten entstand, die in drei Güteklassen I, II und III eingeteilt wurden und ihrem Einsatz entgegen sahen.

Höttl erzählt in seinem Buch auch eine andere absonderliche Geschichte: Im Herbst 1943 habe ihn Bernhard Krüger angerufen und um Hilfe gebeten. Krüger wolle angeblich seinen verdienten Mitarbeitern Orden verleihen, was jedoch von Schellenberg abgelehnt wurde. Krüger bat nun Höttl, Schellenberg doch umzustimmen. Später soll der Amtschef Kaltenbrunner humorvoll und etwas zynisch Höttl zur ersten Verleihung deutscher Kriegsauszeichnungen an Juden im KZ gratuliert haben.

Noch 42 Jahre danach war Krüger emotional aufgebracht, als er mir davon erzählte. Er habe Höttl weder jemals gesehen noch gesprochen. Als Randbemerkung steht in seinem Buch nur »Nie, nie, nie« oder »Stimmt nicht«, »Lüge, Lüge«. Dann sagte er, seine Häftlinge hätten sich lieber umgebracht, als einen Orden für diese erzwungene schändliche Tätigkeit in Empfang zu nehmen.

Den Häftlingen ging es im Block 18 und 19 besser als ihren Leidensgenossen außerhalb ihres verdrahteten goldenen Käfigs, den keiner betreten durfte, nicht einmal der Kommandant von Sachsenhausen. Sie bekamen besseres Essen und genossen viele Vergünstigungen. Es war ein offenes Geheimnis, dass in dem Drahtgemach gedruckt wurde, doch genaue Einzelheiten wusste wohl keiner. Krüger erschien nur in größeren Abständen in den Produktionsstätten,

> brunner selbst besaß glücklicherweise einigen Humor; er ließ mich kommen und gratulierte mir zynisch dazu, daß es mir gelungen sei, zum 9. November 1943 die erste Verleihung deutscher Kriegsauszeichnungen an Juden im KZ durchzusetzen. Weiter geschah mir nichts, ja ich konnte sogar erreichen, daß die zwölf ausgezeichneten KZ-Insassen, einschließlich der drei Juden, ihre Orden behalten durften. Es wurde ihnen allerdings verboten, sie außerhalb der Baracken des Sonderlagers zu tragen. Sie werden wohl auch wenig Lust gehabt haben, sich nach getanem Fälschertagewerk in ihren armseligen KZ-Stuben mit Medaillen zu schmücken.

Wilhelm Höttl behauptet, 12 KZ-Inhaftierten einen Verdienstorden überreicht zu haben. Krüger bezeichnet das als Lüge.

um einsatzbereite Noten abzuholen. Den Absatz regelten andere, und da spielte wiederum Höttl eine gewisse Rolle. Er war auf einer seiner Dienstreisen in Italien mit Dr. Gröbl zusammengekommen, der als Agent des Sicherheitsdienstes illegal in Tirol arbeitete. Durch ihn wurde Höttl mit einem SD-Agenten Friedrich Schwend bekannt, einem charmanten Großkaufmann und Finanzjongleur, der von Devisen außerordentlich viel verstand. Eine schillernde, aber doch zwielichtige Persönlichkeit, die ihre internationale Finanzerfahrung bald in den Dienst des »Unternehmen Bernhard« stellte.

Der Chef des Auslandsnachrichtendienstes Schellenberg war jedoch reserviert. Er wollte und konnte sich keine Panne erlauben und war deshalb mehr und mehr gegen das »Unternehmen Bernhard«, obwohl er anfangs sehr dafür war. Höttl versuchte vergeblich, Schellenberg von der Verwertungsmöglichkeit der Pfunde zur Finanzierung des Nachrichtendienstes zu überzeugen. Erst Krüger, so schreibt Höttl, soll es gelungen sein, von Schellenberg endlich die Zustimmung zu erhalten. Aber auch diese Aussage Höttls ist unwahr. »Nie« las ich am Rand von Krügers Buchexemplar, Krüger habe Schellenberg niemals um eine solche Zustimmung gebeten. Schließlich war es Kaltenbrunner selbst, der sogar Himmler und Hitler von den Finanzierungsmöglichkeiten mit Hilfe der Bernhard-Pfunde überzeugte. Sofort baute Friedrich Schwend in Italien ein großes Verteilungssystem auf, das selbstständig arbeitete. Sein Hauptquartier war zunächst in der Villa Rosemarie in Abbazia an der Adriaküste untergebracht. Nach dem Sturz Mussolinis am 25. Juli 1943 und Badoglios Waffenstillstandsabkommen mit den Alliierten, fast eine Kapitulation Italiens, wurde das Schloss Labers bei Meran in Südtirol Dienstsitz von Schwend. Er war getarnt als »Sonderstab-Generalkommando III, Germanisches Panzerkorps« und wurde zur Kommandozentrale im Geldkrieg. Schwend nannte sich jetzt Dr. Wendig. Er legte sich ein ganzes Archiv falscher Personaldokumente zu, denn er musste bei seinen dunklen Geschäften unerkannt bleiben.

Das Referat VI Wi in Berlin verwaltete die Umsätze Schwends. Zwei Drittel erhielt das Amt, Schwend bekam ein Drittel zur Finanzierung seiner Organisation. Er baute ein gigantisches Verteilernetz über Europa, Asien, Südamerika und Nordafrika auf. Büros befanden sich in Rom, Stockholm, Madrid, Budapest, Tanger, Paris, Amsterdam, Belgrad und Kopenhagen. Nie sollen die Einkünfte des Unternehmens besser gewesen sein als in den allerletzten Kriegsmonaten. Schwend alias Dr. Wendig handelte mit allem: mit Lebensmitteln, Konserven, Textilien, Fahrzeugen, Rohstoffen, Metallen, Gold, Brillianten und besonders mit Waffen. Er kaufte Waffen von den Partisanen und versilberte alles, was ihm unter den Nagel kam.

In Italien wurden die falschen Pfunde fast so etwas wie die heimliche Währung. Viele Noten wurden auch direkt bei italienischen Banken, aber auch in der Schweiz, in Liechtenstein und sogar in München umgetauscht. Pannen passierten kaum. 1943 soll ein Bankangestellter der Bank von England an einem Tag zwei Noten mit identischer Seriennummer in die Hände bekommen haben. Der Feind wusste jetzt, dass irgendwo ihre für unfälschbar gehaltene Währung mit großer Qualität nachgedruckt wurde. Der Verdacht fiel auf Deutschland.

Zu den Chefeinkäufern Schwends, die überall in Europa und auch Südamerika saßen, zählten Hotelbesitzer, Bankdirektoren und andere erfahrene Finanzmanager. Shraga Elam, ein in Zürich lebender israelischer Journalist, hat eine ungeheuerliche Geschichte aufgedeckt, die Höttl aus guten Gründen nicht in seinem Buch beschrieb. Einer der Chefeinkäufer war ausgerechnet ein jüdischer Nazi-Kollaborateur, Jaac van Hartem, der Dr. Wendig-Teams mit Papieren des Internationalen Komitees des Roten Kreuzes versorgte, so dass sie sich frei bewegen konnten. Van Hartem war auch selbst beim Einkauf von Gütern mit Bezahlung durch Bernhard-Pfunde beteiligt. Nach Ende des Krieges hat van Hartem Friedrich Schwend per Siegel bestätigt, dass er Mitarbeiter des Internationalen Roten Kreuzes sei. Es sollte der Persilschein für spätere Zeiten sein.

Van Hartem war einerseits ein Hochstapler und Verbrecher, aber auch ein »guter« Jude. Er half mit falschen Pfunden Flüchtlingen den Weg nach Palästina zu ebnen. Jaac van Hartem starb 1973 in Tel Aviv, und obwohl seine Vergangenheit bekannt war, hielt sogar die israelische Ministerpräsidentin Golda Meir schützend ihre Hand über ihn.

Viele Bernhard-Noten setzte der Auslandsnachrichtendienst auch für die Bezahlung seiner Agenten ein. Ein berühmter Fall wurde »Cicero«, Deckname für Elyesa Bazna, den Kammerdiener des englischen Botschafters in Ankara, Sir Hugh Knatchbull-Hugessen. Aus Geldgier und Britenhass bot er dem deutschen Botschafter in der Türkei, von Papen, seine Dienste an. Er fotografierte geheimste Botschaften seines englischen Dienstherren, stahl Dokumente und unterrichtete von Papen über Pläne des Feindes. Auch über die bevorstehende Bombardierung von Sofia. Um Cicero zu decken, ließ der deutsche Nachrichtendienst den Ereignissen seinen Lauf. 4000 Menschen starben bei dem Luftangriff der Alliierten, sie hätten durch Ciceros Warnung gerettet werden können. Cicero wurde zum größten Spion des Zweiten Weltkriegs, und er wurde mit 300 000 falschen Pfunden entlohnt. Als in der Nachkriegszeit der Betrug aufflog, forderte Cicero wegen des »Nazi-Betruges« von der Regierung Adenauers Schadenersatz. Er bekam ihn nicht.

Höttl als erklärter Antikommunist behauptete, dass in der Nachkriegszeit die Russen ernsthaft nach den Mitarbeitern des »Unternehmens Bernhard« fahndeten, weil sie selbst an eine Neuauflage des Unternehmens glaubten. Sie suchten angeblich besonders nach den Druckplatten für die gerade anlaufende Dollarproduktion. Krüger erzählte mir, dass es jedoch Druckplatten für den Dollar niemals gegeben habe, weil diese Noten im Lichtdruck hergestellt wurden. Sein krimineller Dollarfälscher Smoljanoff habe zunächst mit chemischen Techniken die Zahlen in vorhandene echte Noten eingefärbt. Sie waren zwar perfekt, aber für den Großeinsatz total ungeeignet, weil mit dieser umständlichen Methode keine großen Stückzahlen erzielt werden konnten. Die Qualität habe jedoch Kaltenbrunner und

Himmler so überzeugt, dass ernsthaft an die Dollarproduktion gedacht wurde. Krüger wollte mit der Dollarherstellung vermutlich sein eigenes Leben, aber auch das der Häftlinge retten. Denn bei Einstellung der Falschgeldherstellung wäre auch er zu einem SS-Kommando in den Osten versetzt worden – und davor hatte er Angst.

An dieser Stelle wollen wir auf weitere Einzelheiten über das »Unternehmen Bernhard« und wie die falschen Pfunde durch ein ausgeklügeltes Verteilernetz an den Mann gebracht wurden, verzichten.

Auch was in der Nachkriegszeit mit Schwend und seinem Mitarbeiterstab und den umgetauschten Millionen passierte, gehört nicht hierher und ist nicht unbedingt ein Thema dieses Buches. Eine Episode sei jedoch erwähnt: Hoch über den Weinbergen Merans verstummte 1963 in der berühmten Wallfahrtskirche St. Valentin die Orgel. Der Organist zerrte Banknoten im Wert von 2465 Britischen Pfund hinter zwei silbernen Orgelpfeifen hervor, die vermutlich einer der Schwend-Agenten für ein besonders sicheres Versteck hielt. Offenbar hatte er keine Zeit mehr, seine Beute später zu holen. Das waren damals immerhin 28 000 D-Mark!

Als die Rote Armee vor Berlin stand, siedelte die Falschgeldfabrik von Sachsenhausen um. Zunächst kamen sie in das Vernichtungslager Mauthausen bei Linz. Von dort ging es per Bahn nach Redl-Zipf in Niederösterreich, wo in unterirdischen Gängen noch einmal die Druckmaschinen aufgebaut wurden. Die Häftlinge hofften auf ihre baldige Befreiung. Dies alles interessierte Höttl nicht mehr. Auch vom Schicksal der Häftlinge ist nirgends die Rede. Er berichtet nur noch, dass Kaltenbrunner ernsthaft an die Errichtung der ominösen Alpenfestung dachte, die nicht existierte und die doch von den Alliierten gefürchtet wurde. Hier sollte das »Unternehmen Bernhard« weitergehen, als Devisenfabrik und Notenbank der Alpenfestung. Er teilte Schwend mit, dass jetzt auch die Serienproduktion der Dollars angelaufen sei. Später bemerkte Krüger lakonisch: »Eine tolle Lüge«. Schwend flüchtete nach Südamerika und kehrte aber später nach

Deutschland zurück. In München lebte er von Sozialhilfe und träumte von seinen besseren Zeiten.

Doch wenden wir uns jetzt aus Höttls Sicht noch einmal dem Kriegsende zu, denn die Bernhard-Pfunde, die nicht zum Einsatz kamen, landeten im Toplitzsee.

Höttl schließt seinen »Tatsachenbericht« mit Versenkungsaktionen großer Kisten und Blechkanister, die Angehörige einer Spezialeinheit der deutschen Marine im See verschwinden ließen. Es sei naheliegend, dass auch die Bernhard-Pfunde darunter gewesen sind. Was im See lag, wollte zuerst der amerikanische CIC (Counter Intelligence Corps), der ehemalige militärische Abschirmdienst der USA, Vorläufer des späteren CIA, wissen. Der CIC forderte Marinetaucher einer Spezialeinheit an. Keinem der Taucher gelang es, bis zum Boden vorzudringen. Als einer der Taucher tödlich verunglückte, wurde die Aktion abgebrochen.

Höttl berichtet von einem zweiten doppelten Boden im See, über den ich vorher schon einmal schrieb. Wenn im Frühjahr Bäume von den steilen Wänden in den See fallen, bilden sie unter Wasser in 40 m Tiefe einen verschachtelten dichten Wall, den keiner durchdringen kann. Dieser Wall ist nicht verankert und driftet frei schwebend im Wasser. Selbst eine Sprengung der Holzbarriere misslang. Nur die Mitarbeiter der geheimen deutschen Marineversuchsstation sollen gewusst haben, wo der Eingang zur Unterwelt unterhalb des schwimmenden Bodens war. Nirgends auf der Welt, so schreibt Höttl, gebe es etwas Vergleichbares. Dies war eine schöne unheimliche Geschichte, die in der Tat zu einer weiteren Legende des Sees wurde.

Ich muss gestehen, dass ich das »Unternehmen Bernhard« schmunzelnd gern gelesen habe. Die vielen schriftstellerischen Freiheiten Höttls hat Bernhard Krüger mit über einem halben Hundert an Fragezeichen gnadenlos bloßgestellt. Krüger mochte Höttl nicht, und später werden wir die Gründe dafür erfahren. Ich verstand jetzt auch die bösartige Unterstellung seines obersten Dienstherren Kaltenbrunner, der Höttl als einen eloquenten gesprächigen Wiener

Kaffeehaus-Journalisten tituliert hatte. Höttl selbst sah sich dagegen gern als der Amtshistoriker des Reichssicherheitshauptamtes.

Die Geschichte des »Unternehmens Bernhard« war – wenn auch mit vielen blumenreichen Episoden versehen – durch Höttl in seinen Grundzügen geschrieben. Jetzt fehlte nur noch eine Korrektur, eine Kosmetik und der Beleg, dass Bernhard-Pfunde tatsächlich im Toplitzsee lagen. Nach Höttls Buch hatte ich die fünfzehnteilige Serie »Geld wie Heu« in der Illustrierten STERN gelesen. Die Illustrierte machte »Geld wie Heu« zu einer Weltsensation und tat allerdings so, als ob sie die Geschichte erstmals aufgedeckt hätte. Das war gelogen. In vielen Passagen fand ich nicht nur einige – noch dazu falsche – Höttl-Geschichten, es wurden also Fehler und sogar Redewendungen aus dem Buch übernommen. Im Aufmacher der Serie stand eine brisante Sache: »Als der Krieg zu Ende war, blieb das Geld in den Händen weniger. Sie haben Banken, Modehäuser, Verlage und Luxushotels damit gegründet. Und sie leben noch mitten unter uns. Als STERN-Reporter ihnen auf die Spuren kamen, boten sie ungeheure Werte als Bestechung an: eine Kaffeeplantage in Guatemala, eine Villa am Chiemsee, ein Haus mit allem Komfort in jedem gewünschten Teil der Welt, und schließlich boten sie noch jede Menge Geld an. Sie taten es allerdings vergebens.«

Gerne hätte man erfahren, wer zu diesem ominösen spendablen Personenkreis zählte. Antworten auf diese Fragen gab es nicht, schade!

Trotz dieser Schönheitsfehler war die Serie »Geld wie Heu« ein großartiges Stück von investigativem Journalismus, und dafür war Reporter Löhde der richtige Mann mit dem berühmten sechsten Sinn. Er fand vieles, über das Höttl nicht berichtet hatte. Seine Ermittlungen führten ihn nach Südamerika, Italien, England, in die Schweiz und nach Jugoslawien. Er deckte die Ereignisse im KZ Sachsenhausen auf und folgte den Spuren des Falschgeld-Vertriebes. Und zum Schluss brachte er den Beleg, dass britische Pfundnoten tatsächlich im Toplitzsee versenkt wurden. Mit einer Fernsehkamera und einem Greifarm brachte er sie nach oben und lieferte den ersten sichtbaren Nachweis für die inflationäre Menge falscher Noten. Als er eine Kiste mit schriftlichen Unterlagen ans Tageslicht holte, entstand der Mythos versenkter Geheimunterlagen des Reichssicherheitshauptamtes. Den STERN-Reportern wurde von Pressevertretern unterstellt, dass sie die Unterlagen heimlich beiseite geschafft hätten, was natürlich nicht stimmte. Später wird Löhde an den Rand einer Bildunterschrift, wo von Hunderten geheimer Akten berichtet wurde, kurz und knapp »Quatsch, Löhde« schreiben. Krüger erzählte mir, dass die Dokumente im Toplitzsee kaum Bedeutung hatten. Seine eigenen geheimen Unterlagen habe er nach dem Auszug aus Sachsenhausen selbst verbrannt.

Löhdes umfangreiche Ermittlungen wurden von dem STERN-Journalisten Michael Horbach in der Serie »Geld wie Heu« in Romanform und verziert mit einer rührseligen Liebensgeschichte niedergeschrieben. Einige damals noch lebende Akteure bekamen einen falschen Namen, wohl aus Gründen – heute würden wir sagen – des Datenschutzes. Wie mir Löhde später erzählte, war er mit »Geld wie Heu« unzufrieden. Im Auftrag des STERN-Herausgebers Henry Nannen musste er sie auf Fehler durchsehen. Horbach war in Ungnade gefallen, und Löhde wurde durch Nannen dazu verdammt, die Schludereien und Fehler seines Kollegen Horbach zu entlarven.

Horbach hatte zum Beispiel bei Höttl abgeschrieben, dass sich am 10. August 1950 in der Südwand des Reichensteins östlich vom Toplitzsee ein tödlicher Bergunfall ereignete. Der aus Hamburg stammende H. Gerrens, bergsteigerisch unerfahren, war mit Dr. Keller, ehemaliger Dienststellenleiter der Marineversuchsstation am See, in die Wand eingestiegen. Was suchten sie dort? SS-Gold? Als sie es fanden, hat Keller – so Höttl und Horbach – seinen Partner absichtlich abstürzen lassen. Eine ungeheuerliche Unterstellung. In Wirklichkeit war Gerrens viel zu jung, um als Marineangehöriger der Versuchsstation und Mitwisser infrage kommen zu können. Er wurde mit dem Fotografen Gerkens verwechselt, der in der Tat an der Marinestation gearbeitet hatte. Obwohl Dr. Keller nach kurzer Inhaftierung aus Mangel an Beweisen wieder freigelassen wurde, war er aufgrund des STERN-Berichtes in der Öffentlichkeit für wenigstens vier Jahre ein potenzieller Mörder. Der Absturz von Gerrens war ein ganz normaler Bergunfall. Löhde hatte bereits 1959 an den Rand des STERN-Berichtes »falsch« geschrieben. Eine Berichtigung erfolgte jedoch zu diesem Zeitpunkt nicht. Erst 1963 anlässlich eines anderen STERN-Artikels über den tödlichen Tauchunfall des jungen Münchner Egner berichtigte Löhde das kolportierte Gerücht, das bereits Höttl in die Welt gesetzt hatte.

Anlass zu wilden Gerüchten und Hypothesen gab auch ein Telegramm von Henry Nannen, dem Herausgeber des STERN. Den Inhalt dieses Telegramms muss wahrscheinlich ein Postbeamter weitergegeben haben, allerdings in veränderter Form. Der wirkliche Inhalt lautete: »Lieber Herr Löhde, ich halte weiteres Verbleiben am Toplitzsee nicht mehr mit für Ihre Aufgaben vereinbar, wenn nicht außerordentliche Gründe vorliegen. Ich erbitte umgehende Stellungnahme. Gruß Ihr Nannen.«. Den Nebensatz des Telegramms »… wenn nicht außerordentliche Gründe vorliegen« hatte jene Person weggelassen. Löhde hätte nämlich am See weitermachen können, wenn er wichtige Entdeckungen gemacht hätte.

Das verstümmelte Telegramm, »ich halte weiteres Verbleiben am Toplitzsee nicht mehr mit für Ihre Aufgaben vereinbar«, nährte den

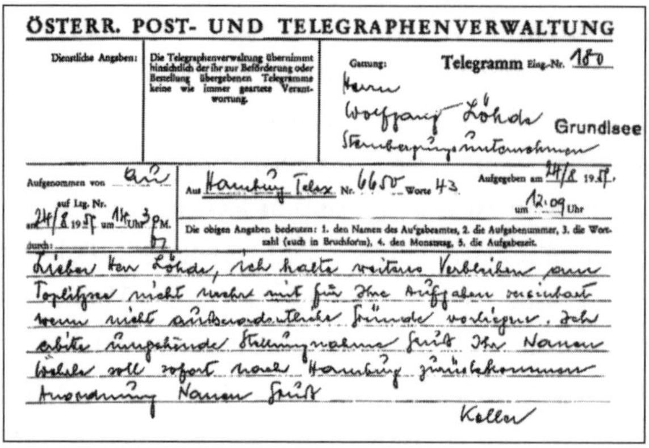
ÖSTERR. POST- UND TELEGRAPHENVERWALTUNG

Dienstliche Angaben:

Die Telegraphenverwaltung übernimmt hinsichtlich der ihr zur Beförderung oder Bestellung übergebenen Telegramme keine wie immer geartete Verantwortung.

Gattung: Telegramm Eing.-Nr. 180

Herrn Wolfgang Löhde Grundlsee Sternbergungsunternehmen

Aufgenommen von … auf Ltg. Nr. … am 24/8 1959 um 14 Uhr 3 PM. durch: …

Aus Hamburg Telex Nr. 6650 Worte 43 Aufgegeben am 24/8 1959 um 12:09 Uhr

Die obigen Angaben bedeuten: 1. den Namen des Aufgabeamtes, 2. die Aufgabenummer, 3. die Wortzahl (auch in Bruchform), 4. den Monatstag, 5. die Aufgabezeit.

Lieber Herr Löhde, ich halte weiteres Verbleiben am Toplitzsee nicht mehr mit für Ihre Aufgaben vereinbart wenn nicht außerordentliche Gründe vorliegen. Ich erbitte umgehende Stellungnahme Gruß Ihr Nannen Wehle soll sofort nach Hamburg zurückkommen Anordnung Nannen Gruß

Keller

Telegramm von Henry Nannen, der Löhde auffordert, die Toplitzsee-Aktion zu beenden

Verdacht, dass der STERN von höherer Seite aus aufgefordert wurde, die Tauch- und Bergeaktion der Staatsräson wegen sofort abzubrechen. Ein wenig war der STERN selbst daran schuld, hatte er doch die Gerüchteküche mit den eigenen Schlagzeilen genährt: »Und sie leben noch mitten unter uns. Als STERN-Reporter ihnen auf die Spuren kamen, boten sie ungeheure Werte als Bestechung an ...«, um die Veröffentlichung der Serie »Geld wie Heu« zu verhindern.

Die Wahrheit über dieses Telegramm erfuhr ich später von Löhde selbst. Er war Reporter genug, um zu erkennen, dass aus dem See nichts mehr zu holen war. Nannen brauchte ihn für eine wichtige Weltraumgeschichte, denn die Russen hatten damals den ersten Sputnik ins All geschossen und Löhde sollte in Moskau recherchieren. Sofortiger Aufbruch war angesagt. Doch der plötzliche Abbruch der Bergeaktion am Toplitzsee heizte die Spekulationen noch einmal an.

Am 18. März 1985 traf ich Wolfgang Löhde im ZDF in Mainz. Er war relativ klein und hatte eine kerzengerade Haltung. Seine guten flinken Augen fielen mir auf. Er redete ununterbrochen, und wenn ihm etwas nicht gefiel, benutzte er das Wort »Quatsch«, »alles Quatsch« oder »was soll der Quatsch«. Eindruck machte mir, wie er über den Journalistenberuf sprach. Er schimpfte über Dr. Knopps Geschichtssendungen im ZDF. Da trete doch der Galland mit seinen Fliegergeschichten auf und behauptet zur besten Sendezeit in einer Öffentlich Rechtlichen Anstalt »Wenn das und das nicht schief gegangen wäre, hätten wir den Krieg gewonnen. Keiner sagt, dass es gut war, wie es gekommen ist, denn dann hätten wir bestimmt nicht die vergangenen 40 Jahre gehabt. Ein Glück, dass es so kam«, so Löhdes Worte. Er fand es entsetzlich, wie falsche Meldungen ununterbrochen kolportiert werden. Das STERN-Archiv kann jedermann abrufen. Fehler und Falschmeldungen werden weiter tradiert. Die Legenden entstanden bei der Bergung am See, weil er und seine Mitarbeiter vor Journalistenkollegen durch den STERN zum Mundhalten verpflichtet waren. Die Zeitungsreporter nahmen das zum

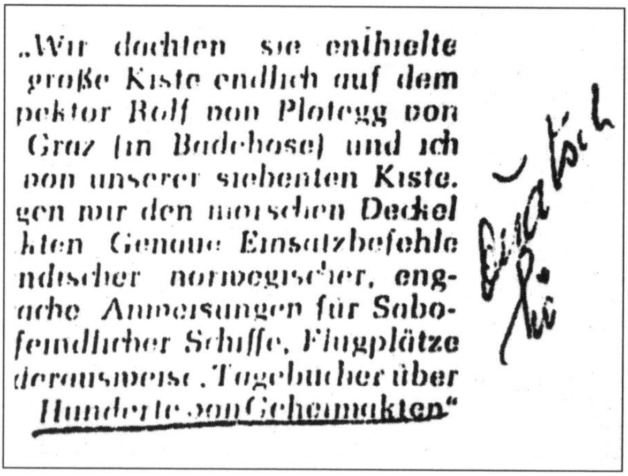
„Wir dachten sie enthielte
große Kiste endlich auf dem
pektor Rolf von Plotegg von
Graz (in Badehose) und ich
von unserer siebenten Kiste.
gen wir den morschen Deckel
kten Genaue Einsatzbefehle
ndischer norwegischer, eng-
ache Anweisungen für Sabo-
feindlicher Schiffe, Flugplätze
derausweise, Tagebücher über
Hunderte von Geheimakten"

Quatsch
Lö

Bildunterschrift im STERN mit Nachricht, dass Hunderte Geheimdokumente gefunden wurden. Löhde mußte den Text prüfen und bemerkt kurz »Quatsch, Lö«.

Anlass, Sachen zu erfinden, hinzuzudichten. Kollegen fragten ihn damals, was er tun würde, wenn er wirklich Gold fände. Löhdes Antwort war: »Ich werfe es wieder ins Wasser«.

Löhde gab mir seine eigene Einschätzung, wie der Mythos Toplitzsee entstand. Als er 1959 an den See kam, bestand kein Interesse an den frühen Kistentransporten, an die man sich nur schlecht erinnerte. Schlagartig wuchs das Interesse, als die ersten Scheine an der Oberfläche schwammen. Der Mythos entstand, und sofort traten die vielen Augenzeugen ins Rampenlicht der Presse. Löhde meinte weiter, dass der Toplitzsee das Markenzeichen für drei unabhängige Vorgänge wurde:

1. Die geheime Marineversuchsstation, die gar nicht so geheim war und durch Zufall bei der Geldversenkung mithelfen musste und auf diese Weise mit dem »Unternehmen Bernhard« verbandelt wurde.
2. Die Herstellung des Falschgeldes im KZ Sachsenhausen, die absolut nichts mit dem See zu tun hatte. Weder Schwend noch Krüger kannten den See, geschweige denn, dass sie jemals dort waren.
3. Schwends Verteilerapparat in Meran mit den tatsächlich dort umgewechselten Reichtümern, die mit dem Toplitzsee verknüpft wurden. Aber auch das hat ursächlich nichts miteinander zu tun. So entstand das Nazigold, das es im Toplitzsee nicht gibt.

Ich hatte Jahre danach anlässlich einer Recherche von der Österreichischen Nationalbibliothek die Erlaubnis erhalten, in ihren unterirdischen Magazinen Zeitungen und Illustrierte der Nachkriegszeit zu studieren. Fünf Stockwerke unter der Erde blätterte ich fast alle Zeitungen Österreichs zwischen 1945 und 1960 durch. Löhde hatte vollkommen recht, vor 1959 stand praktisch nichts über das »Unternehmen Bernhard« in den Tageszeitungen und Magazinen Österreichs.

Doch wenden wir uns jetzt der oft diskutierten Frage zu, wie viele der gedruckten Noten nun tatsächlich in Pekuniäres, Güldenes oder anderes Wertvolles umgesetzt worden sind, das in den Finanzbereich des Reiches oder anderer Länder eingeflossen sein konnte. Letztlich geriet es zum Schaden der Bank von England und dadurch zum Schaden der englischen Bevölkerung. Die Angaben dazu müssen aber notgedrungenerweise hypothetisch sein. Hitler selbst hatte die Anordnung gegeben, dass jeder nur so viel wissen dürfe wie zur Erfüllung seiner Aufgaben unbedingt nötig sei. Eine heute in jedem größeren Industrieunternehmen geübte Praxis. Das Referat VI Wi wird also kaum den Mitarbeitern des Reichssicherheitshauptamtes Erfolgsmeldungen über Umsätze mitgeteilt haben.

Von Krüger erfuhr ich, dass er persönlich eine Tabelle über die hergestellten Einzelnoten führte. Insgesamt seien etwa 9 Millionen Noten gedruckt worden, davon fielen 40 % auf 5 Pfund Sterling, 30 % auf 10 Pfund, 15 % auf 20 Pfund und 15 % auf 50 Pfund Sterling. Insgesamt hatten sie einen Nominalwert von 139,5 Millionen Pfund Sterling. Davon entfielen ca. 60 Millionen Pfund auf die Güteklasse I, die theoretisch hätten umgesetzt werden können. Krüger gab ehrlich zu, dass er den tatsächlichen Umsatz nicht kannte, betonte aber auch, dass die Zahlen, die in den Medien genannt wurden, sicher zu hoch gegriffen seien. Als ich Höttl in einem Interview fragte, nannte er einen Umsatz im Wert von 100 Millionen Reichsmark. Dies wären nur 3,6 % der insgesamt gedruckten Noten der Güteklasse I. Kenner der Branche hielten diesen Wert für realistisch.

Falschgeld herzustellen und in Umlauf zu bringen, ist auch heute international geächtet. Reichswirtschaftsminister und Präsident der Deutschen Reichsbank Funk war deshalb gegen die Falschgelddruckerei, schwächte es doch das Vertrauen des Auslandes in die Deutsche Mark, die ohnehin auf dem internationalen Markt einen schweren Stand hatte. Höttl hat in seinem Buch eine Art Verteidigung des »Unternehmens Bernhard« versucht. Es sei eine papierne Waffe, die keinen tötet, und wenn dadurch die Abwehrkraft des Feindes ernstlich geschwächt wurde, konnte man eine moralische Entschuldbarkeit finden.

Banknotenfälschung ist also ein ernst zu nehmendes Kriegsmittel, und wenn die Gesetze des Krieges zu Massenmord an Zivilpersonen führen, dann sind Falschgeldverbreiter keine wirklichen Verbrecher. Tatsache ist, dass keiner der Bernhard-Leute bei den Nürnberger Kriegsverbrecherprozessen angeklagt wurde. Höttl meinte sogar, dass die britische Anklagebehörde die Amerikaner überzeugt hatte, die Fälscheraffäre nicht weiter zu verfolgen. Hatten sie doch selbst falsche Lebensmittelkarten und falsche Zwei-Mark-Scheine über Deutschland abgeworfen. Ähnliche Methoden waren also auch auf alliierter Seite nicht unbekannt.

Da ich von internationalen Rechten und Gepflogenheiten keine Ahnung hatte, wandte ich mich zur Aufklärung an Professor Wolfrum, den ich auf einer Konferenz in Stralsund kennenlernte. Ich wollte wissen, ob Höttls Argumente, was diese Punkte betraf, der Wahrheit entsprachen oder auch nicht. Professor Wolfrum war Direktor des Max-Planck-Instituts für ausländisches öffentliches Recht und Völkerrecht in Heidelberg, er musste es am ehesten wissen. Dieses Mal hatte Höttl in der Tat keine schriftstellerischen Freiheiten bemüht. Er hatte Recht – Falschgeldherstellung ist eine papierne Waffe und kann im Kriegsfall eingesetzt werden, sie ist rechtens und moralisch vertretbar. Man kann also dafür nicht bestraft werden.

Doch wenden wir uns noch einmal dem Toplitzsee zu. Wie kamen die Massen von Noten in den See? Wir hatten bereits erfahren, dass in Redl-Zipf »Unternehmen Bernhard« zu Ende ging. Druckmaschinen wurden gesprengt und Noten minderwertiger Qualität verbrannt. Die Häftlinge bangten um ihr Leben. Jetzt wurde es ernst. Würden sie noch in den allerletzten Tagen als Geheimnisträger umgebracht werden? Sie hörten die erfreuliche Nachricht, dass Hitler Selbstmord begangen hatte. Das Dritte Reich lag in den allerletzten Zügen. Die gesamte Falschgeldmannschaft sollte in das KZ Ebensee angeblich in die Hände des Roten Kreuzes übergeben werden. Sturmbannführer Bernhard Krüger setzte sich ab und fuhr in einem Sportwagen davon. Keiner sah ihn wieder. SS-Mann Hansch wartete auf Befehle, die nicht kamen. Mit drei Lkws, vollgepackt mit den Kisten der besten Notenqualität, fuhr er schließlich los. Wohin sein Weg gehen sollte, ist bis heute nicht ganz schlüssig. Einige meinen, dass er seinen Transport in Radstatt in der Nähe des Toplitzsees bei SS-Standartenführer und Ritterkreuzträger Otto Skorzeny abliefern sollte, der sich auf Geheiß Kaltenbrunners mit seinen Jagdverbänden in die »Alpenfestung« zurückgezogen hatte. Angeblich war Skorzeny in Radstatt nicht anwesend, so dass SS-Mann Hansch in Richtung Bad Aussee fuhr, wo er von der Marineversuchsstation, der einzigen noch funktionierenden Militäreinheit, hörte. Dorthin brach er auf.

Was dann geschah, erzählte mir Dr. Keller, ehemaliger Dienststellenleiter der Station. Keller brachte die Ereignisse zu Papier und schenkte mir seine »Geschichte vom Toplitzsee« in handschriftlicher Form. Dort steht: »So um den 6. Mai herum war ich abends allein in der Villa (Anm. Villa Roth in Grundlsee), Frau und Kind waren nach München zur Schwester gefahren. Da kamen zwei große Lastwagen vorgefahren, Leute in Uniform dabei, fragten nach dem Dienststellenleiter. Ich sagte, ich sei Vertreter.

Dr. Determann käme morgen früh. Ja, sie seien in höchster geheimer Mission und Bedrängnis, sie müssten eine größere Zahl von Kisten mit präpariertem Papier loswerden, wir müssten helfen. Es waren SS-Leute. Ich machte Vorschläge, verbrennen – nein, dauert zu lange, sprengen – nein, die Papierstücke dürften höchstens millimetergroß sein, also versenken im Toplitzsee. Das würden wir machen können. Am nächsten Morgen zogen sie sich mit Determann in ein Zimmer zurück. Ich war des Geheimnisses nicht würdig und deshalb bös gekränkt. Als Determann herauskam, sagte er, die Kisten müssten versenkt werden, ob ich es übernehmen wolle. Meine Antwort: Nein, ich ginge jetzt nach Hause (Grundlsee). Wie die Sache vor sich ging, habe ich erst sehr viel später erfahren, unter anderem auch die Behauptung eines Seemannes, ich hätte ihn mit der Pistole in der Hand zu jener Arbeit gezwungen. Ich habe auch damals nicht gewusst, dass einige Bauern gezwungen die Kisten zum See transportieren mussten.«

Dr. Keller war bei der Versenkung nicht direkt beteiligt.

Dr. Determann, den letzten Dienststellenleiter der Marinestation, habe ich später in Hamburg getroffen. Er erklärte, dass die Versenkung in der Nacht zwischen dem 7. und 8. Mai erfolgte. Viele Kisten gingen nicht unter und konnten erst mit einer Axt zum Versinken gebracht werden. In einer Kiste befanden sich Briefmarken. Es waren Propagandabriefmarken. Löhde behauptete jedoch, dass die Briefmarkenkiste geschlossen war, so dass Determann die Marken nicht gesehen haben konnte. Die Briefmarken wurden von Löhde geborgen und gingen nach Hamburg, wo sie heute noch sein müssten. Löhde hatte auch von Holzbalken und Treibanker berichtet, die an den Kisten befestigt waren, so dass zumindest einige später geborgen werden konnten. Determann hat solche Treibanker und Holzbalken nicht gesehen. Offenbar war er nicht bei der gesamten Versenkungsaktion dabei, die sicher die ganze Nacht über dauerte. Wir haben später nur einen einzigen Holzbalken von vielleicht anderthalb Meter Länge gefunden, an dem ein langer Draht einer Überlandleitung befestigt war. Dies bestätigte Löhdes Aussage.

STERN-Reporter Löhde gab mir ein Bekenntnis mit auf den Weg: Wenn er heute jünger wäre, würde er die Spuren verfolgen, wo und wie die eingetauschten Werte dieses jetzt im Faulschlamm langsam verrottenden Papiergeldes verschwunden sind. Wo blieben die Millionen? Waren es aber wirklich so viele, wie uns die Medien glauben machen wollen? Ich würde da Krüger trauen, der die Zahlen für sehr übertrieben hielt. Kurz zuvor hatte ich Tom Bower, einen jener aalglatten Enthüllungsjournalisten der BBC, im »Bayerischen Hof« in München getroffen. Er war der Autor des viel beachteten Buches »Das Gold der Juden«. Ich gebe zu, er war mir nicht sympathisch. Mich störte seine Arroganz. Die Geschichte des Herrn Krüger könne nur er, Tom Bower, machen, die Deutschen seien dafür nicht geeignet. Auch ihn interessiere nur, wo das umgetauschte Geld abgeblieben sei. Wir gingen bald auseinander. Einige Unterlagen, die ich ihm gegeben hatte und die er schnell zurückschicken wollte, habe ich bis heute nicht erhalten.

Wurm »Willi« und seine Schwefelwelt

Trotz der vielen Ablenkungen unter Wasser durch diverse Funde, die wir immer wieder machten, hatten wir unser Ziel nicht vergessen: die Schwefelwelt der Tiefe.

Wir waren überall den Massen von Blättern begegnet, die die Hauptlieferanten für jenen Stoff waren, der doch ganz am Anfang allen Lebens steht: Schwefel in seiner sehr reduzierten Form, dem Schwefelwasserstoff. Immer wieder sahen wir, dass die Blätter in der Mitte des doch sehr schmalen Sees älter als die Blätter am Rande des Sees waren, dass sie sich dort in einem weiter fortgeschrittenen Stadium ihres endgültigen organischen Dahinsiechens befanden. Selten sahen wir hier frische Blätter. Kein Wunder, der Wind trieb die neue Ladung des Herbstes an die Ufer und dort türmten sich die Massen im Laufe der Zeit zu gewaltigen Halden auf. Jetzt genügte der Hauch einer Störung, etwa ein herunterfallender Stein, um die Massen in ihrer zunehmend instabilen Lage in Bewegung zu versetzen. An jedem Hindernis blieben sie dann hängen, und doch erreichten sie letztlich die Tiefe, ihr endgültiges Grab. Entlang dieses Weges griff die Armada der Allerkleinsten an, unterschiedlichste Bakterien und Mikroben, die dem Blatt endgültig den Garaus machten und es letztlich seiner Form beraubten.

Auf ihrem Weg in die Tiefe hinterließen sie sichtbare Spuren, die ich an jedem steilen Hang mit Faszination sah. Ein Muster weißer eingefahrener kleiner Schluchten war im Laufe der Zeit im Kalkstein eingeschliffen worden, denn Zeit spielte hier unten keine Rolle. Es waren Miniaturcanyons entstanden, kleine Kerbtäler, die für die nächsten tausend Jahre den Blättern ihren Weg in die Tiefe zeigten.

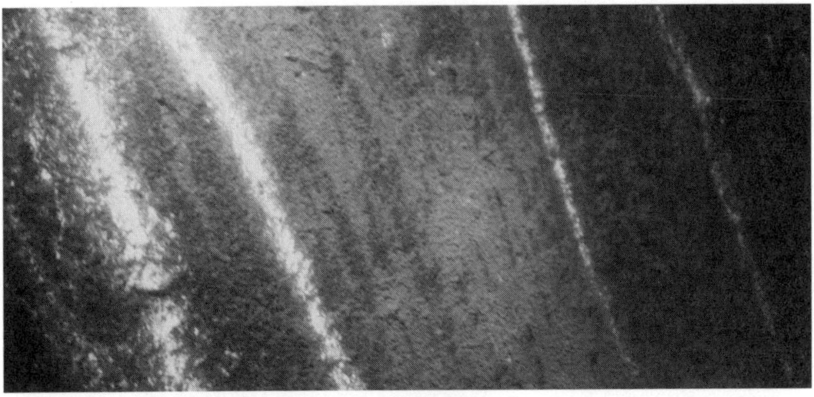

Minicanyons haben sich über Jahre an den Hängen des Sees eingeschliffen. Im Herbst werden darin Blätter transportiert, die sich am Fuß des Hanges ablagern. (Fotos: H. Fricke)

Ich dachte an das Rote Meer. Dort hatte ich mit Günter Landmann, einem angehenden Geologen, einen großen Canyon an der Ostküste des Sinai kartografiert und im Detail untersucht. Eines der großen Trockentäler, ein Wadi, setzte sich unter Wasser fort. Katastrophale Fluten bei den seltenen Regenfällen im Winter stürzten ins Meer und schliffen dann den harten nubischen Sandstein zu tiefen Rinnen ein, die wir mit dem Tauchboot explorierten. Hier war ich mit einem Prozess in Berührung gekommen, der an allen Küsten der Ozeane und auch im Süßwasser eine außerordentliche Rolle spielt. Fast jede große Flussmündung der Erde, ob Nil, Ganges, der Hudson River und andere, ist von unterseeischen Schluchten durchzogen, sie bildet die Verlängerung des Flusslaufes und transportiert Sedimente vom Land ins Meer bis tief in die Ozeane. Diese großen Canyons spielen eine wichtige Rolle für den Nährstofftransport im Meer. Sie transportieren aber auch menschlichen Müll, etwa radioaktiven Abfall, den man in Betonfässern vor nicht allzu langer Zeit in die Tiefsee versenkt hatte. Dort ist er auch heute noch.

1929 erschütterte ein schweres Seebeben die Grande Bank vor der Küste von Neufundland. Bekannte Tiefseekabel zerbrachen exakt der Reihe nach in einer zeitlich genauen Abfolge: die südlichsten erst nach 13 Stunden und 480 Kilometer vom Epizentrum entfernt. Es waren Unterwasserlawinen, die nach neuen Messungen bis zu 200 km/h erreichen können und alles zerstören, was ihnen in den Weg kommt. Man fragt sich, wie solche Lawinen entstehen können. Es sind Trübeströme, sogenannte turbidity currents. Sie bilden sich, wenn Tonteilchen sich gut mit Wasser vermischen und eine Emulsion formen, die schwerer als Wasser ist. Sand und sogar Stein können darin schwimmen. Mit größerer Geschwindigkeit werden in dieser gleitenden Masse noch gröbere Materialien aufgenommen, riesige Felsbrocken gar, die dann lawinenartig die Hänge heruntersausen und gewaltige erosive Kräfte entwickeln. Mit Canyons ist also Vorsicht geboten, besonders wenn man gefährlichen Abfall ins Meer kippt.

Ich hatte mir vorgenommen, in den tiefen Alpenseen auf solche Unterwassercanyons zu achten. Durch unsere Tauchboot-Studie auf dem Sinai hatte ich einen Blick dafür bekommen. Und hier im Toplitzsee entdeckte ich die Miniaturform dieser Schluchten, die ich in einer solchen Miniausgabe niemals erwartet hätte. Ein gewöhnlicher geologischer Prozess, Alltag gewissermaßen, war hier in seiner kleinstmöglichen Form sichtbar. Ich sah die winzigen Trübeströme, die präzise den nur zentimeterbreiten Tälchen folgten und dabei – über sich – Blätter mit nach unten rissen. Die Blätter waren viel zu groß, um in die Enge der kleinen Kerbtäler zu passen. Sie wurden nur durch den schwachen Sog der winzigen Trübeströme mit nach unten gerissen. Dort lagen sie dann, aufgeworfen über den Schuttkegeln der sich langsam absetzenden Trübeströme.

Mich berührte die Ähnlichkeit zum Ozean, die Gleichheit der Prozesse, das Ende in der Finsternis, wo die Lawinen auf den flacher werdenden Böden langsam zum Stillstand kamen. Dort im Ozean viele Kilometer tief, hier in ebenfalls totaler Dunkelheit kaum 100 m tief. Hier wie dort werden anorganische Stoffe, aber auch Organisches abwärts befördert. Eines ist jedoch anders: Der Ozean ist bis unten mit Sauerstoff versorgt, der Toplitzsee aber nicht. Er ist ab seiner Sprungschicht im relativ flachen Wasser sauerstofflos. Wer partizipierte hier von den wertvollen organischen Frachten, die auf unterschiedliche Weise das tiefe Becken des Sees erreichten? Gewiss waren es Bakterien, die sich an dieses für ein Sauerstoffwesen tödliche Milieu angepasst hatten. Aber größere, Makroorganismen, konnten die dort eigentlich leben? An den Tiefseeschloten mit ihren sensationellen neuen Ökosystemen überlebten die Krebse, Fische und Würmer immerhin in einer Grenzschicht zwischen Sauerstoff und den schwefelwasserstoffhaltigen Quellen. Sie mussten sich irgendwie vor dem Schwefelwasserstoff schützen, sie brauchten Barrieren, um mit diesem Zellgift fertig zu werden. Hier im Toplitzsee sind sie aber kontinuierlich von Schwefelwasserstoff umgeben. Das änderte die Situation gewaltig.

Immer wieder sahen wir Schlieren von Schwefelbakterien im Wasser, die auf diese Weise für uns leicht sichtbar die Wasserbewegungen markierten. An einer Stelle des Sees bemerkten wir in über 80 m Tiefe weißliche Schichtungen. Manchmal blieb das Tauchboot auf solchen Schichten stehen und sank erst tiefer, wenn wir Luft aus unserem variablen Ballasttank entließen, mit dessen Hilfe wir den Auf- und Abtrieb des Bootes regeln. Durch *Geo*s Bewegungen wurde diese Schicht zerstört. Sie franste aus, und diffuse geheimnisvolle Formen entstanden, die wie magische Gebilde langsam zum Stillstand kamen. Wir hatten schweflige Nebelgeister produziert.

Oft sahen wir aber auch flockige Gebilde, die an den weißen Schichten hängen blieben oder als weißliche »Rotzfahnen« langsam nach unten trudelten. Im Meer spricht man von marinem Schnee,

Im Freiwasser treibt organischer »Seeschnee«, Nahrungsgrundlage für viele Mikroorganismen, auch für die Bakterien des Toplitzsees. (Foto H. Fricke)

der kontinuierlich aus der Lichtzone des Ozeans herabrieselt und aus toten Tieren und Pflanzen, Kieselalgen, Kot der Planktongemeinde, Sand und anderen anorganischen Stoffen besteht. Alle werden sie zusammengehalten durch einen zuckerhaltigen Schleim, der von Bakterien und Phytoplankton produziert wird. Lange dauert es, bevor der marine Schnee den Boden der Tiefsee erreicht. Auf diesem Weg wird er von Mikroben, Zooplankton und den ewig hungrigen Filterfängern konsumiert. Heute wissen wir, dass der marine Schnee eine der wichtigsten Energiequellen für die Ernährung der Tiefseebewohner ist. Und besonders schlaue Forscher meinen sogar, dass sich bei Düngung von nahrungsarmen Meeresgebieten Phytoplankton explosionsartig vermehrt und Kohlendioxid bindet, das der Atmosphäre entzogen wird. Durch das Absinken marinen Schnees würde ein Teil des menschengemachten Kohlendioxids für viele Dekaden gebunden und wäre nicht als Treibhausgas an der globalen Erwärmung beteiligt. Ob diese innovative Idee wirklich praktikabel ist, die globale Klimaerwärmung zu verringern, muss die Zukunft zeigen. Mein Bauchgefühl sagt mir, dass diese Methode nicht hilfreich ist.

Hier im Toplitzsee gab es ihn auch, diesen Schnee. Er blieb auf den Schichtungen liegen und sank erst weiter ab, wenn er schwerer wurde. Doch wen ernährte er hier? Bei vielen Abstiegen beobachteten wir das Zooplankton, das tierische Plankton also, das meist aus Ruderfußkrebsen und Cladoceren bestand. Die Hüpferlinge tanzten besonders gern vor den Scheinwerfern, die sie durch Phototaxis, der Bewegung zum Licht hin, magisch anzogen. Bis in 30 m Tiefe verfolgten wir sie, dann war schlagartig Ende. In dieser Tiefe waren die Hüpferlinge bereits weit in der sauerstofflosen Zone, sie tolerierten offenbar den giftigen Schwefelwasserstoff. Oder sollten doch Spuren von Sauerstoff bis in diese Tiefe reichen, gewissermaßen als Wirbelschleppen von oben, wie hinter einem startenden oder landenden Jet auf einer Rollbahn?

Der Toplitzsee ist der Ursprung der Traun. Über den Kammersee, der oberhalb liegt und durch einen alten Kanal mit dem Toplitzsee verbunden ist, und zwei Wasserfälle wird dem See kontinuierlich Wasser zugeführt, das im Südwesten als zukünftige Traun abfließt. Im Herbst, wenn Blätter auf der Oberfläche treiben, zieht eine jetzt sichtbare schwache Strömung zum Ausgang. Der langsam fließende Wasserkörper schwimmt gewissermaßen oberhalb des leicht mit Salzen angereicherten und daher schwereren Tiefenwassers, das eine ziemlich konstante Temperatur hat.

Fast auf jeder Tauchfahrt verfolgten wir routinemäßig die Wassertemperatur und sahen, dass sich ab 14–15 m Tiefe dramatische Veränderungen ergaben. Da war ein großer Temperatursprung, da lag die Sprungschicht des Sees. Dort wurde es im Sommer plötzlich eiskalt und im Winter wärmer – und zwar immer blieb es bei etwa sechs Grad. Wir hatten sogar ein Thermometer angeschafft, dass bis auf ein tausendstel Grad genau maß. Mit diesem hyperempfindlichen Gerät, das wir für über 3000 DM erstanden hatten, sahen wir, wie an den Kontaktstellen der beiden Wasserkörper zwischen 15–20 m die Temperatur im zehntel und hundertstel Gradbereich schwankte. So konnten wir Wirbel des Oberflächenwassers verfolgen. Ab etwa 30 m »beruhigten« sich die Bewegungen und waren ab 60 m Tiefe gleichmäßig und schwankten nur im Bereich von 0,005 °C. Die »kälteste«

Temperatur im Tiefen war 5,682 °C. Das Wasser stagnierte dort unten und musste uralt sein.

Wir waren zu Strömungsdetektiven geworden. Allerdings fragten wir uns, ob die Wirbel durch das leicht fließende Oberflächenwasser oder vielleicht auch durch uns selbst entstanden. *Geo* schleppte sicher eine Fahne des Oberflächenwassers mit sich ins Tiefe. Wasser verfing sich im Batteriekasten des Bootes, das erst nach einer Weile herausgespült worden sein kann. Die winzigen Temperatursprünge könnten wir also selbst verursacht haben. Das Thermometer war so genau, dass es auf Entfernungen von 20–30 cm die Wärmestrahlung einer Hand maß.

Leider versagte nach einer Woche seine komplizierte Elektronik, und wie so oft standen wir machtlos neben diesem bravourösen Stück des neuen elektronischen Zeitalters, an Reparatur war nicht zu denken.

Der Außenstehende mag fragen, was ist nun so Besonderes an diesen komplizierten Temperaturmessungen? Wasser hat bekanntlich bei 4 °C seine größte Dichte, so dass in Seen und Ozeanen das Tiefenwasser immer 4 °C warm ist. Eine Temperaturerhöhung von 1,7 °C bedeutet daher, dass der Toplitzsee »beheizt« werden muss. Da er fast zwei Kilometer lang, fast 400 m breit und ab 14–15 m Tiefe in etwa seine »Tiefentemperatur« hat, könnten Wärmepumpen die dort unten schlummernde Energie ausnutzen. Ausrechnen lässt sich, welche Energiemengen nötig sind, den See um 1,7 °C Tag und Nacht und über viele Jahre hinweg zu »erhitzen«.

Ich musste an die Planktonten vor unserem Tauchbootfenster denken. Überlebten sie, weil sie in Wirbelschleppen geringen Mengen Sauerstoff zur Verfügung hatten? Ein sensiblerer Test musste her.

Vom Fischerwirt liehen wir uns eine Forelle aus, die in einem Käfig vor der Fischerhütte eigentlich der kulinarischen Bestimmung zugeführt werden sollte. In einem Plexiglasaquarium mit durchbohrten Seitenwänden brachten wir den Fisch langsam in die Tiefe. Dietmar befestigte das Aquarium kunstgerecht direkt vor *Geo*s Fenster.

Ich war mit dem Gerät in der Mitte des Sees abgetaucht, um das Verhalten der Forelle zu filmen.

Zum ersten Mal sah ich von außen das hell erleuchtete Tauchboot vor dem fast schwarzen Seehintergrund. Dietmars roter Overall leuchtete als heller farbiger Kontrast in der fast perfekten Schwärze. Wieder empfand ich in diesem Augenblick unser kleines Gefährt als ein Raumschiff bei seinem Flug durch den »inner space«. Und wieder hatte ich Angst um meine Freunde dort in der Enge ihrer Kabine in dieser finsteren menschenfeindlichen Leere, die uns umgab. Als Verantwortlicher dieser Missionen konnte ich mich nicht daran gewöhnen, auch Jahre danach nicht, nahe stehende Freunde, Kollegen oder gar die abenteuerlustigen eigenen Kinder der Gnade dieser für ein terrestrisches Wesen tödlichen Umgebung – abgenabelt vom Rest der Welt – ausgeliefert zu wissen. Nur absolutes Vertrauen in die Technik kann diese Ängste einigermaßen beherrschen. Anders war es, wenn ich selbst in *Geo* saß und das Gerät steuerte. Ängste tauchten da nie auf, nur unendliche freudige Erregung bei der Suche nach Neuem.

Die Forelle vor mir in ihrem engen Behältnis fühlte sich nicht wohl. Sie war Freiheit gewohnt und stieß bei jedem Flossenschlag gegen die Scheiben. Diese Bewegungsunruhe hatte sie von Beginn an. Der Blick auf den Tiefenmesser verriet, dass wir uns den kritischen Bereichen näherten. Schlagartig wurde die Forelle ruhiger. Gestützt auf Brust und Bauchflossen setzte sie sich am Boden ab und schoss noch einmal erratisch nach oben.

Der letzte Schnaufer. Sie driftete zum Boden ihres gläsernen Sarges und lag heftig atmend auf der Seite. Wir hatten die kritische Tiefe von 15 m erreicht. Klares schwarzes Wasser um uns herum, nichts deutete darauf hin, dass irgendetwas Besonderes uns umgab – und doch hatten wir die Todeszone der Forelle erreicht. Jürgen stoppte den Abtrieb des Bootes und fuhr langsam aufwärts. Sofort erholte sich die Forelle – und dann entließ ich sie in die Freiheit. Zweimal hatte ich ihr an diesem Tag das Leben gerettet. Sicher würde sie das nie vergessen.

Das Hämoglobin ihres Blutes hatte ungewöhnlich präzise auf den Schwefelwassergehalt ihrer Umgebung reagiert. Der gewöhnlich Sauerstoff transportierende Blutfarbstoff hat nämlich eine höhere Affinität zum Schwefelwasserstoff als zum Sauerstoff, so dass der Fisch in Atemnot gerät und erstickt. Genau wie ein Mensch, der das geruchlose und farblose Kohlenmonoxid einatmet, wenn die Gasleitung in seiner Küche defekt ist. Auch Kohlenmonoxid hat eine größere Affinität zu Hämoglobin als der Sauerstoff.

Doch was war nun mit den Planktonten vor den Scheinwerfern *Geos*? Von Wasserflöhen ist bekannt, dass sie den Hämoglobingehalt ihres Blutes dem Sauerstoffgehalt des Wassers anpassen. Je weniger Sauerstoff, umso höher ihr Hämoglobingehalt. Jedes erreichbare Sauerstoffmolekül wird genutzt. Unsere Sauerstoffmessungen belegten aber, dass der Gehalt dieses wertvollen Atemmediums praktisch auf null gegangen war. Es könnte also sein, dass wir in 30 m Tiefe nur noch den letzten Rest einer absterbenden Gemeinde besonders widerstandsfähiger Artgenossen unter den Planktonten beobachteten, denn tiefer unten gab es sie nicht mehr.

Unsere Verwunderung war deshalb sehr groß, als wir auf *Geos* 243. Tauchfahrt in über 82 m Tiefe – wir waren gerade wieder unter einer schwimmenden Schicht von Schwefelflocken abgetaucht – mitten im Freiwasser eine Begegnung der unheimlichen Art hatten. Ich sprach auf unser Tonband: »Da kommt was angepurzelt. Ein Tier ist das. Das ist ein Plattwurm. Ein selbstschwimmender Wurm. Mitten im Freiwasser ganz aus heiterem schwarzen Himmel kam er aufgetaucht.« Er bewegte sich so, wie eine Spannerraupe an Land läuft, mittels Kontraktionen der Muskeln in Längsrichtung seiner Körperachse. Für ein Freiwassertier eine merkwürdige Form der Fortbewegung! Es gab sich offenbar große Mühe, aktiv vorwärts zu kommen, und erweckte keineswegs den Eindruck, als ob es gerade sein Leben aushauchte und in dieser giftigen Suppe da draußen seine letzte endgültige Reise zum Boden antrat.

In der Seemitte schwimmt im giftigen schwefelhaltigen Freiwasser ein Wurm – das erste »große« Tier, dem wir begegnen. (Foto H. Fricke)

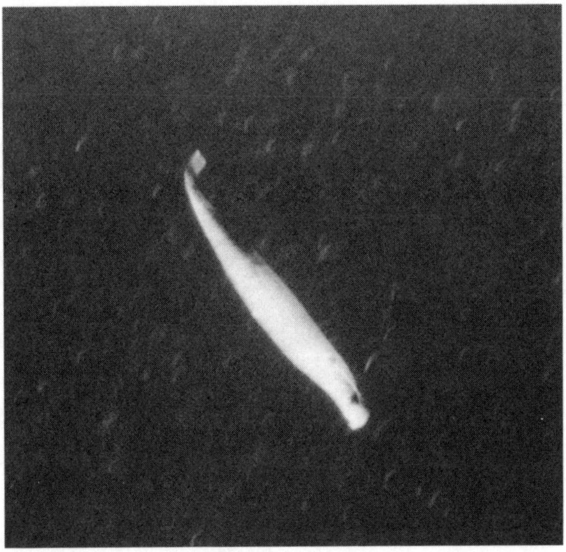

Jürgen hatte das Tauchboot schwer machen müssen, um diese »chemische« Sprungschicht durchstoßen zu können. Jetzt hatten wir zu viel Abtrieb, und der vielleicht 10 Zentimeter lange Wurm sauste relativ schnell an uns vorbei. Ich hatte gerade noch Zeit, die Filmkamera zu schnappen, um einen Beleg für diese erste Begegnung mit einem »Großtier« der Schwefelwelt festzuhalten. Alles ging rasend schnell. Jürgen gelang es nicht mehr, das Boot im Freiwasser zum Stehen zu bringen: Der Wurm war weg. Ich tröstete mich damit, dass wir diese faszinierende Entdeckung schon in den ersten Tag unserer Toplitzseefahrt gemacht hatten. Es gab sie also, und wir würden ab jetzt die Augen bei jeder Tauchfahrt offen halten. Wir waren fast in der Mitte des Sees senkrecht abgetaucht. Der Wurm konnte nicht zufällig von der Oberfläche heruntergetrudelt sein, er musste ein schönes Stück Unterwasserweg zurückgelegt haben. Ich ahnte, dass wir gewaltiges Glück hatten.

Wir konnten unmöglich in den kommenden Wochen kreuz und quer durch das Freiwasser jagen, um ein zweites Mal diesen freischwimmenden Würmern zu begegnen. Wir hatten schließlich auch

Fotoverpflichtungen gegenüber dem GEO-Magazin, das unsere Alpenseeunternehmen finanzierte. Durch die Schwefelbakterien war hier unten die Sicht ohnehin auf maximal anderthalb Meter beschränkt. Wir würden die berühmte Stecknadel im Heuhaufen suchen, und wir müssten unerhörtes Glück haben, wieder auf sie zu treffen. Trotzdem mussten wir besser vorbereitet sein. Wir bastelten aus einem Damenstrumpf einen Kescher, den wir am Greifarm des Bootes fest installierten, um ihn jederzeit schnell einsatzbereit zu haben. Der Nachteil war, dass auf diese Weise unsere einzige »Hand«, unser einziger direkter Kontakt mit der Außenwelt, mit dem Damenstrumpf-Kescher blockiert war. Da wir nicht ständig im Freiwasser des Sees abtauchen konnten, um gezielt nach den Würmern zu suchen, bauten wir unser Fanggerät schließlich wieder ab.

Die Wurmgeschichte ging weiter. Später schwamm ich mit dem Tauchgerät über einem schneeweißen Feld von Beggiatoa-Bakterien und sah wieder einen vielleicht fünf Zentimeter langen Plattwurm, der wie ein Spanner über den Bakterienrasen im wahrsten Sinne des Wortes schritt. Er raspelte offenbar die Oberfläche des Bakterienrasens ab. Mein Herzschlag erhöhte sich. Mit einer Videokamera gelangen mir gute scharfe Bilder. Dann versank ich bis zur Hüfte im weichen Blattwerk, und eine Handbewegung hüllte mich in aufgewirbelte, undurchsichtige Sedimentwolken. Der Wurm war abermals weg. Gott sei dank hatte ich wenigstens einen guten fotografischen Beleg.

Unsere Wurmsuche wurde in den Medien zur heiteren Reportergaudi, denn wir hatten über unsere erste Begegnung dieser unerwarteten Art offen geredet. Man nahm uns gehörig auf den Arm! Viele gab es, die ein bisschen Mitleid mit uns hatten und durchaus glaubten, dass diese Würmer wirklich einen gewissen wissenschaftlichen Wert besaßen. Ein fernöstliches Sprichwort besagt, dein Eigentum kommt zu dir. Ich glaubte an die Würmer. Sie waren mein »geistiges« Eigentum, und ich würde sie finden.

Es hat lange gedauert. Am Grund hatten wir – zwar selten – merkwürdige unregelmäßige Schleifspuren gesehen, die sich in einer Richtung fortbewegten. Da musste etwas relativ großes Tierisches im Sediment leben. Aber was? Wir konnten unmöglich den Boden durchgraben, die Unterwassersicht wäre auf null gegangen. Dann sahen wir ihn in 60 m Tiefe bei Nacht. Ein Wurm von 20–30 cm Länge, der über den Boden kroch und seine unregelmäßigen Schleifspuren hinterließ. Ein ganz gewöhnlicher Regenwurm! Später wurde er durch einen Experten als »Lumbricus polyphemus« identifiziert. Ich dachte zunächst an einen Streich eines witzigen Reporters, dass uns vielleicht als ein wohlgesonnener Zeitgenosse der Branche dieses Tier aufs Haupt geworfen hätte. Nein, in den letzten grauen regnerischen Tagen waren selbst Pressevertreter nicht mehr auf den See hinausgefahren. Auch wäre es zu unwahrscheinlich, dass wir ausgerechnet so ein Corpus Delicti unten am Boden finden würden. Ich war merkwürdigerweise nicht aufgeregt und transportierte das Opfer mit einer Kralle unseres Greifarmes auf eine Schale, die wir vor unserem Tauchboot für Ablagen angebaut hatten. Der Wurm musste nach oben, aber wie? Wir nannten ihn hier unten »Willi« – und »Willi« hatte in der Tat eine große Karriere vor sich.

Über das Unterwassertelefon verständigte ich Dietmar, dass »Willi« gefangen sei, und er möge doch bitte ein Netz vorbereiten, dass uns »Willi« an der Oberfläche nicht entwischen würde. Mit der Klaue des Greifarmes gelang es uns, den Wurm mit ziemlicher Mühe nach oben zu transportieren. In der Fischerhütte begutachteten die Besucher unseren seltenen Fang. Ich merkte, dass man es uns gönnte, nun endlich den Wurm zu haben. Nur Jürgen und ich wussten aber, dass es nicht der Freiwasserwurm war, den wir in den ersten Tagen gesehen hatten. Keine fünf Minuten später rief unser Freund Walter Tarra vom Kurier an, er war der erste und schnellste Reporter. Wer hatte ihn wohl benachrichtigt? Wir hatten Albrecht Syen, den Fischerwirt, in Verdacht.

Am nächsten Tag riefen uns bereits Freunde, Journalisten und Unbekannte an, die übers Radio von »Willi« gehört hatten und uns gratulierten. Man gönnte uns den Erfolg wirklich, die Medien rehabilitierten uns. Pressefotografen erschienen und versuchten aufdringliche Tricks, in die Nähe des Wurmes zu kommen. Einige von ihnen kannten wir bereits. Sie hatten uns früher das Leben schwer gemacht. Einer war sogar heimlich in unsere Jagdhütte geschlichen und hatte dort nach Willi gesucht. Auch die großen Presseagenturen tauchten auf. Ich war jedoch pressemüde geworden und verweigerte selbst UPI (United Press International) Auskunft. Die entrüstete Antwort kam postwendend: »We are Americans«, was mich jedoch nicht sonderlich beeindruckte. Ich verstand die Aufregung nicht, das Aufhebens um den armen Wurm, der im gelblich-braunen Sediment eines Glasbehälters munter lebte. Wir hatten den Pressevertretern anfangs offen und ehrlich berichtet und nichts verheimlicht. Dann wurden wir auf unsere Kosten »geschlachtet«, und auf einmal waren wir wieder Gutmenschen, wenn es um die Verbreitung einer kurzlebigen neuen Nachricht ging. »Willi« war zu einer Medienberühmtheit geworden. Ich war nicht mehr bereit, dieses Spiel weiter mitzumachen. »Willi« ging aber trotzdem durch die Weltpresse und erschien sogar als Nachricht in der Prawda. Er machte eine fantastische internationale Karriere durch, um die ihn so manches Filmsternchen sicher beneidet hätte.

Mich bewegten jedoch in diesen Tagen ganz andere Fragen. Wie konnte ein Organismus, angepasst an feuchtes Milieu im Boden und Experte im Aufbereiten der Erde, dort unten leben? Ich machte einen Versuch und kaufte in Bad Aussee alle verfügbaren Kaffeesiebe auf. Die Verkäuferinnen fragten nach meinem hohen Bedarf, den ich aber – der Lächerlichkeit wegen – besser nicht preisgab. Ich hatte Folgendes vor: Ich wollte Regenwürmer draußen an Land ausgraben und in zwei Gruppen teilen. Eine Gruppe sollte im Freiwasser leben, die andere eingegraben im weichen Sediment. Beide Gruppen sollten in ihren durchlässigen Käfigen dem Zustrom von Schwefelwasserstoff, aber auch der Nahrung im Sediment ausgesetzt werden. Jeweils zwei Kaffeesiebe knipperte ich mit ihren Öffnungen mittels Draht zusammen. So entstanden kugelrunde Käfige.

Bald baumelte einer mit fünf Bewohnern in 95 m Tiefe im Freiwasser anderthalb Meter über dem Grund, ein anderer ebenfalls mit fünf Würmern eingegraben im Sediment. Beide waren umgeben von giftigem Schwefelwasserstoff. Nach zehn Tagen holte ich die Kugelkäfige wieder hoch. Alle Freiwassertiere waren tot, alle eingegrabenen Würmer dagegen lebten noch. Starb die Freiwassergruppe, weil Nahrung fehlte, war sie einfach verhungert?

Bis heute, 20 Jahre danach, habe ich keinen Experten gefunden, der mir dieses Resultat erklären konnte. Fest steht, die Sedimentbewohner müssen einen Weg gefunden haben, mit dem Schwefelwasserstoff fertig zu werden, sie saßen aber auch im heruntergerieselten organischen Brei, gewissermaßen an der Quelle. Hunger litten sie also nicht.

Einige Jahre später traf ich Dr. Horst Felbeck am Scripps Institution for Oceanography in La Jolla in Kalifornien und berichtete ihm über unseren Befund. Felbeck war einer der Pioniere, der die Organismen an den Tiefseeschloten untersuchte und herausgefunden hatte, wie sie sich trotz ihrer auf Sauerstoffversorgung ausgerichteten Atmung vor der Vergiftung durch Schwefelwasserstoff schützten. Zusammen mit Kollegen fand er besondere Proteine, die im Blut Schwefelwasserstoff (das Sulfid) binden und so vernichten. Die großen Bartwürmer dagegen produzierten in den äußeren Zellschichten ihrer Muskeln ein Sulfid oxidierendes Enzym, sozusagen eine äußere Verteidigungsbarriere gegen den Schwefel. Fehlbeck war von »Willi« begeistert. Nichts sprach dagegen, dass es Schwefeltiere auch im Süßwasser gab und dass sie im Umgang mit giftigem Sulfid die gleichen Probleme haben wie ihre Gegenspieler dort unten in der Tiefsee.

Wir hatten damals »Willi« im Kühlschrank vom »Haus der Natur« in Salzburg für viele Tage am Leben gehalten. Er war quicklebendig. Dann schickte ich ihn in den Tod und sandte seinen Körper nach Hamburg zu Professor Olaf Giere. Die Universität Hamburg hat eine der größten Wurmsammlungen in Europa. Giere, ein Spezialist, untersuchte »Willi« mit dem Elektronenmikroskop. Wir waren auf der

Jagd nach Bakterien, die bei den Tiefseetieren als Symbionten den Schwefelwasserstoff oxidierten und so auf chemischem Weg Energie gewannen, mit deren Hilfe der Wirt seinen Stoffwechsel betrieb. »Willi« lebte aber in einem fulminanten Nahrungsbrei und war eigentlich auf solche symbiontischen Helfer nicht angewiesen. Und in der Tat. Giere fand sie nicht. Er entdeckte aber in seinen Schnitten eigenartige rhombische Kristalle. Hatten sie etwas mit »Willis« Entgiftung zu tun? Ein Mineraloge in München meinte, dass es Sulfidkristalle seien. Giere konnte das mit chemischen Methoden nicht bestätigen. Ich war mit Willis Ende unzufrieden. Wir brauchten mehr Tiere – aber das war aus Kostengründen einfach nicht möglich.

Dass Regenwürmer in der Tat in tiefen Seen leben, entdeckten wir einige Wochen später. In über 140 m Tiefe kroch schleifend wie im Toplitzsee ein großes Exemplar über den Boden, das wir mit der Videokamera aufnehmen konnten. Fangen ließ es sich nicht. Walter Tarra schrieb dann im Kurier eine besonders schöne Titelzeile »Auch im Königsee ist der Riesenwurm drin«, für die ich ihm am Telefon gratulierte.

10 Jahre nach »Willis« Erscheinen schrieb Olaf Giere eine bemerkenswerte Übersicht aller in sulfidischen Lebensräumen vorkommenden Tiere. Nicht in die Tiefsee braucht man zu steigen, Sulfidlebewesen gibt es überall in vielen Lebensräumen der Erde. Es war ein sich schnell expandierendes Forschungsfeld, und doch meinte er, dass die Physiologie dieser sulfidischen Organismen bis heute kaum erklärt werden kann.

Damals hatte ich Professor Karl Stetter kennengelernt, das deutsche Urgestein eines enthusiastischen Mikrobiologen, der an den Urwurzeln bakteriellen Lebens forschte – an den Archaebakterien, die ebenfalls nur in heißen Quellen lebten und deshalb auch Extremophile genannt wurden. Sie sind die Modelle dafür, wo und wie das Leben auf der Erde einstmals entstand – vor 3,9 Milliarden Jahren.

Karl und ich wurden Freunde, und bei jedem Telefonat hörte ich seine spannenden Geschichten von Neuentdeckungen, die er gerade gemacht hatte. Sein immenser wissenschaftlicher Erfolg beruht auf seinem Können, mit diesen heiklen Wesen umzugehen, sie zu züchten. Er hat einen grünen Daumen für sie. Einmal begleitete ich ihn auf einer Reise in das »Arfar«-Dreieck bei Djibouti, die heißeste Gegend der Welt. Dort in der Felswüste sprudelte es überall heiß aus dem Untergrund. Am Morgen brauchten wir unsere Frühstückseier nur in die kleinen Pfützen zu legen, die fast immer 100 °C warm waren. Abends tranken wir viel Côtes du Rhône und gerieten in weinselige Stimmung. Auch dann brachen Karls spannende Bakterienstories nicht ab – es war ein naturwissenschaftlicher Genuss, und ich spürte, dass das geomikrobiologische Zeitalter angebrochen war. Karl jagte seine Bakterien in heißen Quellen auf Island, auf Vulcano, im Toten Meer, im Sauerkraut wie auch in Erzlaugen aus Tiefenbohrungen. Ich erfuhr, dass Bakterien sehr selektiv Metalle lösen. Sogar Uranbakterien gäbe es, und vielleicht gelänge sogar einmal die Isotopentrennung dieses »bombigen« Elements.

Ich lud Karl zum Toplitzsee ein, denn die Sulfid-Chemie des Sees, da wo es immer nach Schwefel stinkt, war für ihn hochinteressant. In Gößl gewann er im »Gasthof Veit« schnell die Sympathie der Einheimischen, weil er Schnaps selbst brannte, Sauerkrautbakterien züchtete und trinkfest war. In unserer Jagdhütte der Bundesforste wurde es eine lange feuchte Nacht. Karl hatte gerade für seine Arbeiten den begehrten Leibnizpreis der Deutschen Forschungsgemeinschaft erhalten und damit drei Millionen Mark Forschungsgelder.

Mit einer Armada von großen Spritzen tauchten wir ins Schwarze ab. Karl war besonders von dem bräunlich-gelben Schleim an den Falschgeldnoten interessiert. Dort war reine Zellulose vorhanden, ein ideales Nährmedium für besondere Bakterien, die im Sulfidischen lebten. Die Spritzen stießen wir tief in die vergammelten alten Notenreste und sogen den Inhalt auf. Das liebte Karl. Einige Wochen später war das Ergebnis da. Karl hatte das kalte Gegenstück seiner methanogenen heißen Archaebakterien entdeckt. Es würde den Leser überfordern, die Chemie und andere Einzelheiten dieser besonderen Bakteriengruppe zu erklären. Nur so viel sei gesagt, dass es gewissermaßen lebende Fossilien ganz am Ursprung des Lebens waren. Karl nannte sie »Methanobakterium pecunivorans«, die Geldfresser, ein sehr treffender Name. Ich möchte hinzufügen, dass es die deutsche Form der braunen Vergangenheitsbewältigung war.

Natürlich fragt man sich an dieser Stelle, wie kam der »M. pecunivorans« in den See? Wenn ich an meinen Nachbarn denke, wie er seine Goldfische unwillentlich in seinen Gartenteich bekommen hat, nämlich durch befruchtete Laiche an den Füßen und im Gefieder der Enten, so könnten auch Vögel Aspiranten für den Bakterientransport sein. Es werden aber auch Aerosole diskutiert, jene leicht fliegenden Tröpfchen, die mit den Jetstreams um die Erde getragen werden. Ganz sicher ist es noch nicht, doch Experimente sind in Vorbereitung.

Auch in der Tiefsee tauchte die gleiche Frage auf. Die sprühenden Tiefseeoasen sind kurzlebige Lebensräume. Wie werden sie so schnell besiedelt? Ihre Bewohner produzieren Larven, die mit den leichteren Warmwasserwolken aufwärts getragen werden. Jetzt wird behauptet, dass diese Wolken durch die Corioliskraft der Erde beschleunigt werden und als kreisende fliegende Frisbees durch die Ozeane treiben – und mit ihnen die Larven. Sie können dort aussteigen, wo die Bedingungen für sie günstig sind. Es ist ein faszinierendes Stück Bakterien/Tiergeographie, an das wir auch bei der Besiedlung des Toplitzsees mit seiner einmaligen Bakterienflora erinnert werden. Die Bürger des Ausseer Landes sollten mehr stolz auf die kleinen Bewohner ihres verträumten Bergsees sein als auf den nicht vorhandenen Nazischatz, dem medialen Pausenfüller im journalistischen Sommerloch.

Unterwegs mit Meisterfälscher Bernhard Krüger

Am 27. Februar 1985 betrat ich die »Schifferbörse«, ein Speiserestaurant vor dem Hauptbahnhof in Hamburg. In den nächsten Minuten würde ich Bernhard Krüger zum ersten Mal treffen, jenen Mann, der im KZ Sachsenhausen im Auftrag des Reichssicherheitshauptamtes als Chef des Geldfälscherkommandos tätig war. Anfangs war ich sehr neugierig, Krüger kennenzulernen, unter dessen Leitung diese hervorragend gemachten Falschgeldnoten entstanden waren. Dann hatte ich immer mehr Zweifel. Ich brach in diesem Augenblick mit allen meinen früheren Vorsätzen, nie in meinem Leben mit solchen Menschen zusammentreffen zu wollen, die der Welt und meiner Heimat in der Vergangenheit so unsägliches Leid und Schaden zugefügt hatten. Auf was ließ ich mich da nur ein? Immerhin war Bernhard Krüger ein ehemaliger Sturmbannführer der SS, ein hoher Rang, den er nicht umsonst bekommen hatte. Er war bereits 1931 der NSDAP und der SS beigetreten und war mit Sicherheit ein überzeugter Nazi gewesen.

Auf der anderen Seite waren 40 Jahre vergangen. Die Tätergeneration von damals war am Aussterben, und ich würde hier die Chance erhalten, selbst zu erfahren, was aus so einem Täter geworden ist. Ich nahm mir felsenfest vor, ein Gespräch sofort abzubrechen, sollte nur der leiseste Anflug von einer Art Entschuldigung kommen, hätten wir dieses oder jenes anders gemacht, so hätten wir den Krieg gewonnen. Wir sollten dankbar sein für den Lauf der Geschichte, dass es so gekommen ist wie es kam.

Mit großer Voreingenommenheit, so gebe ich zu, betrat ich das Lokal und schritt rechts an der Wandreihe auf den Tisch zu, wo mein Freund Dieter Heunemann bereits mit Bernhard Krüger Platz genommen hatte. Krüger war mittelgroß, hatte sauber gekämmtes weißes Haar, trug einen gepflegten blauen Streifenanzug mit Krawatte und begrüßte mich mit starkem sächsischem Akzent. Bei allen weiteren Treffen trug er stets den gleichen Anzug – er hatte keinen zweiten, denn Krüger war mausearm, doch das erfuhr ich erst sehr viel später. Krüger und Dieter hatten über Birgit, die Tochter, geredet, der wir dieses Treffen zu verdanken hatten. Birgit lebt heute in Neuseeland.

Krüger entpuppte sich als ein glänzender Erzähler, und viele seiner Geschichten kannte ich bereits, ich hatte ja STERN-Reporter Löhdes Recherchen für die Serie »Geld wie Heu« gelesen. Relativ schnell kamen wir auf Höttls Buch von 1956 »Unternehmen Bernhard« zu sprechen. Ich war überrascht, als mir Krüger einige Fotokopien von Briefen an Höttl, Wilhelm Waneck und Otto Skorzeny unaufgefordert überreichte. Er schrieb Höttl, Waneck und Skorzeny mit »Sehr geehrter Herr …« an, sie aber antworteten in alter SS-Manier mit »Lieber Kamerad Krüger«. Krüger erhielt von mir im Stillen einige private Sympathiepunkte.

Höttl, Waneck und Skorzeny waren keine unbedeutenden Nummern im Gefüge des Reichssicherheitshauptamtes (RSHA). Sie wurden später wichtige Zeugen beim Kriegsverbrechertribunal in Nürnberg. Skorzeny, Ritterkreuzträger und ähnlich wie früher Naujocks verantwortlich für Sonderkommandos im Amt VI des Politischen Auslandsnachrichtendienstes, war Gruppenleiter des Referates VI S (Sabotage). Berühmt wurde er durch seine Teilnahme an der Befreiung Benito Mussolinis, der im Gebirgsmassiv des Gran Sasso von seinen Gegnern festgehalten und durch deutsche Fallschirmjäger befreit wurde. Skorzeny erntete dafür großen Ruhm, obwohl er an der Aktion selbst nur am Rande – wie man heute weiß – beteiligt war.

Skorzeny hatte mit Höttl eine Rechnung zu begleichen, wie er Krüger in seinem Brief mitteilte: »Ich besitze das von Ihnen erwähnte Buch ›Unternehmen Bernhard‹ und habe es mit demselben Abscheu gelesen wie Sie. Sein Hass gegen mich ist von seiner Seite aus vollkommen berechtigt, da ich ihn in einer Nürnberger Zelle an der Gurgel hatte und ihm vor einem Zeugen, Karl Radl, den Sie ja auch kennen, das Geständnis abzwang, wie es zu seiner schweinischen Aussage in Nürnberg bezüglich der angeblich sechs Millionen getöteten Juden kam. Herr Höttl war nämlich der Erste und Einzige, der in Nürnberg diese Zahl zu Protokoll gab. Unter meinem Griff erklärte er, dass die Amerikaner so nett zu ihm gewesen seien und er diese Zahl gesprächsweise erwähnt hätte, und dann seien die Amerikaner zu ihm mit einem fertigen ›Statement‹ gekommen, und da hätte er wohl oder übel unterschreiben müssen. Als dankbarer Mensch hat er dann natürlich auch gegen Dr. Kaltenbrunner ausgesagt und wurde als einziger deutscher Zeuge von den Amerikanern bevorzugt behandelt … Er ist also eines der übelsten deutschen Schweine, und ich bemühe mich bei jeder Gelegenheit, vor allem die obige Tatsachen zu verbreiten. Sie können versichert sein, dass die Meinung aller Personen, die Höttl kennen oder mit ihm zu tun hatten, einmalig die ist, dass er ein Lügner, Verräter usw. ist, wobei wir Deutschen auf dem Standpunkt stehen müssen, dass er eine der größten lebenden Drecksäue ist.« Skorzenys Diktion war deftig, aber Wasser auf den Mühlen Krügers, denn Höttl zählte nicht unbedingt zu seinen großen Freunden. Erst später erfuhr ich den Grund.

Krüger war eitel und störte sich wohl an Höttls Einschätzung über ihn selbst. Er hielt Krüger für einen deutschen Paradespießer, der sicher jetzt (Anm.: zum Zeitpunkt des Schreibens von »Unternehmen Bernhard«) irgendwo in Deutschland ein friedliches Pensionistenleben fristete und Rosen züchtete. Doch nicht nur das. Krüger gestand mir, dass Höttls Buch sein Leben ruiniert habe. Ihm wurde die gesamte »Operation Bernhard« in die Schuhe geschoben, so dass die Alliierten ihn fälschlicherweise für den Drahtzieher und führenden Kopf des »Unternehmens Bernhard« hielten. Krüger bekannte, dass Höttl ihn geopfert und zum Buhmann gemacht habe, und verfiel dabei fast in Skorzenys Diktion »Das alte Arschloch, das«. Dass er mir bei unserem ersten Treffen die Fotokopien von Waneck und Skorzeny übergab, hatte einen Grund. Er suchte offenbar bei seinen früheren Amtskollegen nach einer Bestätigung, dass Höttl in der Tat ein unguter Zeitgenosse war, der ihn ins Unglück gestürzt hatte. Er wollte aber auch nicht vor seinen Enkeln als der böse Nazi in Erinnerung bleiben, der in einem Konzentrationslager etwas Verabscheuungswürdiges getan hatte. Auch das bedrückte ihn.

Krüger sprach an diesem Tag unserer ersten Begegnung viel über vier Häftlinge des Sonderkommandos, die während seiner Zeit in Sachsenhausen den Tod fanden. Einige Autoren behaupteten, dass Krüger die Häftlinge eigenhändig erschossen habe. Wolfgang Löhde schrieb, dass er die Häftlinge selbst zum Krematorium führte, weil kein anderer Kontakt mit den Opfern wegen ihrer Geheimhaltungspflicht aufnehmen durfte. Beides stimmt nicht. Krüger behauptete, dass vier Häftlinge ansteckende offene TBC gehabt hätten. Dies entsprach nicht ganz der Wahrheit. Unter ihnen war ein Gnom mit Spitznamen Pipel, der früher als Clown in einem Zirkus gearbeitet hatte. Er hatte eine 50 Pfund Note gestohlen und beschuldigte seine Kameraden. Er wurde von der Gestapo abgeholt und verschwand für immer. Die Angst vorm Krankwerden ging um im Block 18 und 19: Krankwerden bedeutete Meldung und eine Meldung den Tod. Krüger: »Was sollte ich denn anderes tun? Ich habe einige Tage hingeschleppt, aber dann ging es nicht mehr. Ich konnte unmöglich die anderen gefährden. Die Kranken mussten über den Dienstweg gemeldet werden und wuchs die Zahl der Toten, bekomme ich Schuld.«

'o-Kilo-Bomben wurden 1945 im Toplitzsee versenkt.
'aucher des Entminungsdienstes heben die explosive
'racht. (Foto U. Moeckli)

Die Bomben sind in Kisten verpackt. Wir sind nicht glücklich über die Entdeckung dieser Relikte, sie stören unsere eigenen Arbeiten. (Foto H. Fricke)

Urs sitzt nachdenklich auf einer Bombe und füttert Enten, die uns die ganze Zeit über begleiten. (Foto H. Fricke)

Das Herz eines Schatzsuchers würde höher schlagen: eine Kiste voller Geld, gefälschte britische Banknoten aus dem Zweiten Weltkrieg. (Foto H. Fricke)

Die Banknoten sind in erstaunlich gutem Zustand. Fehlender Sauerstoff hat sie über 40 Jahre erhalten. (Foto H. Fricke)

Die britischen Noten können noch heute in der Bank von England umgetauscht werden. (Foto U. Moeckli)

Für das Heeresgeschichtliche Museum bergen Pioniere Kriegsrelikte und Falschgeld. Unser Tauchboot hilft bei den Unterwasserarbeiten. (Foto J. Schauer)

Die Bergungen werden vom Ufer von zahlreichen Zuschauern verfolgt. Jeder glaubt, dass jetzt der sagenhafte Goldschatz gehoben wird. (Foto H. Fricke)

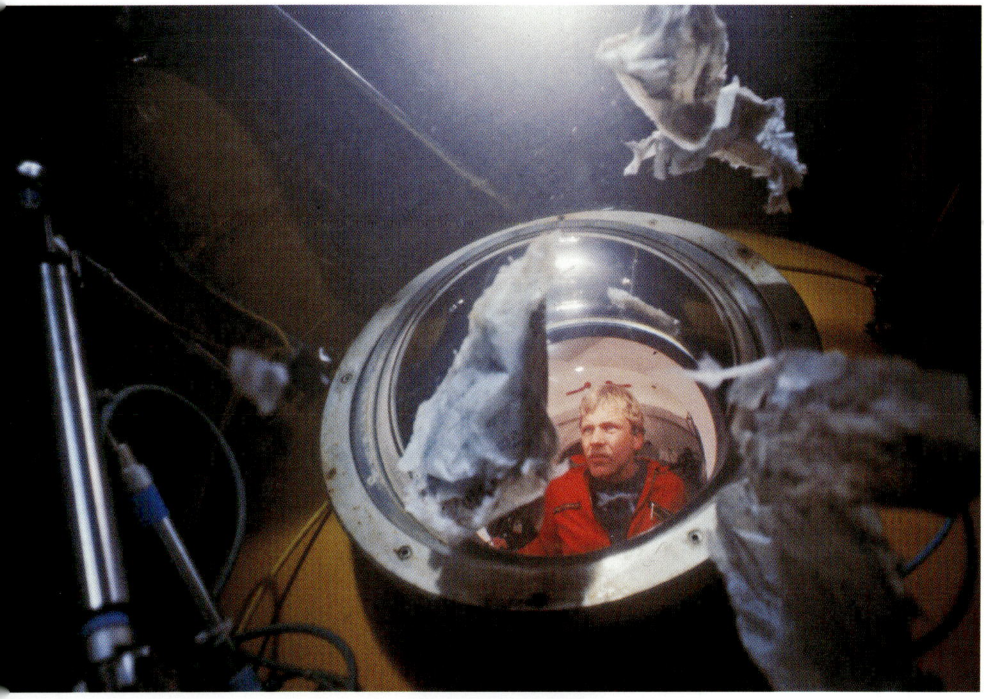

Auch eine Falschgeldkiste soll ins Museum. Viele Noten segeln dabei durchs Wasser. Wir schwimmen förmlich in Geld. (Foto H. Fricke)

ündel für Bündel müssen wir ıit dem Greifarm einzeln in en Bergekorb werfen. Fast ieben Stunden dauert diese rbeit. (Foto H. Fricke)

achdenklich sehen die ioniere auf die geborgenen eldscheine, auf Hitlers apierene Waffe gegen ngland. (Foto H. Fricke)

Nach mehr als 40 Jahren kommt der Zündapparat für die Auslösung der Raketenstarts wieder ans Tageslicht. (Foto U. Moeckli)

Die Raketentechniker experimentierten mit unterschiedlichen Düsenformen und Anordnungen. Bei Kriegsende versenkten sie alles im See. (Foto U. Moeckli)

Überall fanden wir zylindrische Körper unterschiedlicher Größe. Es sind Treibsätze der Unterwasserraketen. Taucher bergen sie. (Foto J. Schauer)

ine abgebrannte Jnterwasserrakete teckt im weichen odensediment. chwarzes Eisensulfid iberzieht die Metalloberflächen. Foto H. Fricke)

Eine große Seemine, nicht scharf, diente den Raketenforschern als Auftriebskörper für ihr Floß (siehe Seite 141). (Foto H.Fricke)

as Raketenabschuss- estell wurde restau- iert und in einer usstellung im leeresgeschichtlichen Auseum in Wien ge- eigt. (Foto H. Fricke)

Im Scheinwerferlicht von GEO ein großer Metallbehälter. Seine Funktion konnte von den noch lebenden Marineleuten nicht geklärt werden (Foto U. Moeckli)

Es belaste ihn noch heute sehr. Er fühlte sich für ihren Tod moralisch verantwortlich und sprach es offen aus.

Auch im Verlaufe der nächsten zwei Jahre, in denen ich Krüger einige Male traf, kam immer wieder die Sprache auf den Tod dieser Häftlinge. Ich muss gestehen, dass mich seine Offenheit über dieses heikle Thema beeindruckte. Er hätte es vor mir, einem Wildfremden, verschweigen können – aber nein, er wollte darüber sprechen. Eine Massenansteckung hätte das gesamte Arbeitskommando gefährdet und möglicherweise einen frühzeitigen Abbruch der Falschgeldherstellung verursacht, der nicht nur zum Tod aller seiner Untergebenen geführt hätte, auch für ihn selbst hätte es Folgen gehabt. Dass man ihn zu einem SS-Sonderkommando an die Ostfront geschickt hätte, was Krüger behauptete, bezweifle ich allerdings. Er war Geheimnisträger und durfte als solcher nicht an offenen Kriegshandlungen teilnehmen, denn bei Gefangennahme wäre er erpressbar. Als Geheimnisträger trug er auch zum persönlichen Schutz keine tätowierte SS-Nummer unter seinem Arm.

Krüger hat einige sehr ungewöhnliche Entscheidungen getroffen. Für die Herstellung der Dollarnoten benötigten die Häftlinge einen feinen, biegsamen spitzen Pinsel. Der junge Häftling Peter Edel-Hirschweh, ein Kunstmaler, der diese Episode in seinem Buch »Wenn es ans Leben geht« beschreibt, hat Krüger davon überzeugt, dass er so einen Pinsel bei sich zu Hause in Berlin habe. Krüger befahl SS-Oberscharführer Heitzmann, bei der Mutter Edels vorzusprechen, um die Malwerkzeuge des Sohnes zu holen.

Auf diese Weise erhielt die Mutter Kunde vom Überleben ihres Sohnes, den sie bereits für tot gehalten hatte. Ob Krüger die Befugnis hatte, eine solche Entscheidung eigenmächtig zu treffen, sei dahingestellt. Eigentlich wäre es eine Aufgabe der Gestapo gewesen, die Krüger offensichtlich umgangen hat.

Auch eine andere private Entscheidung hätte Krüger Kopf und Kragen gekostet, wenn nicht gar Kriegsgericht und im schlimmsten Fall sogar den Tod bedeuten können. Diese Geschichte ist durch den

Historiker Hans Biereigel aufgedeckt worden, der lange Zeit Leiter der Gedenkstätte Sachsenhausen war. Ein ehemaliger tschechischer Häftling Karl Meier berichtete, dass prominente norwegische Gefangene, u. a. Einar Gerhardsen, ein Sozialdemokrat, der später Ministerpräsident Norwegens wurde, zu ihm kamen und anfragten, ob in der Druckerei der Baracke 19 einige norwegische Volks- und Freiheitslieder gedruckt werden könnten. Die Norweger wussten über einen Verbindungsmann, dass zwei jüdische norwegische Häftling in der Fälscherwerkstatt arbeiteten.

Karl Meier war ein Spezialschuhmacher und fertigte für die SS-Offiziere Maßstiefel und Schuhe an. Eines Tages kam Krüger in seine Werkstatt und fragte an, ob er für ihn privat ein paar Schuhe machen könnte. Privatarbeiten für SS-Offiziere waren strengstens verboten. Durch die Nürnberger Prozesse wissen wir heute, dass Korruptionsfälle, Privatarbeiten und Missbrauch von Häftlingen in einigen KZs sogar zu Hinrichtungen der Kommandanten und hoher Offiziere führten, weil dem Staatseigentum Schaden zugefügt worden war. Privatarbeiten waren also ein äußerst gewagtes Unternehmen. Krüger ließ sich darauf ein, für ein paar Schuhe 2300 Liederhefte im Block 19 zu drucken. Vier Tage später waren die Liederbücher fertig. Dreimal ist Karl Maier in Begleitung von Krüger in den Block 19 gegangen und hat die Liederbücher abgeholt. Krüger bekam seine Maßschuhe.

Zum Glück ist diese Sache damals nicht ans Tageslicht gekommen. Die Druckarbeit hätte, wäre sie dem Kommandanten des Lagers bekannt geworden, alle – auch Krüger – ins Unglück gestürzt. Seine Tat beweist aber auch, dass er zu den Häftlingen ein sehr menschliches Verhalten und Vertrauen zeigte und dass er – obwohl in einem KZ tätig – nicht direkt der Mordmaschinerie dieser menschenverachtenden Vernichtungsstätten angehörte. Nach außen betrachtet, scheint das ein Widerspruch zu sein, denn immerhin blieb er trotzdem ein nicht mordender Teilnehmer dieser Maschinerie.

Gegen Krüger wurde 1964 durch Veranlassung von Julius Mader, Autor und Major des Staatssicherheitsdienstes der DDR, vom Landgericht in Göttingen ein Ermittlungsverfahren wegen der Ermordung von Häftlingen beantragt. In der Birthler-Behörde in Berlin hatte ich die Prozessakten in der Hand. Die Göttinger Behörde wandte sich an den Obersten Staatsanwalt der DDR. Zeuge Peter Edel konnte keine zweckdienliche Aussage machen, da er die Tat nicht selbst wahrgenommen, sondern nur über Dritte gehört hatte. Zeuge Lewinsky brachte zum Ausdruck, dass er in keiner Weise festgestellt habe, dass Krüger irgendwelche Häftlinge persönlich ermordet, geschlagen oder anderweitig misshandelt habe. Er war auch nicht Tatzeuge, wie der Tbc-kranke Häftling Sukjennik ermordet wurde. Die anderen Zeugen Horst und Gerhard Nieft waren nicht auffindbar und hatten das Territorium der DDR mit unbekanntem Ziel verlassen. Zu einem Prozess kam es nicht. Die Mithäftlinge der Ermordeten waren es, die für Krüger eintraten.

Ich habe eine Reihe Briefe der Häftlinge in den Händen, die über Krüger sehr positive Urteile abgaben. Viktor Steiner war einer von ihnen. Der Landeskriminalpolizei in Hannover gab er zu Protokoll: »Ich war einer seiner Häftlinge in Sachsenhausen und fühle mich verpflichtet mitzuteilen, dass Krüger im Gegensatz zu vielen anderen SS Angehörigen um das Wohl seiner ihm unterstellten Häftlinge besorgt war und dass rund 100 bereits in Vernichtungslagern befindliche Männer, darunter zwei oder drei Söhne mit den Vätern, durch ihn

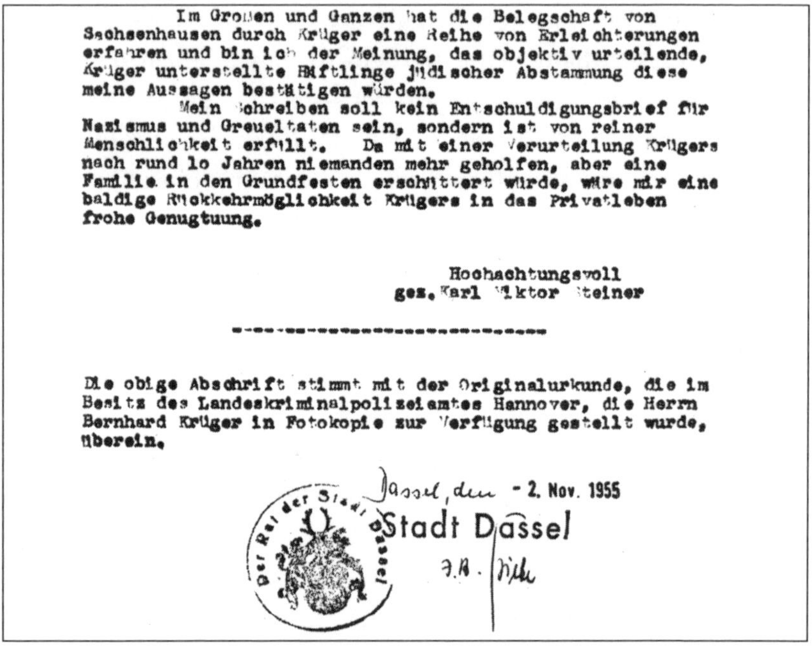

Im Großen und Ganzen hat die Belegschaft von Sachsenhausen durch Krüger eine Reihe von Erleichterungen erfahren und bin ich der Meinung, das objektiv urteilende, Krüger unterstellte Häftlinge jüdischer Abstammung diese meine Aussagen bestätigen würden.

Mein Schreiben soll kein Entschuldigungsbrief für Nazismus und Greueltaten sein, sondern ist von reiner Menschlichkeit erfüllt. Da mit einer Verurteilung Krügers nach rund lo Jahren niemanden mehr geholfen, aber eine Familie in den Grundfesten erschüttert würde, wäre mir eine baldige Rückkehrmöglichkeit Krügers in das Privatleben frohe Genugtuung.

Hochachtungsvoll
gez. Karl Viktor Steiner

Die obige Abschrift stimmt mit der Originalurkunde, die im Besitz des Landeskriminalpolizeiamtes Hannover, die Herrn Bernhard Krüger in Fotokopie zur Verfügung gestellt wurde, überein.

Dassel, den - 2. Nov. 1955
Stadt Dassel
I.A.

der sicheren Vergasung durch eine Anforderung für Sachsenhausen entrissen wurden. Im Großen und Ganzen hat die Belegschaft von Sachsenhausen durch Krüger eine Reihe von Erleichterungen erfahren und bin ich der Meinung, dass objektiv urteilende, Krüger unterstellte Häftlinge jüdischer Abstammung diese meine Aussage bestätigen würden. Da mit einer Verurteilung Krügers nach rund 10 Jahren niemanden mehr geholfen, aber eine Familie in den Grundfesten erschüttert würde, wäre mir eine baldige Rückkehrmöglichkeit Krügers in das Privatleben frohe Genugtuung.«

Krüger ließ sich sogar in der Nachkriegszeit mit dem Häftling Bober von einem englischen Fotografen in Berlin in der Berkaer Straße, dem Sitz des Reichssicherheitshauptamtes, ablichten. Beide hielten eine Pfundnote in der Hand. Mit Bober stand er auf Du und Du. Sein tschechischer Häftlingsarzt Kaufmann bat Krüger um Zusendung von Medikamenten, die es nur in der Schweiz gäbe. Ein anderer bot Krüger gar gemeinsame Geschäftsbeziehungen an. Krüger sagte mir später, dass er mit den ehemaligen Häftlingen einige Male Zusammenkünfte hatte, die später leider nicht mehr stattfanden.

Ein Häftling jedoch, Adolf Burger, hatte über Krüger eine andere Meinung. Mit Burger hatte ich über Jahre eine anregende Korrespondenz. Ich hatte sein Buch »Des Teufels Werkstatt« gelesen, das später Grundlage für den Kinofilm »Die Fälscher« wurde. Ich erhoffte, durch Burger einen Kontakt aufbauen zu können, um die andere Seite des »Unternehmens Bernhard« ausloten zu können – die Seite der Opfer, die Todeskandidaten, die nach erfolgreicher Beendigung der Geldfälscheraktion als topsecret-Geheimnisträger den sicheren Tod gefunden hätten. Enttäuscht war ich, dass es Burger ablehnte, in meinem ZDF-Film die Seite der Opfer zu vertreten. Ich akzeptierte, dass er in einem Film nicht auftreten wolle, in dem auch Krüger zu sehen sei. Immerhin lernte ich durch ihn Jack Plapler kennen, der in Berlin wohnte und der ebenfalls zu den Häftlingen des Fälscherkommandos zählte.

Plapler hatte ich einen Brief geschrieben. Einige Tage später erhielt ich einen Anruf. Es war Jack Plapler, der ehemalige Häftling Krügers. Plapler lud mich zu einem Konzert ein, das in einer kleinen Kirche im Süden Berlins in zwei Wochen stattfinden würde. Dort könnten wir uns treffen. Auf der A 9 fuhr ich von München aus in Richtung Nord. Hinter der Elbe und mit Beginn der märkischen Landschaft wurden Kindheits- und Jugenderinnerungen wach. Bald erreichte ich das Dorf Groß-Ziethen mit seiner alten roten Backsteinkirche. Hier sollte das Konzert alter hebräischer liturgischer Gesänge um 16 Uhr beginnen. Die Kirche hatte sich langsam gefüllt, meist mit Mitgliedern der Berliner Jüdischen Gemeinde. Jack Plapler sang im Chor. Er machte auf mich einen sehr edlen Eindruck. Mit seinem weißen, leicht gelockten Haar überragte er seine Mitsänger, er war der größte von ihnen. Am Ende des Konzerts lud die kleine Gemeinde zu einem Imbiss ein. Sie berlinerten alle, sie waren Deutsche – Juden wie Christen, und doch spürte ich die Trennung, es war

»Fremde« zwischen ihnen. Die Chormitglieder nahmen an, dass ich wie Herr Plapler ein Jude sei, und als ich einen Kuchen ablehnte, hielten sie mich an diesem letzten Fastentag des Yom Kippur für besonders fromm.

Am kommenden Tag um 10 Uhr traf ich Jack Plapler. Er lebte allein in einem Einfamilienhaus und erzählte mir seine Geschichte, wie er als polnischer Junge mit 17 Jahren für nichts und wieder nichts ins KZ kam, nur weil er Jude war. Er habe seinen Vornamen von Issak zu Jack gewechselt, weil er früher Angst vor Neonazis hatte. Er glaube nicht mehr an Gerechtigkeit oder gar an Gott. Fast seine gesamte Verwandtschaft sei im KZ umgekommen. Mich berührte dieses Schicksal sehr, und umso überraschter war ich, als Plapler vor meiner Kamera sagte, dass Herr Sturmbannführer Krüger (er nannte seinen SS-Rang) ein guter Mensch gewesen sei. Zum ersten Mal vernahm ich, dass es in einem KZ auch hochrangige Offiziere gab, die offenbar »Menschen« geblieben waren. Krüger gehörte wohl zu ihnen – und trotzdem musste ich an die Worte von Heinz Höhne denken, der in seinem Buch »Der Orden unter dem Totenkopf« den Charakter von SS-lern aus dem RSHA folgendermaßen beschrieben hatte: Es sind biedere spießige Familienväter, die tagsüber dem öffentlichen Geschäft des Mordens nachgingen und feierabends glaubten, gesetzestreue und ordentliche Bürger zu sein, denen es nicht einfallen würde, einen Schritt vom Pfad der privaten Tugend abzuweichen. Ein SS-Mann hat beim staatlich befohlenen Mord anständig zu bleiben.

Hier will ich einen Vorgriff tun. Ich hatte mit Krüger oberhalb des Toplitzsees gesessen und hinab auf die Stelle gesehen, wo das »Unternehmen Bernhard« ein für alle Mal zu Ende ging, wo das Falschgeld versank. Hier fragte ich ihn, wie er es mit sich vereinbaren konnte, mit seinen Häftlingen – zu denen er Bindungen entwickelt hatte, die er achtete – zusammenarbeiten zu können, wo er doch genau wusste, dass sie alle Todeskandidaten waren. Die lapidare Antwort war, dass er daran gar nicht gedacht habe. Für ihn gab es nur Pflichterfüllung für sein Vaterland. Diese Worte enttäuschten mich sehr und erinnerten mich daran, dass Krüger – jedenfalls in diesem Augenblick – doch nur ein ganz gewöhnlicher Nazi war.

Jack Plapler erzählte mir an diesem Tag eine weitere Geschichte, die so gar nicht in mein erlerntes schulmäßiges Geschichtsbild passte. Nachdem der Transport der »Falschgeldfabrik« von Sachsenhausen, über Mauthausen und Redl-Zipf schließlich oberhalb des Außenlagers Ebensee endete, wo Krügers Häftlinge angeblich dem Roten Kreuz übergeben werden sollten, kam es zu einem Zwischenfall. Die Häftlinge hatten dort in einer Jagdhütte übernachtet und waren am nächsten Tag zum letzten Mal zu einem Appell angetreten. Der Kommandant von Ebensee erklärte, dass sie jetzt in einen Steinbruch gehen sollten, denn dort seien sie vor den Amerikanern sicher. Ein junger Häftling trat mutig hervor und sagte, dass er lieber von den Amerikanern erschossen werden wollte als dort im Steinbruch von der SS. Der Kommandant erwiderte, so Plapler: »Dann leckt mich doch am Arsch« und verschwand. Der Kommandant wurde einige Kilometer weiter in Zivilkleidung aufgegriffen und auf der Stelle erhängt. Die Häftlinge rannten in Richtung des KZs, wo die deutsche Wehrmacht am Tor das Kommando übernommen hatte. Sie rannten im Augenblick ihres höchsten Glücks in das Lager, endlich in die Freiheit.

Doch hier hatte die Häftlingslagerleitung einen Fehler gemacht. Sie hatten es den Mithäftlingen überlassen, die SS und die Kapos selbst zu entwaffnen. Plapler erzählte, wie dort wild um sich geschossen, aber auch gezielt Jagd auf einige Peiniger gemacht wurde. Und sie, die Falschgeldhäftlinge, relativ gut genährt und mit normalem Haarschnitt, hatten einen gefährlichen Stand, wurden sie doch als Nazikollaborateure angesehen. Plapler hatte Todesangst. Jetzt im Augenblick der Befreiung konnte er durch eine Kugel oder auch durch einen Querschläger nach all diesen schrecklichen Jahren doch noch den Tod finden. Er flüchtete wieder aus dem KZ – und schlug sich in Richtung Bad Aussee durch, wo er sich den Amerikanern stellte. Nicht alle Häftlinge erlebten die Befreiung in Ebensee auf ähnliche Weise wie Plapler. Ihre Berichte weichen sogar erheblich ab, und wir können nicht nachprüfen, wer der Wahrheit am nächsten stand.

Kehren wir an dieser Stelle wieder zu Bernhard Krüger zurück. Seine Häftlinge hatten ihn in den unterirdischen Stollen von Redl-Zipf zum letzten Mal gesehen. Nach dem Auszug seiner Fälscherfabrik aus Sachsenhausen hatte er – und auch seine Vorgesetzten – keinen Plan, wie es ab diesem Zeitpunkt mit dem »Unternehmen Bernhard« weitergehen sollte. In Redl-Zipf war die Arbeit der Häftlinge beendet. Was dort mit den vorhandenen Noten und Druckmaschinen passieren sollte, war weder abgesprochen noch in irgendeiner Weise vorher langfristig geplant worden. Chaos breitete sich aus, und wahrscheinlich war es SS-Mann Hansch, der das Heft eigenverantwortlich in die Hand nahm. Die Häftlinge mit weiterer Arbeit zu versehen, erwies sich als unmöglich; sie hätten versetzt werden müssen, und das hätte ihren Tod bedeutet. Krüger gestand mir, dass für Schellenberg eine »Versetzung« der Häftlinge nicht in Frage kam – vermutlich kannte er die Kriegslage am besten und wollte sich zum Schluss nicht belasten.

Hansch und die Häftlinge versuchten, große Mengen ihres Falschgeldes zu verbrennen. Sieben Feuerstellen brannten, doch sie konnten das Geld nicht ganz vernichten. Mit den Resten der Güteklasse I machte sich schließlich SS-Hauptsturmführer Hansch mit drei Lkws auf den Weg, von denen einer Achsenbruch erlitt. Vermutlich war es Hansch, der schließlich den Toplitzsee erreichte und zusammen mit den Marineleuten das Geld versenkte. SS-Mann Hansch wurde nie wieder gesehen. Auch Bernhard Krüger galt seit dieser Zeit als verschollen. Julius Mader vermutete ihn in Buenos Aires, andere wollen ihn in Kairo gesehen haben. Wolfgang Löhde fand ihn in der kleinen Stadt Dassel.

Krüger schrieb mir die Stationen seiner Flucht auf: Am 25. April 1945 fuhr er von Redl-Zipf über Salzburg, Zell am See, Wörgl und Schwaz in Richtung Wattenser–Lizum, wo er seinen neuen Dienstsitz

16/17.April 1945	von Berlin nach Redl-Zipf über Dresden - Prag - Budweis - Linz - Vöcklabruck. Aufenthalt in Redl-Zipf ca. 5 Tage. Anweisung: B-Noten II. und III.Wahl durch Feuer vernichten. Das Vorhaben zeigte keine Erfolg. Es gelang noch vor dem Anrücken der amerik.Truppen die B-Noten samt K,sten im Toplitzsee zu versenken. Die Häftlinge wurden im Lager Ebensee dem Roten Kreuz übergeben. In erster Linie von Werner und den kriegsversehrten SS-Wachmannschaften durchgeführt. Es ist anzunehmen, daß Hansch die Angelegenheit Toplitzsee bewerkstelligt hat. Über Werner und Hansch besitze ich bis zum heutigen Tage keine Informationen.
25.April 1945	Fortsetzung der Fahrt von Redl-Zipf in Richtung Wattenser-Lizum über Salzburg - Werfen - Zell a.See - St.Johann - Kitzbühel ~~Schwaz~~ Wörgl - Schwaz - Wattens - Lizum. Angesichts der Frontlage - amerik.Truppen rücken auf Innsbruck vor - schicke ich meine weibl.Mitarbeiterinnen weg, desgleichen auch meine Zivilangestellten.
30.April 1945	Abfahrt vom Lizum über Wattens - Wörgl - Kitzbühel - St.Johann - Saalfelden - Radstadt. Wehrmachtsangehörige, angetan mit rotweisroten Ärmbinden, weisen mich auf den PKW-Abstellplatz ein. Nach ca.8.Wochen erfolgt die Überführung in den Raum von Starnberg. Aus diesem Lager setzte ich mich ab. In Dürnhausen, beim Bauer Kandler, kam zunächst auf einige Tage unter.
26.Nov.1946	Ich melde mich in Einbeck auf der Dienststelle der Engländer.
Anmerkung:	Die B-Noten-Druckerei wurde im Februar 1945 per Eisenbahn über Mauthausen nach Redl-Zipf überführt, einschließlich den Häftling und den Wachmannschaften.
b.K.28.II.86	

Krüger hat mir die Ereignisse der letzten Kriegstage aufgezeichnet, die Stationen seiner Flucht bis zur freiwilligen Meldung bei den Alliierten.

hatte. Zwischen Wörgl und Innsbruck warf er alle Überreste der Falschgeldherstellung in den Inn und schickte die weiblichen Mitarbeiterinnen und Zivilangestellte weg. Am 30. April versucht er noch einmal, Redl-Zipf zu erreichen, doch die Amerikaner waren bereits in Salzburg. In Wörgl wurde er von Posten des österreichischen Widerstandes festgehalten und in ein provisorisches Lager bei Radstadt eingewiesen. Für acht Wochen lebt er später in einem Lager in der Nähe Starnbergs, aus dem er sich heimlich absetzte. Für einige Tage kam er beim Bauern Kandler in Dürnhausen am Südende des Starnberger Sees unter. Für fast ein Jahr war er ständig auf der Flucht und wurde von den Alliierten Geheimdiensten gesucht. Erst am 26. November 1946, am Tag seines Geburtstages, stellte er sich freiwillig in Dassel-Einbeck in der Gartenstr. 7 den englischen Behörden. Sein Haus war observiert worden, und man hatte herausbekommen, dass er sich in der Gegend befand. Bis 1949 blieb er in englischer Gefangenschaft. Wolfgang Löhde fand in London seine Vernehmungsprotokolle in den Archiven von Scotland Yard.

In der Nachkriegszeit wohnte er in Dassel, dann in Stuttgart und zuletzt in Hamburg. Er hat es nie zu Reichtümern gebracht und lebte eher in sehr ärmlichen Verhältnissen. Auch ein heimlicher Profiteur seiner exzellenten falschen Pfundnoten wurde er nicht. Krüger erzählte mir, dass er in der Nachkriegszeit in Goslar einen jener Leute aufgesucht habe, die mit seinen Pfunden reich geworden waren. Dieser habe ihn nicht einmal ins Haus gebeten, sondern draußen im Auto »abgehalftert«, wie Krüger berichtete. Er war deprimiert über das Verhalten des Mannes, der im Wirtschaftsreferat A3 des Amtes VI die Einkünfte aus dem Falschgeldverkehr verwaltete. Ich hatte nach dem Namen dieses Mannes gefragt, aber Krüger schwieg zunächst. Eines Tages sagte er am Telefon: »Schreiben Sie auf. Sagen Sie nicht, dass ich es war, ich will nicht als Verräter gelten. Dora, Ida, Richard, Karl, Siegfried, Heinrich, Emil, Ida, Dora, Emil. – Dierksheide, Walter. Der war 10 Jahre jünger als ich. Ob er sich aus Goslar abgesetzt hat, weiß ich nicht.«

Ich fand Dierksheide im Telefonbuch, doch über Wochen meldete sich niemand. Dann hörte ich eine jugendliche Stimme. Herr Dierksheide lebe nicht mehr, er sei kürzlich verstorben. Ich war zu spät gekommen. Seine Angehörigen berichteten mir, dass er niemals über die Zeit von früher sprach. Er schwieg darüber wie ein Grab. Zu seinen beiden Töchtern sagte er nur, dass sie nicht ahnen könnten, was er weiß. Er hatte sich von seiner Vergangenheit total abgeschottet.

Krüger folgte 1965 der Einladung eines Gesandten einer Arabischen Botschaft nach England und besuchte sogar die Bank von England in der Thread Needle Street in London. Er wagte sich in die Höhle des Löwen und ging durch die große Schwingtür der Bank. Als sie sich hinter ihm schloss und er im Entree die mit Zylindern und rosafarbenen Fracks versehenen Bankangestellten vor sich sah, bekam er »die Schwanzfedern«, wie es Krüger ausdrückte, und er flüchtete nach draußen.

21 Jahre später sprach ich in London mit Paul Wright, dem Presse-Offizier der Bank. Ich wollte Filmaufnahmen mit Krüger in der Bank machen. Wright war nicht abgeneigt und fand es sogar witzig, einen kleinen Sektempfang mit dem größten Fälscher aller Zeiten in seiner Bank zu veranstalten, eine Idee, die von seinem Kollegen Nigel Falls stammte. Ich mochte diese »sportliche« englische Haltung, und Krüger war überaus angetan, sah er doch darin eine kleine »Reinigung« seiner trotz allem illegalen früheren Tätigkeit. Leider ist es zu dem Sektempfang nicht gekommen, weil ich im Ausland eine längere Forschungsreise unternahm.

Wir hatten Krüger zu einer Fahrt an den Toplitzsee eingeladen. Es war ein wunderschöner Frühsommertag. Wir fuhren über einen Forstweg zum steilen Südufer und konnten von dort über den Waldrand fast den ganzen See überblicken. Krüger gestand uns, dass er zum ersten Mal an diesem See sei und dass er erst in den Nachkriegsjahren durch Höttls Buch von seiner Existenz gehört habe. Der Name war vorher kein Begriff für ihn. Ich zeigte ihm von oben die Stelle, wo »Unternehmen Bernhard« zu Ende ging. Krüger meinte, es sei ein guter Platz, lägen doch seine Noten jetzt in sehr tiefem Wasser.

Hier an dieser Stelle fragte ich ihn, wie er es geschafft habe, den Code der englischen Bank zu knacken. Glaubte man der Presse, so hätte er dafür eine Reihe von Mathematikern beschäftigt. Krüger grinste schelmisch: »Von Gnacken kann da keene Rede sein.« Der Code lag praktisch in der Note selbst, der schrie einen förmlich an. Da war einmal die Seriennummer, dann der Buchstabe der Seriennummer und dann aber auch die Wasserzeichen-Schöpfnummer. Das waren drei wichtige Elemente, dazu kamen das Ausgabedatum der Note und die Unterschrift des jeweiligen Chef-Kassierers. Er habe bei der Reichsbank den Code aller echten eingegangenen Pfund Sterling Noten aufgeschriebenen und jede Note nur einmal nachgedruckt – das war eine absolut sichere Sache.

Wir gerieten in eine Unterhaltung, die mir nicht gefiel und die mir im Nachhinein die festgefahrene Denkweise Krügers offenbarte. Im Laufe der Zeit hatte ich nämlich gewisse Sympathie für ihn gewonnen und versucht, mich in die Lage dieses SS-Sturmbannführers zu versetzen. Doch jetzt wurde ich vor den Kopf gestoßen. Ich erklärte ihm, dass ich selbst nicht mit dem Gedanken hätte leben mögen, dass 140 Mitarbeiter von mir, die ich persönlich über Monate kennengelernt hatte und von denen mir einige ans Herz gewachsen waren, doch Todeskandidaten seien. Krüger antwortete darauf: »Praktisch ist mir der Gedanke überhaupt nicht gekommen. Dass die Häftlinge Geheimnisträger waren, das wussten **die** von selbst – und das habe ich bei der Einweisung in den Arbeitsprozess deutlich genug gesagt. Und daran haben **die** sich auch gehalten. **Die** haben Rundfunkberichte abgehört von der Front, das habe ich gewusst, dagegen habe ich nichts unternommen. Lass sie doch hören! Beseelt sie nur in der Hoffnung, stärkt ihre Hoffnung – und das hat sogar auch Vorteile, dass sie ordentlich arbeiten, noch ordentlicher arbeiten. Ihre Hoffnung verkürzt die Zeit.«

Krüger meinte, da sitze er nun mit weit über 80 Jahren an den Ufern des Toplitzsees und bekenne sich zu seinen Sünden. Sünden seien das ja gar nicht: »Nun, das war eine Pflichterfüllung. Ich hatte einen Befehl auszuführen, und dafür ist das meine Erklärung.« Ich machte ihm klar, dass ich diesen Standpunkt aus heutiger Retrospektive nicht verstünde. Krüger antwortete, dass es zwei Standpunkte gebe, der eine auf der dienstlichen Ebene des Dritten Reiches und dann der heutige von draußen. Als ich wissen wollte, wie Schellenberg ihm den Auftrag nahegebracht hat, die Sache Naujocks wieder aufzunehmen und britische Sterling-Noten in einem KZ zu fälschen, antwortete er etwas lapidar: »Nein sagen ist Befehlsverweigerung. Technisch dazu in der Lage zu sein, da hat man Ehrgeiz und will sich nicht bloßstellen.« Die Herausforderung reizte ihn also, und er war zugleich stolz, dass 100 Häftlinge aus Auschwitz an der Gaskammer vorbeigegangen seien. Er war blind in seiner Beurteilung, dass die Häftlinge nicht an ihr vorgegebenes Schicksal dachten – eine Abschätzung der Chancen zum Überleben hätte bei ihnen, so Krüger, überhaupt nicht im Vordergrund gestanden.

Im Herbst dieses Jahres hatten wir einen weiteren Taucheinsatz im Toplitzsee. Als ich Krüger davon erzählte, bat er mich, ob er noch einmal seine Geldkisten sehen könnte. Er war jetzt 84 Jahre alt, und so erfüllte ich ihm seinen Wunsch. Urs und Jürgen holten ihn spät abends in Salzburg von der Bahn ab. Wir würden ihn als Benno vorstellen, Dieters Schwiegervater, denn es wäre eine Katastrophe, wenn die Presse spitzbekäme, dass der oberste Fälscher des RSHA an den Toplitzsee gekommen sei, um dort zu tauchen. Eine Lawine von Gerüchten nicht absehbarer Folgen wäre das Resultat. Es fiel uns schwer, den alten Herren zu duzen. Er selbst fühlte sich in dieser Rolle wohl.

Ich dachte daran, wie deprimierend es sein müsste, am Ende des eigenen Lebens und verfolgt von diesem unrühmlichen Stück deutscher Geschichte, mit diesem Negativimage sein Leben beschließen zu müssen – und jetzt inmitten eines Haufens Tauchbesessener unter falschem Namen den zu Bruch gegangenen Rest des »Unternehmens Bernhard« noch einmal sehen zu wollen. Gegen 23 Uhr ging Krüger schlafen. Wir saßen noch bis weit nach Mitternacht zusammen. Urs sprach über sein Fotografenleben, das vor fünf Jahren hier am See begonnen hatte. Wir sprachen über Professionalität und über das Erkennen von richtigem Licht.

Am nächsten Morgen regnete es grau vom trüben spätherbstlichen Himmel. Um neun Uhr stieg Krüger den regennassen und leicht schlüpfrigen Hang zur Tauchboot-Anlegestelle herab. Ich hatte Angst, dass er hinfiel, doch Urs hatte ihn fest im Griff. Ich hatte vorher meine Kameras ausprobiert, denn ich wollte ihn unter Wasser vor seinem Falschgeld interviewen. Urs und Jürgen halfen Krüger, durch die enge Luke ins Innere von *Geo* zu klettern. Krüger musste in dem kaum 120 cm breiten Boot seitwärts an mir vorbei kriechen und nahm vor mir Platz. Das war nicht einfach. Jürgen tauchte draußen mit der Unterwasserkamera auf und filmte durch die Luke, wie wir uns langsam zum Abstieg fertig machten. Krüger war überrascht, dass da draußen vor dem Fenster jemand schwamm. Dann öffnete ich die Flutventile, und *Geo* glitt langsam abwärts. Krüger fühlte sich wohl und zeigte trotz seines hohen Alters nicht die geringsten Anzeichen von Angst. In 82 m Tiefe setzten wir am Grund auf. Da lagen Bretter, und Krüger meinte: »Da is 'ne gabutte Giste.«

Dann brach es aus ihm heraus: »Wer hätte das geglaubt?« Er war überwältigt, mit seinen 84 Jahren noch einmal hier unten zu sein. Aber sagte dann sogleich, dass es eine gute Arbeit war, eine gute Sache und, wie zur eigenen Rechtfertigung, dass es auch Leben gerettet habe. Fast klang es so, dass er, Bernhard Krüger, nur gedruckt habe, um die Häftlinge zu retten. Ich hasste in diesem Augenblick diese Reinwascherei, dieses nachträgliche Entschuldigen. Auf meine Frage, wie er sich beim Anblick seines Geldes fühle, kam wieder die Antwort, dass er stolz sei auf die Arbeit und dass es eine gute Arbeit war. Die Häftlinge erwähnte er nicht. Die Noten seien so gut erhalten, dass man sie nur hochholen und trocknen müsse, dann könne man sie wieder verwenden.

Draußen vor uns lag im Schein der starken Lampen das Geld greifbar nahe vor uns. »Das müsste Amtschef Schellenberg sehen«, meinte er. Dann hatte ich mir eine etwas heikle Frage überlegt und Krüger gedrängt, ob er jemals umgetauschte Werte seiner falschen Noten gesehen habe. Die Antwort kam prompt: »Ja, in der Berkaerstraße habe ihm Dierksheide vom Amt VI Wi zwei große französische Offizierskisten gezeigt, die bis oben hin mit Juwelen, Gold und Münzen unterschiedlicher Währungen angefüllt gewesen seien.« Ansonsten habe er nur seine Agenten mit kleinen Gebrauchsmengen versorgt, die sie draußen im Ausland verwendeten. Falschgeld wurde also an drei Stellen im RSHA verwaltet: Im Amt II die Einkünfte Schwends, im Amt VI Wi die Einkünfte des Nachrichtendienstes und im Amt VI F4 die kleinen Gebrauchsmengen für den Agenteneinsatz.

Schließlich fragte ich ihn auch noch, ob er mit dem Ausgang des »Unternehmens Bernhard« zufrieden sei. Ich hoffte, ein bisschen Altersweisheit und Reflektion zu hören, etwa so, dass wir heute nach mehr als 40 Jahren froh sein können, wie das Unternehmen ausgegangen ist. Ich hoffte aber auch, etwas über die Ängste der Häftlinge zu hören, über die tägliche Erinnerung an ihren vorhersehbaren Tod, die Chancenlosigkeit, jemals lebend davonzukommen. Ich hoffte auf Empathie, auf Verständnis für das Leben des anderen. Aber er sprach nur wieder über die hervorragende eigene Arbeit, über den Stolz auf die gelungene Qualität der Noten – und dann, so als Nebeneffekt, auch über die Rettung der Häftlinge. Wie hatte ich in diesem Augenblick das »Unternehmen Bernhard« satt! Jetzt war es an der Zeit, ein für alle Mal damit Schluss zu machen.

Ich ließ ein wenig Luft in den variablen Ballasttank. Geräuschlos, von unsichtbarer Hand am Kragen gepackt, hob *Geo* langsam vom Boden ab. Zentimeterweise stiegen wir auf. Draußen war das Wasser klar. Ich sagte nichts und dachte nur, was mag wohl jetzt in diesem alten Mann vorgehen. Wir schwiegen lange. Krüger hatte den Kopf zwischen seinen Händen vorn am Fenster aufgestützt. Ich wickelte meine Kameras in Tücher ein, um sie vor der Feuchtigkeit zu schützen. Dann passierte es. Krüger begann zu schluchzen, Tränen rannen über seine Wangen. Ich sagte nichts und hielt meine Hand auf die Schultern des Alten, um ihn etwas zu beruhigen. Und wieder brach es aus ihm heraus, dass es eine gute Arbeit gewesen sei und dass er alles Menschenmögliche für die da oben gemacht habe, und nur er würde als Unperson in der Nachkriegszeit hingestellt. Das Geld habe ihn sein Leben lang verfolgt und habe sein Familienleben zerrüttet. Er habe dafür büßen müssen, während die anderen durch ihn verdienten. Bitterkeit, Pessimismus und Vorwurf waren in seinen Worten, Tränen der Enttäuschung über sein im Grunde verpfuschtes Leben. Wir tauchten auf.

Beim Aussteigen aus der engen Luke fiel Krüger beinahe ins eiskalte Nass. Er rutschte mit seinem rechten Bein ab und stand bis zum Knöchel im Wasser. Ein weißer großer Regenschirm schützte ihn vor dem immer noch heftigen Guss von oben. Vorne am Steg empfing uns unser Freund Gerhard Zauner, der den Tauchsport im Salzkammergut publik gemacht hat. Auch der Fischerwirt Albrecht Syen war da. Wir scherzten mit Benno über sein beinahe unfreiwilliges Bad. Er schwärmte von seinen Noten, dann stakste er mit festem Schritt zu unserer Jagdhütte, der Sturmbannführer, der größte Geldfälscher aller Zeiten.

Beim Abschied fragte uns Albrecht Syen unvermittelt, ob Bernhard Krüger noch lebte. Seine Augen flackerten dabei und ich hatte den Eindruck, dass er ahnte, wer Benno wirklich war. Ich sagte ihm, dass Krüger in Hamburg lebe und brachte schnell das Gespräch auf anderes. Die notwendige Geheimniskrämerei mit Benno mochte ich nicht. Es sollte endlich eine neue Ära am See beginnen – unbelastet von allem. Kein Versteckspiel mehr, Offenheit, nicht verdrängen und vergessen – stattdessen verarbeiten, darüber sprechen und bekennen, wie es so war – nicht mehr und nicht weniger.

Viele Stunden hatte ich im Verlauf der letzten beiden Jahre mit Bernhard Krüger verbracht. Wir hatten zahlreiche Telefonate geführt, und seine sich immer wiederholenden Geschichten und Anekdoten waren immer die gleichen. Er sprach stets mit einem etwas gestelzten, aber wohl akzentuierten Sächsisch. Er log nicht und dichtete offenbar nichts hinzu. Sein Misstrauen wich aber trotzdem nicht. Immer glaubte er noch, dass mit seiner Geschichte sehr viel Geld zu verdienen sei. Er war weinerlich über seine momentane Lage und auch über sein gesamtes verpatztes Leben.

Sein Häftling Peter Edel beschrieb ihn am besten. Er könne sich vorstellen, dass Krüger im Alter einen gepflegten Streifenanzug mit Krawatte trägt (so wie es wirklich war), gewöhnlich gepflegt spricht und sich selbst bedauert und den Eindruck erwecken will, dass er ja 140 Leuten das Leben gerettet habe. Er sei ein ungewöhnlicher Faschist, der nicht mordet, konziliant zu anderen ist und selbst seine Häftlinge mit Sie anredet. Doch er sei ein ganz gewöhnlicher Faschist, wenn es ans Unterschreiben von Todesurteilen ginge. Hier bin ich heute etwas im Zweifel. Ich habe immer wieder seinen moralischen Zwiespalt erlebt, wenn er bei fast jedem Treffen über die umgekommenen Häftlinge sprach. Man muss Verständnis dafür aufbringen, dass damals bei einem Ausbruch von offener Tuberkulose in zwei relativ geschlossenen Baracken Gefahr für alle bestanden hätte. Die Unterschrift für die Krankmeldung, was einem Todesurteil gleichkam, war ihm mit Sicherheit nicht leicht gefallen.

Dass er die zunächst äußerst dilettantische Dollarherstellung begann, spricht dafür, dass er wirklich Zeit gewinnen wollte. Von Anfang an wusste Krüger, dass der Dollar nie zu einer Massenproduktion führen würde. Doch auch andere, sogar eigennützige Gründe mögen eine Rolle gespielt haben. Bei den monatlichen Referatsbesprechungen hatte sein Amtschef Schellenberg – so berichtet Krüger – bereits 1942 aufgrund von Analysen und der Berichte seiner Agenten den engsten Mitarbeitern offen mitgeteilt, dass Deutschland den Krieg verlieren würde. Krüger nannte sie die Nähkörbchenbesprechungen, weil Schellenberg bei seinen Vorträgen mit seinen Fingerspitzen wie eine Frau im Nähkörbchen spielte. Rettung für sich und für seine Häftlinge konnte nur erfolgen, in dem er die Falschgeldherstellung so lange wie möglich hinauszögerte. An einen Endsieg glaubte Krüger nicht. De facto hat er die Häftlinge vor dem Tod gerettet, aber ein kleiner Schindler war er trotzdem nicht.

Mich entsetzte unser Gespräch oben am Rand des Toplitzsees. Vorrangig vor dem Schicksal der Häftlinge war für ihn Pflichterfüllung für sein Vaterland. Dahinter versteckten sie sich alle, hinter dieser deutschen übertriebenen Pflichterfüllung. Diese Pflichterfüller wurden zu den »moralischen« Tätern, zu den Mitläufern, die sich selbst bedauerten und im Falle Krüger stolz darauf waren, dass die papierne Waffe gegen den Feind eine gute Waffe war. Mich hatte gestört, dass er über seine Häftlinge mit *die* gesprochen hatte, und mich entsetzte der Satz: »Dass die Häftlinge Geheimnisträger waren, das wussten die von selbst – und das habe ich bei der Einweisung in den Arbeitsprozess deutlich genug gesagt.« Mich störte auch, dass er jegliche Verantwortung für sie durch die Dienstanweisung »Geheimnisträger« von sich wies. Diese Dienstanweisung wäre mit dem Blut Dutzender Männer bezahlt worden, wenn der Gang der Geschichte ein anderer gewesen wäre. Erst dann hätte sich gezeigt, ob Krüger wirklich der große Menschenfreund war – ein Schindler, der dann zu retten versucht hätte, was noch zu retten ging. Ich hatte da meine Zweifel.

Nach den Tauchfahrten im Toplitzsee brach ich den Kontakt zu Krüger ab. Krüger starb 1989. Ich hätte mir gewünscht, dass das positive Bild, was in mir über ihn im Entstehen war, geblieben wäre. Die Gespräche oben am See und unter Wasser im Tauchboot förderten jedoch einen apolitischen Technokraten zutage, der vor allem stolz auf seine Arbeit war. Zwar war er kein SS-Mörder, doch ich hätte mir ein wenig kritische Rückschau in seine Vergangenheit gewünscht. Die Greueltaten der SS schienen ihn nichts anzugehen, er schob sie einfach beiseite, weil er nicht unmittelbar damit zu tun hatte. Und das, obwohl er in der höchsten Kommandozentrale der SS gearbeitet hatte, zu deren Mitarbeitern er zählte. Wegen seiner Lebenseinstellung, die sich auch im Alter nicht änderte, hat sich sein Sohn vollständig vom Vater abgewendet.

Trotz allem muss ich zugeben, dass Krüger in der Tat ein etwas anderer, ein ungewöhnlicher Faschist war, der durch sein Verhalten das tägliche Leben der Häftlinge erträglich gemacht hatte. Sie haben es ihm gedankt und sind in der Nachkriegszeit für ihn eingetreten. Auch so etwas gab es also in der dunklen KZ-Geschichte Deutschlands.

Die Akte CK

Manchmal will es der Zufall, dass man in Sachen hineingerät, die zunächst ganz harmlos beginnen. Die Akte CK, wie ich sie später nannte, war so ein Fall – ein Stück aus unserer deutsch-deutschen Nachkriegsgeschichte, die allerdings weit in die »Neuzeit« hineinreichte. Was der Toplitzsee damit zu tun hat? Ich muss gestehen, zunächst überhaupt nichts, doch hätte es ihn nicht gegeben, so wäre ich auf diese Geschichte niemals aufmerksam geworden. Sie entstand in Verbindung mit Meisterfälscher Bernhard Krüger, durch sein Falschgeld also, das wir in so riesigen Mengen am Grund des Sees gefunden hatten.

1986 bat mich Krüger um Hilfe. Er hatte Angst und litt unter altersbedingten Durchblutungsstörungen und Depressionen, die besonders durch Einsamkeit ausgelöst wurden. Ich war ihm mehr oder weniger moralisch verpflichtet, hatte er mir doch zu Einblicken ins »Unternehmen Bernhard« verholfen, auch hatte er mir Dokumente, seine Briefe und Aufzeichnungen zur Verfügung gestellt. Auch wenn er als SS-Angehöriger und hoher Dienststellenleiter im Reichssicherheitshauptamt gewissermaßen mein erklärter »Klassenfeind« war, fühlte ich mich wegen seines Alters und seines Gesundheitszustandes moralisch verpflichtet, ihm in dieser Situation zu helfen – ich kollaborierte also mit dem Feind.

Krüger hatte vom Kammergericht Berlin eine gerichtliche Vorladung erhalten und wurde aufgefordert, zu einem Dokument aus dem Reichssicherheitshauptamt Stellung zu nehmen, das er selbst am 20. Juli 1942 unterzeichnet haben sollte. Der Inhalt sei kaum zu verstehen, auch seien Schreibfehler vorhanden, so dass er ihn auf keinen Fall selbst geschrieben habe: »An die Geheime Staatspolisei. Staatspoliseistelle Litzmannstadt. Betrifft: Meldung bestimmter Ghettobewohner. Wie Ihnen der Unterzeichner bereits telefonisch erklärte, ist mit einer Angabe und zwar der Jude Chaim Krause, 28.12.14, Ghetto Litzmannstadt, wäre der einzige nach Ihrer Meinung nicht ausreichend. Ich mache Sie ausdrücklich darauf aufmerksam, dass ich Erfolge sehen will. Diese Massnahme ist von mir widerruflich und erfolgt im Einvernehmen mit dem Reichsführer-SS. In Vertretung: ges. Krüger«.

Krüger hielt eine Fotokopie des Dokumentes in der Hand. Niemals wurden in seiner Abteilung bis zum 20. Juli 1942 über 1524 Schriftstücke gefertigt, wie dort in dem Dokument angegeben worden ist. Auch seien Anforderungen nach Häftlingen mit bestimmten Fertigkeiten nicht von seiner Abteilung aus abgeschickt worden, sondern stets vom Wirtschaftsreferat. Krüger, selbst Meisterfälscher besonderer Klasse und exzellenter Handwerker dieses Faches, zeigte auf den Stempel und wies auf die dürftige und unglaublich schlechte Qualität hin. In seinem unnachahmlichen sächsischen Dialekt bemerkte er nur kurz: »Das is' 'ne ganz miese Gartoffelfälschung« und zeigte auf den verschwommenen Pleitegeier des Stempels, der sich in der Tat nicht gerade brillant abgebildet hatte. Im Stillen musste ich lachen.

Wer immer der Urheber war und was immer er mit der Fälschung bezweckte, er musste damit rechnen, dass das Dokument dem Meisterfälscher Krüger persönlich zur Vorlage gebracht würde, denn er sollte kompromittiert und das Corpus Delicti dieser Angelegenheit werden. Ein bisschen mehr handwerklichen Einsatz hätte man erwarten können, denn so leicht ließ sich der Oberkönner aller Geld-, Pass-, Dokumenten- und Stempelfälschungen des Reichssicherheitshauptamtes nicht hinters Licht führen. Wie konnte der Urheber nur so leichtsinnig, so dumm sein?! Auch ein Gutachten der Polizeitechnischen Untersuchungsstelle in Berlin konnte später aufgrund der schlechten Qualität der Fotokopie keine wesentlichen Aussagen zur Echtheit des Schreibens machen.

Reichssicherheitshauptamt
A VI-F Nr. 1524/42 Kr./L

Berlin, den 20. Juli 1942

streng vertraulich !

An die
Geheime Staatspolizei
Staatspolizeistelle Litzmannstadt

Litzmannstadt
Gardestr. 3 - 7

z. Hd. Kommissar Fuchs

Betrifft: Meldung bestimmter Ghettobewohner
-Laut heutigen fernmündlichen Gespräch -

Wie Ihnen der Unterzeichner bereits telefonisch erklärte, ist mit einer Angabe und zwar der Jude Chaim Krause, 28.12.14, Ghetto Litzmannstadt, wäre der einzige nach Ihrer Meinung - nicht ausreichend.
Ich mache Sie ausdrücklich darauf aufmerksam, dass ich Erfolge sehen will.
Diese Massnahme ist von mir widerruflich und erfolgt im Einvernehmen mit dem Reichsführer-SS.

In Vertretung:
gez. Krüger

Beglaubigt:

D II

Kanzleiangestellte.

Krüger sollte vor dem Kammergericht in Berlin zu dem Dokument erneut Stellung nehmen. Er hatte es eigentlich bereits 1984 vor dem Amtsgericht in Hamburg getan und erklärt, dass er einen Chaim Krause nicht kenne bzw. sich zumindest an ihn nicht erinnere. Auch könne er sich nicht an das in Fotokopie vorgelegte Schreiben vom 20. Juli 1942 erinnern. Alle Umstände sprächen dagegen, dass er das Schreiben unterschrieben und abgeschickt habe. Zur Echtheit des Schreibens könne er auch nichts sagen und wolle nicht bezweifeln, dass es echt sein könne. Nicht ausgeschlossen – wenn auch sehr unwahrscheinlich – sei es dagegen, dass jemand innerhalb seiner Arbeitsgruppe das Dokument in oder unter seinem Namen oder unter dem Decknamen Krüger verfasst habe.

Acht Tage nach Krügers erster Anhörung kam Norbert S., ein Zeuge von Chaim Krause, nach Hamburg. Er rief Krüger unverhofft an. Da er gerade in Hamburg zu tun habe, bat er um ein Treffen in der »Schifferbörse« am Hauptbahnhof. Krüger sagte zu. Kurz vor der Verabschiedung unterbreitete Norbert S. ein vorbereitetes Schreiben, das auf eine Bestätigung der Echtheit der Fotokopie abzielte. Krüger lehnte ab, erklärte sich jedoch bereit, den Hinweis, dass sowjetische Truppen bei Kriegsende die Fotokopie aufgefunden haben könnten, anzuerkennen. »Das war mein Fehler«, schrieb mir Krüger.

Anmerkung

Die erste Zeugen-Einvernahme ging am 6.9.84 vonstatten. Am 14.9.84 kam Schönfeld nach Hamburg, und rief mich an, ob er mit mir zusammenkommen könnte, er habe ich Hamburg zu tun. Laut meiner Tagebuch-Eintragung erfolgte die Zusammenkunft im Hauptbahnhof, die sich in der Schiffer- ~~börse~~ börse ab 11,3o bis gegen 17 Uhr ausgedehnt hat. Kurz vor dem Auseinandergehen unterbreitete mir Sch. ein von ihm vorbereitetes Schreiben, welches auf die Wahrung des Echtheitsbegriffes der Fotokopie abzielte. Ich lehnte das Ansinnen ab, ~~erklä~~ erklärte mich jedoch bereit den Hinweis, " sowjetische Truppen " könnten bei Kriegsende die Fotokopie aufgefunden haben, anzuerkennen.

Das war mein Fehler !

Das Schreiben sei sicherlich von den sowjetischen Truppen bei Kriegsende in einer Dienststelle des RSHA in Berlin oder in Oranienburg gefunden worden, das ein Mitarbeiter der vorgesetzten Abteilung während kurzfristiger Tätigkeit von ihm im Ausland abgesendet haben könnte. Die Echtheit des Dokumentes geriet mehr und mehr in den Mittelpunkt.

Krüger war misstrauisch geworden. Es entsprach ganz den Gepflogenheiten eines misstrauischen Nachrichtendienstlers, dass Krüger klare deutliche Aussagen vermied. Mir gegenüber hatte er in aller Deutlichkeit von einer »Gartoffelfälschung« gesprochen. Ich riet Krüger, wegen seines Gesundheitszustandes nicht nach Berlin zu fahren und seine Zeugenaussage in Hamburg zu machen. So geschah es dann auch. Als Zeuge war wieder dieser Norbert S. erschienen.

Norbert S. gehörte einer »Akademie für die Wissenschaft des Judentums e.V.« an. Er wies dem Gericht Kopien von Briefen des SS-Wirtschaftsverwaltungshauptamtes in Oranienburg vor, in denen am 20. Juli 1942 an alle Lagerkommandanten Briefe mit Anforderungen von Häftlingen mit speziellen beruflichen Fähigkeiten verschickt worden waren. Ein Faksimile dieses Schreibens war in Maders Buch »Der Banditenschatz« abgebildet. Das Krüger-Dokument hätte also von dort aus verschickt werden müssen. Es war eine Fälschung, und das nachgeahmte stelzige und noch dazu falsche Beamtendeutsch mit gleichem Absendedatum machte keinen Sinn. Ich riet Krüger, von allen weiteren Kontakten mit diesem Norbert S. Abstand zu nehmen. Er und seine »Akademie für die Wissenschaft des Judentums e.V.« kamen mir zwielichtig vor, irgendetwas war daran faul. So ganz wohl fühlte ich mich bei dieser Sache nicht.

Krüger wiederholte seine früheren Aussagen vor dem Amtsgericht Hamburg-Harburg, das den Vorgang am 7. März 1986 abschloss und nach Berlin zurückschickte. Krüger wusste zu diesem Zeitpunkt lediglich, dass es sich um einen Rechtsstreit Land Berlin gegen Chaim Krause handelte, mehr nicht. Es interessierte ihn auch nicht weiter. Unter Geschäftsnummer 643 AR 1/86 verschwand der Vorgang wieder im Aktenkeller des Amtsgerichtes im Nirwana ungelesener Akten. Was sollte mit diesem gefälschten Dokument bewiesen werden? Was steckte dahinter? Ich rief im Amtsgericht Hamburg-Harburg an und bat um Auskunft: »Sie haben Glück. Die Akte zum GZ 643/AR 1/86 existiert zufällig noch. Sie müssen sich jetzt an das Kammergericht Berlin wenden und dort nach dem Aktenzeichen 19 U 3545/80 fragen.« Ich lernte, dass U ein Registrierzeichen war und etwas mit Berufung in Zivilsachen zu tun hatte. Jetzt konnte ich der Spur mit Sicherheit leicht folgen.

Bereits zwei Tage später hielt ich vom Kammergericht Berlin die Akte Chaim Krause in der Hand: Kläger war Chaim Krause und das Land Berlin der Beklagte. Noch ahnte ich nicht, dass die Akte CK, wie ich sie privat nannte, weite Kreise ziehen würde und meine ohnehin schon knappe Freizeit noch mehr einschränken würde.

Die Akte CK entpuppte sich als ein delikater Entschädigungsrechtsstreit, der von der deutschen Justiz in der Nachkriegszeit zunächst sehr großzügig behandelt wurde. Chaim Krause wurde durch die besonderen Beweisschwierigkeiten und das Fehlen von Angaben in Folge der nationalsozialistischen Verfolgung Glauben geschenkt. Der polnische Staatsbürger Chaim Krause wurde – so das Entschädigungsamt Berlin – wegen langjähriger Ghettohaft in Lodz und wegen erlittener Gesundheitsschäden rückwirkend zum 1. Februar 1945 eine sechsstellige Entschädigungssumme ausgezahlt. Krause hatte im Januar 1944 angeblich auf einem Fluchtversuch schwere Schussverletzungen durch deutsche Wachmannschaften erlitten, die zur Amputation des rechten Beines führten.

1978 machte jedoch das Entschädigungsamt Berlin eine fatale Entdeckung: Nach den erst nachträglich bekannt gewordenen Unterlagen des Internationalen Suchdienstes des Roten Kreuzes war jener Chaim Krause keineswegs in Ghettohaft. Von 1939–1944 diente er zunächst in der polnischen und dann in der russischen Armee, und die Beinamputation erfolgte nach Schussverletzungen 1944 an der Front, wo Krause bei der Roten Armee diente. Die Berliner

Behörde hat 1978 frühere Bescheide widerrufen und Entschädigungsansprüche wegen Freiheits- und Gesundheitsschäden entzogen und wegen vorsätzlicher Täuschung frühere Zahlungen zurückgefordert. Krause legte Berufung ein, und das Landgericht Berlin gab ihm recht, obwohl ein Zeuge Ku wegen Betruges in einem eigenen Entschädigungsverfahren zu sechs Monaten Gefängnis verurteilt und seine Aussage daher mit Vorsicht aufzunehmen war. Ein anderer hielt seine frühere Behauptung nicht aufrecht, mit Chaim Krause bis 1944 im Ghetto Lodz gewesen zu sein. Der dritte Zeuge, Norbert S., behauptete sogar, dass er Krause nie gesehen habe. Hier tauchte das Krüger-Dokument zum ersten Mal auf und jetzt begriff ich auch seinen Zweck. Es sollte belegen, dass sich Chaim Krause zu angegebener Zeit in Ghettohaft befand. Die Entscheidung des Berliner Landgerichtes war wegen der Widersprüchlichkeit und Glaubwürdigkeit der Zeugen schwer verständlich.

Jetzt war es an der Zeit, alle Karten auf den Tisch zu legen, und der Berliner Senat hatte eine Reihe neuer Belege, das Urteil des Landgerichtes anzufechten und die Klage Chaim Krause endgültig abzuweisen. Wichtigste Belege waren von Krause selbst unterschriebene Fragebögen aus den Jahren 1947 und 1948. Darin bestätigte er, dass er von 1941 bis 1944 bei der Roten Armee diente und in den Jahren 1941, 1942 und 1944 an der Front verwundet wurde. Bauchverletzungen bei diesen Verwundungen erklärte er später mit zurückgebliebenen Narben von einer früheren Spritze in einem Flüchtlingslager, mit einem Bauchschuss bzw. Verletzungen bei einer Messerstecherei im Lager. Krause wusste damals bereits, dass er bei falschen Aussagen in den Protokollen seine Anerkennung als Displaced Person verlieren würde, die Grundlage für internationale Hilfeleistungen war. Außerdem gab es für Krause damals keinen Grund, in einem Fragebogen der »Jewish Agency for Palestine« seine Haft im Ghetto und seine Beinamputation nach einem Fluchtversuch aus dem Ghetto zu verheimlichen. Im Gegenteil, der Fragebogen hätte Krauses Einwanderungsaussichten nach Palästina wesentlich verbessert. Aber nein, er gab seine Zugehörigkeit zur Roten Armee zu Protokoll – und log damit nicht.

Erst als die Entschädigungsgesetzgebung der Bundesrepublik in Kraft trat, suchte Krause in betrügerischer Absicht nach Belegen für seine Ghettohaft. Das Krüger-Dokument war dabei von ausschlaggebender Bedeutung, und man fragt sich heute, wie es in die Welt gesetzt worden ist. Seine Beweiskraft und Echtheit wurde eigentlich von Anfang an bezweifelt, und Krüger tat es sowieso verächtlich als unprofessionelles Machwerk ab.

Chaim Krause verwickelte sich mehr und mehr in widersprüchliche Angaben. Er konnte weder eine Geburtsurkunde noch den zur Einreise in Deutschland benutzten Evakuierungspass des polnischen Konsulates vorweisen. Das Maß war voll, als er bei seiner Eheschließung 1956 in Deutschland den Vor- und Geburtsnamen seiner Mutter anders als 1949 in seiner Ausländerakte angab. Krause konnte keine Personenstandsurkunde aus früherer Zeit beschaffen und war auch in den Unterlagen des Roten Kreuzes mit keinerlei Angaben über KZ-Aufenthalte oder Ghettohaft verzeichnet. Das Kammergericht konnte nicht ausschließen, dass Chaim Krause in die Rolle einer anderen beinamputierten Person geschlüpft war, also die Identität einer anderen Person angenommen hatte. Ein kriminelles Täuschungsmanöver lag vor. Offenbar wurde die Identität eines zu Tode gekommenen jüdischen Häftlings benutzt, um das Land Berlin in einem Entschädigungsverfahren zur Kasse zu bitten. Das Kammergericht Berlin entzog aufgrund der Schwere der vorsätzlichen Täuschung sämtliche Ansprüche des Klägers und forderte alle Zahlungen zurück. Eine Revision des Urteils, das am 5. Januar 1987 ausgesprochen wurde, ließ das Kammergericht nicht zu.

Ein Satz im Urteil machte mich stutzig. Dort stand: »Schließlich weist der Beklagte auf die ungewöhnliche Rolle des Herrn Norbert S. zugunsten des Klägers hin, die Zweifel an seiner Objektivität als Zeuge aufkommen lassen«. Norbert S. und die »Akademie für die Wissenschaft des Judentums e.V« waren also offensichtlich in solche sinistren Geschichten mit kriminellem Hintergrund verwickelt. Ich musste an meine Zeit als Gastprofessor der Hebräischen Universität in Jerusalem denken, an meine früheren Kollegen, an jene intelligenten offenen Akademiker, mit denen es eine Freude war, zu diskutieren und Ideen und Gedanken auszutauschen. Nein, diese Akademie für die Wissenschaft des Judentums konnte unmöglich eine von der jüdischen Wissenschaft akzeptierte Akademie sein. Etwas anderes – und ich fürchtete von Anfang an etwas Krummes – musste dahinterstecken.

Dann erhielt Bernhard Krüger unerwartet Post – von Norbert S. von der »Akademie für die Wissenschaft des Judentums«. Der etwas verworrene Schreibstil von Norbert S. fiel Krüger auf, der ihn an die Diktion des gefälschten Dokumentes erinnerte. Er bat um meine Meinung. Es war – so gebe ich zu – eine suggestive Unterstellung, aber ich kam nicht umhin, doch gewisse stilistische Ähnlichkeiten zwischen beiden Schriftstücken zu finden. War das gefälschte Krüger-Dokument vielleicht doch sehr rezenten Ursprungs? Ein eindeutiger Nachweis wird sich nicht führen lassen, denn das Original tauchte nirgendwo auf, und die unbeglaubigte Fotokopie wurde vom Kammergericht nicht als Beweis anerkannt. Die Urheber werden schon gewusst haben, weshalb sie das Original lieber nicht auf den »Nachrichtenmarkt« geworfen haben.

Krüger teilte mir außerdem mit, dass er nach Abschluss der letzten Vernehmung im Amtsgericht Hamburg-Harburg von Norbert S. im Beisein des Anwaltes von Krause, des Richters und einer Kanzleiangestellten einen Fragebogen und Arbeitsanweisung von einem Marco Serafini, einem Fernsehregisseur, für einen Actionfilm »Operation Falschgeld« erhalten habe. Der Fragebogen war eigentlich zunächst an Norbert S. gerichtet. Ich rief Marco Serafini in München an und erfuhr, dass dieser Actionfilm von der Akademie in Auftrag gegeben worden war. Ich solle den Entwurf nicht ernst nehmen, da er – seiner Meinung nach – sowieso nicht realisiert würde. Die Arbeitsanweisung enthielt Fragen, die nicht für die Ohren Krügers bestimmt waren, etwa: »Versuchen Sie (Anm. Norbert S) alles Private aus ihm herauszukitzeln«, »War er selbst jemals im Salon Kitty (siehe S. 58)?« »Vor allem interessieren mich seine Beziehungen zu Frauen von 38–46«, »Und fragen Sie ihn, ob er kurz (für eine Szene) in dem Actionfilm (!) aufzutreten bereit ist«.

Weshalb Norbert S. im Beisein von anderen diesen Fragebogen unkommentiert an Krüger übergab, ist unverständlich. Krüger war entsetzt und brach nach eigenen Angaben die Kontakte zu dieser ominösen Akademie sofort ab.

Ich ging der Sache nach und schrieb dem Zentralrat der Juden in Berlin, ob die Akademie dort bekannt sei. Da es ein eingetragener Verein war, so wurde ich angewiesen, sollte ich mich an das Vereinsregister in Berlin-Charlottenburg wenden. Hier erfuhr ich, dass die Akademie am 6. Januar 1978 unter der Nummer 95 VR 5579 am Asternplatz 3 registriert wurde. Erster Vorsitzender sei ein Frank L., zweiter Vorsitzender Norbert S. und Jose A. als Schatzmeister.

An einem kühlen regnerischen Maitag machte ich mich in Berlin auf Suche nach dem Asternplatz 3 und fuhr mit einem Mietauto durch die sattgrünen Alleen in Dahlem. Hier hatte ich früher studiert und genoss die Fahrt durch die Luisenstraße entlang des Zoologischen Institutes, das heute noch genauso aussah wie damals vor 40 Jahren. Nichts schien sich wesentlich verändert zu haben. In der Verlängerung der Schlossallee bog ich in die alleenartige »Unter den Eichen« ein und ließ mich durch den morgendlichen Verkehr entspannt dahintreiben. Unverhofft und schnell war ich am Asternplatz und stand bald vor dem unscheinbaren mehrstöckigen Haus mit der Nummer 3. Ein Namensschild Akademie fand ich erwartungsgemäß nicht, auch die Namen ihrer Gründer fehlten. Eine Apotheke befand sich im Parterre des Nachbarhauses. Über 30 Jahre lebte ihr Besitzer schon in diesem Haus und hatte weder von einer »Akademie für die Wissenschaft des Judentums« noch von den drei Namen, die ich ihm nannte, jemals etwas gehört. Nein, mehr wisse er nicht. Ich hatte mit dieser Aussage gerechnet und verabschiedete mich bald.

Jahrelang hat jemand seine Geschäftsadresse in einem Berliner mehrstöckigen Etagenhaus, ohne dass die Hausbewohner den Etagenmieter kennen. Mit seinen vielen Etagen war es groß genug, dass man unerkannt für Jahre hier residieren konnte. Drei leere Klingelschilder belegten zudem, dass auch ein gewisser Durchsatz an Vermietungen auch über einen längeren Zeitraum eine gewisse Anonymität garantierte. Ein Blick zurück auf das nicht auffällige Haus verriet mir, wie Deckadressen und Briefkastenfirmen auszusehen haben.

Diplom-Historiker Hans Biereigel teilte mir später mit, dass er als Leiter der Gedenkstätte Sachsenhausen eine Anfrage von Norbert S. mit der Adresse der Akademie, Asternplatz 3, erhalten habe. Es ging um Unterlagen zur Pogromnacht im November 1938. Er wurde aufgefordert, sein Antwortschreiben nicht an die Adresse Asternplatz, sondern unbedingt nur an das Postfach 311406 zu richten. Das war ungewöhnlich. Offenbar fürchtete jemand die Kontrolle der eingehenden Post. Was war also die »Akademie« für ein Verein?

Regisseur Marco Serafini hatte in seinem Fragebogen auch Adolf Burger erwähnt, einen Häftling aus Krügers Baracke 18 und 19 im KZ Sachsenhausen. Burger wurde 2006 einer der Hauptpersonen in dem Kinofilm »Die Fälscher«. Da er in Serafinis Fragebogen auftauchte, wollte ich von ihm die Rolle der »Akademie« erfahren, die mit ihm in Kontakt getreten sein musste. »Das ist ein großer Schwindel«, war Burgers spontane Antwort.

Eigentlich hatte ich genug gelernt und wusste, dass weitere Recherchen eine Eigendynamik gewinnen und zu Endlosstudien führen. Die Akte CK war eine unerfreuliche Erfahrung – und für mich jetzt endgültig erledigt. Nicht ganz. Bei der Birthlerbehörde in Berlin stellte ich abschließend einen Antrag über die Person Norbert S., die selbst dem Berliner Kammergericht undurchsichtig erschien. Im November 1986 wurde er vom Staatssicherheitsdienst der DDR von der Hauptabteilung zur Aufklärung von Nazi- und Kriegsverbrechen in einer streng geheimen Untersuchung durchleuchtet. In einer geheimen Akte des Staatssicherheitsdienstes fand ich die Wahrheit über Norbert S. Er hat viele Jahre seines Lebens wegen schweren Diebstahls, Unterschlagung und Betrug im Gefängnis gesessen. Er war ein Schwerverbrecher, von dem selbst der Staatssicherheitsdienst Abstand nahm und seine Akte an die Hauptabteilung XII unter der Registriernummer 978913 ablegte.

Die »Akademie für die Wissenschaft des Judentums e.V.« war eine kriminelle Organisation, die offenbar die geschichtsbelastete Zurückhaltung deutscher Behörden gegenüber jüdischen Angelegenheiten ausnutzte und sich mit ihrem Namen tarnte. Die Akte CK belegte, dass die Identität von KZ-Häftlingen und Verfolgten in betrügerischer Absicht missbraucht wurde. Offenbar wurden Identitäten umgekommener KZ-Häftlinge benutzt und lebenden Personen mit der Absicht übertragen, um die Bundesrepublik Deutschland als damaligen Rechtsnachfolger des Deutschen Reiches zu großen Entschädigungszahlungen zu zwingen. Zeuge Ku im Rechtsstreit von Chaim Krause hatte – wie ich vorn schon schrieb – wegen eines ähnlichen Falls sechs Monate im Gefängnis gesessen. Die Akte CK war also keineswegs ein Einzelfall.

Von der deutschen Justiz fand ich es angemessen, dass sie früher großzügig im Nachweis von meist schwer zu erbringenden Belegen nationalsozialistischer Untaten verfuhr. Doch jetzt, mit dem Zugang zu neuen Archiven und schnellem Informationsfluss, sollte jeder kriminelle Missbrauch härter bestraft werden – auch den Toten, den Opfern würde dadurch mehr Gerechtigkeit widerfahren.

Als ich mich im Juni 2007 noch einmal beim Vereinsregister in Berlin-Charlottenburg meldete und nach der »Akademie für die Wissenschaft des Judentums e. V.« erkundigte, war die Verwaltungsbeamtin bass erstaunt, dass der Verein nicht mehr im Register geführt wurde, obwohl er niemals gelöscht worden war …

Die Marineversuchsstation und ihre Forscher

Als ich 1982 unseren Gipfelsturm nach unten in die tiefsten Seen der Alpen vorbereitete, besuchte ich vorher alle Seen, um dort Orte ausfindig zu machen, wo ich das Tauchboot am leichtesten zu Wasser lassen könnte. Gerhard Zauner, der Tauchzar der Sporttaucher im Salzkammergut, chauffierte mich zu den wichtigsten tiefen Seen. Er kannte sie alle.

Am Toplitzsee gefiel mir besonders das Ambiente der Fischerhütte, nicht gefielen mir dagegen die ausgestellten Kriegsgeräte, die der Wirt Albrecht Syen aus dem Wasser gefischt hatte. Zweifellos würde es dort unten noch mehr davon geben. Für Bomben, Minen, Munition und Waffen hatte ich noch nie etwas übrig, außerdem fragte ich mich, ob davon Gefahr für unser Tauchboot ausgehen könnte. An den Wänden der Jausenstation hingen historische Bilder von gewaltigen Wasserfontänen, die bei Sprengungen entstanden, und von hohen Offizieren der deutschen Marine, die riesige Fässer begutachteten, deren Inhalt nichts Gutes verhieß. Ich erfuhr von einer geheimen Marineversuchsstation, die hier während des Krieges kriegstechnische Experimente gemacht haben soll.

In diesen Tagen bekam ich das Buch »Der Banditenschatz« von dem Stasimajor Julius Mader in die Hände, der getarnt als Publizist in den westdeutschen Landen frei umherlief. Mader trug heftig auf. Er mochte den Westen nicht, und man merkte bei seiner Beschreibung des Toplitzsees, dass er zu großen Übertreibungen neigte: »In dieser abgelegenen Wunderwaffenschmiede wurde im Wesentlichen an vier Projekten gearbeitet. Es wurden spezielle Artilleriegeschosse für den Beschuss betonierter und festungsmäßig ausgebauter Ziele, lenkbare beziehungsweise selbstständig zielsuchende Torpedos, doppeltorpedo- und raketenbestückte Kleinst-U-Boote verschiedener Typen und Raketen für Unterwasserstarts von U-Booten aus entwickelt.« Dabei irrte er. Waffen wurden am Toplitzsee nie hergestellt! Beim Lesen dieses Buches wundert man sich, woher dieser Julius Mader seine Weisheiten bezog. Der Toplitzsee ist von seinen Dimensionen her betrachtet viel zu klein, um als Testgebiet für Torpedos zu dienen. Hier einige seiner erfundenen Geschichten: »Unter der schwarz scheinenden Oberfläche des Toplitzsees ließen die unermüdlichen Marinetechniker Versuchstorpedos gegen die Felsen des Toten Gebirges donnern. Hier entstand das ›T 5‹-Torpedo, genannt ›Zaunkönig‹, das, mit einer Magnetostriktionsschwinger-Schallempfangsanlage ausgerüstet, seine Schiffsziele nach den Schraubenschallwellen selbst suchte und ansteuerte. Auch die meisten anderen Torpedos der sogenannten Vogelserie kamen aus dem Marinehorst am Toten Gebirge – so die vom Typ ›Zaunkönig‹ 2 und 3, ›Lerche‹ 2, ›Geier‹ 1, 2 und 3, ›Fasan‹ und ›Pfau‹. Immer raffiniertere Torpedoentwicklungen für den menschenverschleißenden Seekrieg mussten vor ihren Einsätzen erst einen Probekurs gegen die Steilwände des Toten Gebirges absolvieren.«

Obwohl ich zu diesem Zeitpunkt noch keinen Blick in die große Tiefe des Toplitzsees getan hatte, erschienen mir Maders Beschreibungen als ziemlich märchenhaft, waren sie doch zu unrealistisch. Die Enge der Anfahrtswege und die schlammige flache Zone an seinem westlichen Ende, dem einzigen Zugang zum See, erschweren das Hantieren mit großen schweren Lasten, die zu Wasser gelassen werden müssten. Erhebliche landschaftliche Veränderungen wären nötig gewesen, um hier die Infrastruktur für solche hochtrabenden Versuche mit schweren Gerätschaften auszuführen.

Julius Mader hatte den Toplitzsee selbst besucht. Er konnte also selbst feststellen, dass sich an der Schönheit und Unberührtheit der Landschaft seit der Liebesaffäre von Erzherzog Johann 1819 mit Anna Plochl kaum was geändert hatte. Mit schwerstem Gerät hat die Marine dort also offenbar nicht hantiert.

Ich sah mich vor den gleichen Gewichtsproblemen. Voll beladen wog unser Tauchboot *Geo* fast drei Tonnen. Bei einem Tiefgang von anderthalb Metern konnte es erst 10 bis 15 m vom Ufer entfernt zu Wasser gelassen werden. Wir benötigten also professionelles schweres Gerät, und ich fragte mich, ob ein mobiler Schwerkran den schmalen Waldweg zum See meistern konnte.

Bevor ich mich jedoch in dieses Abenteuer stürzen konnte, eruierte ich die möglichen Gefahren für unser Tauchboot durch Sprengmaterialien, die seit Kriegsende im See lagen und absichtlich versenkt wurden. Vom Fischerwirt erfuhr ich, dass die Marineleute Dr. Determann, der letzte Dienststellenleiter der Station, sowie der Physiker Dr. Keller und der Marinetechniker Max Roelk noch lebten. Sie waren die besten Zeugen dafür, was im See in den letzten beiden Kriegsjahren versenkt worden war. Im Winter machte ich mich auf den Weg in den Norden: Dr. Determann lebte in Hamburg, Dr. Keller und Max Roelk in Kiel. Sie klärten mich auf, dass sie am Ende des Krieges viele ihrer Instrumente und Zündvorrichtungen, aber auch Treibsätze von Unterwasserraketen im See versenkten. Von ihnen ginge heute keine Gefahr aus, da sie selbst bei harter Berührung, etwa einem Aufprall durch das Tauchboot, kaum entzündbar waren. Das beruhigte mich sehr.

Die drei waren sehr unterschiedliche Charaktere. Dr. Determann lebte im halbnoblen Hamburger Vorort Groß-Flottbeck. Er schien ein introvertierter Mensch zu sein, zurückhaltend und doch hilfreich. Er hatte Schwierigkeiten, sich an Einzelheiten zu erinnern. Sein Pendant Dr. Keller war da ganz anders. Ein mittelgroßer Mann mit schmalem Gesicht und einer wohl akzentuierten Stimme. Er war nicht nur ein brillanter Erzähler, er wusste noch genau Bescheid und konnte sich an außergewöhnliche Einzelheiten erinnern. Wir haben später viel korrespondiert und uns mehrere Male in Kiel oder in Bayern getroffen. Immer wieder war es für mich ein Genuss, seinen Erzählungen, Gedanken, Hobbys und Lebenseinsichten zu folgen.

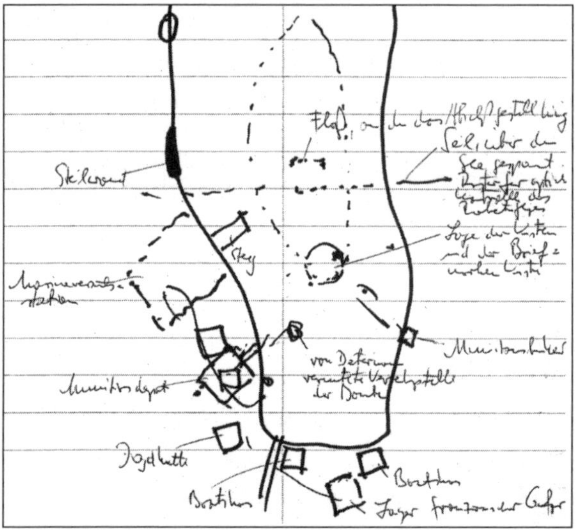

Skizze von Dr. Determann vom Standort der Anlagen der Marinestation

Roelk lebte am Ostufer Kiels am Ende der Straßenbahnlinie 4 in der Nähe der Werften in der heilen Abgeschiedenheit seines lieblichen Gasthauses »Stadt Kiel«. Der Toplitzsee nahm einen besonders wichtigen Platz in seinem Leben ein. Alles hatte er sorgfältig aufbewahrt: die ersten Farbfotos, Zeitungsausschnitte, Versuchsprotokolle und selbst einen alten Projektor, von dem er stolz erzählte, dass er mit diesem schon Bilder am Toplitzsee vorgeführt habe. Trotz seines hohen Alters konnte er sich an viele Einzelheiten sehr detailliert erinnern. Alles hatte Roelk aufgeschrieben. Seine Fotos klebten auf normalem Schreibpapier, und jedes wurde genau erklärt. Draußen vor seinem Gasthaus floss ein vereister Bach. Eine Brücke war da. Schnee lag und Roelk erklärte mir, hier säßen im Sommer bis zu 180 Leute, Werftarbeiter waren seine Kundschaft. Ich verstand, dass es an lauschigen Sommerabenden in dieser engen Welt der Vorstadt schön war, dass sich die Leute hier wohlfühlten. Jetzt aber war es kalt und ungemütlich – und ich bedauerte etwas, mich von diesem sympathischen Mann schnell verabschieden zu müssen. Zum Abschied schenkte er mir eine kleine U-Bootbatterie, die er vom Toplitzsee mit nach Kiel genommen hatte, und gab mir einen Hinweis mit auf den

Weg: In Köln lebe noch der Leiter der Unterwasserraketenabteilung, Dr. Albert Lindberg, ein Physiker. So lernte ich den vierten Forscher der Versuchsanstalt kennen. Er war Vorgesetzter von Dr. Determann und ein Studienkollege von Dr. Keller.

Von diesen Marineleuten erfuhr ich, weshalb sie am Toplitzsee waren, an was für Projekten sie arbeiteten. Es wurde eine faszinierende Zeitreise, bei der ich Interessantes über die Forschung im Dritten Reich erfuhr, über den Zwang, schnelle waffentechnische Entwicklungen ohne vorherige große Erprobungen zu realisieren, aber auch über das Verhalten der Alliierten gegenüber deutschen Wissenschaftlern nach Kriegsende.

Die deutsche Marine hatte eine Reihe Versuchsanstalten, die schon lange vor dem Ersten Weltkrieg existierten. Unter der Aufsicht von Technikern und Wissenschaftlern wurde an der Effizienz von Waffensystemen gearbeitet. Berühmt wurden die Torpedoversuchsanstalt in Eckernförde (T.V.A.) und das Torpedolaboratorium, aus dem die Chemisch-Physikalische Versuchsanstalt (C.P.V.A.) hervorging, die ihren Sitz in Kiel-Dietrichsdorf hatte. Die Marineversuchsstation am Toplitzsee war eine Dienststelle der Chemisch-Physikalischen Versuchsanstalt. Warum sie mit einem Teil ihrer Versuche gerade in die Alpen zog, hat mir ihr erster Dienststellenleiter Dr. Keller bei unserem ersten Zusammentreffen sehr detailliert und humoristisch erzählt und später in seinem handschriftlichen Manuskript »Geschichte vom Toplitzsee« übergeben.

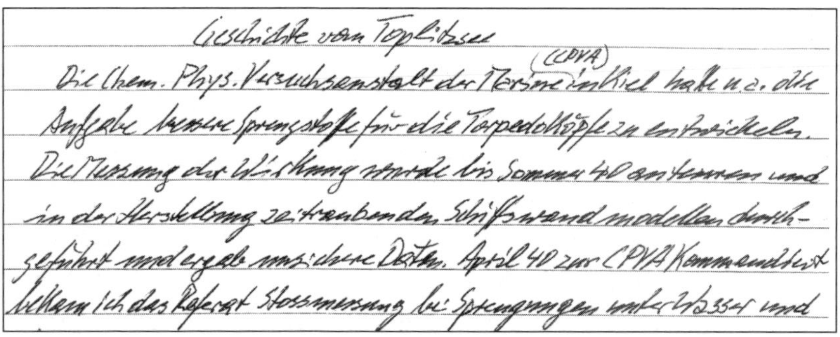
Geschichte vom Toplitzsee
Die Chem. Phys. Versuchsanstalt der Marine in Kiel (CPVA) hatte u.a. die
Aufgabe neuer Sprengstoffe für die Torpedoköpfe zu entwickeln.
Die Messung der Wirkung wurde bis Sommer 40 an teuren und
in der Herstellung zeitraubenden Schiffswandmodellen durch-
geführt und ergab unsichere Daten. April 40 zur CPVA kommandiert
bekam ich das Referat Stossmessung bei Sprengungen unter Wasser und

Dr. Keller war Physiker und hatte die Aufgabe, die Stärke von Unterwassersprengungen quantitativ exakt zu bestimmen. Er beschäftigte sich zusammen mit seinem Kollegen Dr. Keil mit dem Verhalten von Gasblasen bei einer Unterwasserexplosion, wenn die Sprenggase blitzschnell auseinandertreiben und mit Schwung das Wasser vor sich herschieben. Dabei entsteht im Inneren der Blase ein Vakuum, das schließlich mit einem Knall in sich zusammenfällt. Im Mittelpunkt der Blase wird es extrem heiß. Das passierte, so Dr. Keller, bei jeder Explosion drei Mal, und dann ist Schluss. Und die Zeit, die zwischen diesen Knallen abläuft, ist in der dritten Potenz exakt die Energie, die freigesetzt wurde. Das alles versuchte er, auf einem kleinen Stück Millimeterpapier begreifbar zu machen, und entwickelte dafür auch eine Formel, die er mir im Einzelnen erklärte. Ich war fasziniert. Nicht ohne Stolz fügte er hinzu, dass er für diese Forschungen zusammen mit dem Theoretiker Dr. Keil den Todt-Preis erhielt. Dieser Preis ging auf Dr. Fritz Todt, Reichsminister für Bewaffnung und Munition und Generalmajor der Luftwaffe zurück, der mit einem Flugzeug ganz in der Nähe des Führerhauptquartiers an der »Wolfsschanze« bei Rastenburg abgestürzt war.

Das Verhalten und das Schicksal der Gasblase war in der Tat ein pures Stück Grundlagenforschung, doch es wurde angetrieben durch die Kriegsbedingungen. Aus der Grundlagenforschung wurde anwendungsorientierte Kriegsforschung. Dr. Keller sollte jetzt im Anwendungsfall nachweisen, dass seine Formel stimme. Dazu musste er Sprengversuche mit Ladungen unterschiedlicher Größe durchführen.

Der Nachteil dieser Versuche war, dass ziemlich viele Fische bei den Explosionen draufgingen. Dr. Keller und seine Mitarbeiter hatten dabei einen ziemlichen Verschleiß an Süßwasserseen, wo sie ihre Versuche machten. Sie begannen am Ugleisee in der Nähe von Plön, dann am Tolensesee in Brandenburg, wo sie sich den Zorn der lokalen Fischerei zuzogen. Ein Beamter des Reichsernährungsministeriums musste dabei den Schaden feststellen. Weiter ging es dann zum Pulvermaar in der Eifel, aber auch da schwammen bald tote Fische auf der Wasseroberfläche. »Dort konnten wir uns auch nicht mehr blicken lassen«, schreibt Dr. Keller. Ähnliches ereignete sich am Attersee, wo meterlange Hechte unter dem Staudruck der Explosionen im eisigen Winter 1942 ihr Leben lassen mussten. Die Marineleute verschacherten die Beute an die lokalen Geschäfte. Wahrscheinlich haben die Fischer an ganz oberer Stelle Alarm geschlagen, besonders weil die Marineleute die Fische auch selbst verwerteten und an die Bauern gegen Butter eingetauscht hatten. Eine Vorladung nach Linz erfolgte.

Dr. Keller beschreibt dieses Ereignis: »Ich solle mich morgen mit meinem Kollegen Dr. Schauer in Linz/Donau bei Gauleiter Eigruber melden. Dort in einem leeren grauen Prachtsaal standen wir zu dritt an der einen Längsseite, an der anderen die Fischgewaltigen und an der Stirnseite breitbeinig der Gauleiter, ein ehemaliger Schlosser, Mann von beachtlichem Format und Macht. Nachdem er sich einige Zeit das Geplänkel angehört hatte, wurde er ungeduldig: Also was is nacha, wiavü Fihsch san hi? Die Fischer meinten 20 %. Dann fiel sein Entscheid: Oiso, de Marine machts ihre Arbeit fertig und kummt nimmer zum Attersee und ihr (zu den Fischern gewandt) sagts, wo die Marine in Zukunft sprengen soll. Kurze Beratung, dann fiel das Wort Toplitzsee.«

Gauleiter Eigruber wurde im März 1946 vom internationalen Militärgerichtshof in Nürnberg wegen Verbrechens im KZ Mauthausen in Landsberg zum Tode durch den Strang verurteilt.

So kam die Dienststelle der Chemisch-Physikalischen Versuchsanstalt der Marine an den Toplitzsee. Die Entscheidung der Fischer war weise, wussten sie doch, dass in dem fast sauerstofflosen See nur wenige Fische vorkommen.

Der Toplitzsee war für die Marine ideal geeignet, stiller und verlassener konnte man sich die Gegend kaum vorstellen. Zutritt zum See gab es nur im Nordwesten, die steilen Wände des Toten Gebirges schirmten den See ab. Im April 1943 wurde Dr. Keller Dienststellenleiter, und die ersten Arbeiten dienten dem Aufbau einer Infrastruktur. Ein Elektrokabel wurde verlegt, und zum ersten Mal hatte das Dorf Gößl Strom. Wege wurden verbreitert, Arbeitsbaracken gebaut, Stege und Flöße entstanden. Eine Serie großer Sprengladungen wurde in Troisdorf bestellt. In der Villa Roth, ein Jagdschloss am Ufer des Grundlsees, erbaut von den Brüdern Roth, einer reichen Großindustriellenfamilie, entstand das Hauptquartier der Marine. Die Seeleute aus Kiel wurden bei den Bauern untergebracht.

Im Herbst 1943 bekam die Marine plötzlich Konkurrenz vom Heer. Von einer Wiese hinter Gößl schossen die Soldaten mit einer Kanone lange und sehr dünne Geschosse auf die steile Gößler Felswand. Neuer Stahl sollte ausprobiert werden, aber Dr. Keller gab zu, dass es Stahl sehr schlechter Qualität war: »Die Geschosse prallten teilweise ab und wirbelten als verbogene Elephantenzähne über unseren Arbeitsplatz hinweg.«

Es waren Wuchtgeschosse mit geringem Luftwiderstand, großer Reichweite und hoher Geschwindigkeit, die in den Röchling Stahlwerken in Völklingen im Saargebiet hergestellt wurden. Sie sollten Betonwände knacken und in Fels gehauene Kasematten. Man wird an Alistair MacLeans Roman »Die Kanonen von Navarone« erinnert. Noch lange in den Nachkriegsjahren wunderten sich Waffenexperten über die krummen »Elephantenzähne«, die am Toplitzsee gefunden wurden.

Weihnachten 1943 – die Seeleute waren nach Kiel zu ihren Familien abgereist und nur Dr. Keller blieb in Gößl zurück – kam eine Nachricht vom Bahnhof in Bad Aussee, dass zwei Waggons mit Sprengstoff angekommen seien, und laut Führerbefehl sollte die Ladung in zwei Tagen gelöscht sein. Keller schrieb: »Ich fuhr mit dem Rad zum Bahnhof, öffnete eine Waggontür und bekam einen massiven Schreck. Da stand, genauso groß wie die Tür, ein Zylinder mit der Aufschrift 4000 kg Schiesswolle 18. Links und rechts daneben 3 und 2 Tonnen, und im anderen Waggon zahlreiche Ladungen aller Größen bis 100 kg herunter.«

Da es ein Führerbefehl war, eilte die Zeit. Eine Baufirma stellte Arbeiter, Winden und ein Feldbahngleis zur Verfügung. Aus der Ausseer Saline wurden Gefangene abgezogen, und selbst Urlaubssoldaten mussten mit anpacken. Aber das größte Problem war, dass nirgends ein Fahrzeug existierte, das die drei großen Ladungen transportieren konnte. Dann fand Dr. Keller ein stillgelegtes Fahrzeug in Bad Ischl, das fünf Tonnen transportieren konnte. Es war ein Fünf-Tonnen-Saurier, eine Kreuzung zwischen Dampfwalze und Kettenfahrzeug, berichtete er. Mit den letzten 70 Litern Benzin schafften sie die Ladungen einzeln nach Gößl. Heftiger Schneefall setzte ein und streckenweise mussten die Ladungen abgeworfen werden. Entlang des Grundlsees lagen die Sprengstoffladungen im Schnee verteilt. Dann kam ein Anruf vom Bahnhof, auch dort schauten noch drei Ladungen zu je 200 kg TNT aus dem Schnee, die schnellstens abgeholt werden müssten. Eine Ladeliste existierte zwar, doch wie sollte sie unter diesen Bedingungen kontrolliert werden?

Mit dem Beginn des Sommers wurden die großen Ladungen zum Sprengen vorbereitet. Mit dabei und extra aus Kiel angereist war Max Roelk: ein gelernter Elektromechaniker, der seit 1940 der Chemisch-Physikalischen Versuchsanstalt angehörte. Er sollte Wirkungsmessungen neu gemixter Sprengstoffe vornehmen, die man im Verhältnis zum herkömmlichen Dynamit (TNT) testete. Die chemische Abteilung der CPVA hatte einen Sprengstoff mit der 2,5 fachen Wirkung des TNT entwickelt. Roelk führte seine Messungen von einem Messfloß aus und platzierte Druckdosen in unterschiedlicher Entfernung zum Explosionsort. Die Frage war, ob eine doppelte Sprengstoffmenge auch eine doppelte Wirkung entfaltete. So experimentierten die Marineforscher mit Ladungen von 1 kg–4 Tonnen Gewicht und verfolgten die Wirkungen der Druckwellen.

Roelk war froh, am Toplitzsee zu sein. Da war Ruhe, nachts musste nicht einmal verdunkelt werden. Auch sei der Toplitzsee nicht abgesperrt worden, er wurde auch nicht großartig bewacht. Man hatte wirklich nicht das Gefühl, in einer »geheimen« Militäranlage zu sein.

Manchmal tauchten dort sogar Urlauber auf. »Das war ja ein ganz verlassener Ort, da unten«, nicht einmal der Amerikaner habe etwas davon gewusst, berichtete Roelk. Die mitgekommenen Seeleute aus Kiel warfen streichholzschachtelgroße Ladungen am Abfluss des Sees ins Wasser, und bis zu 50 Fische kamen dann hoch. Da die Seeleute alle räuchererfahrene Fischer aus Laboe waren, entstand mit den Bauern der Umgebung ein reger Tauschhandel: Räucherfisch gegen Schnaps.

Bei einer 3000 kg-TNT-Sprengung gelang Roelk ein besonderes Bild, das bei einem Zwischenfall mehr zufällig entstand. Dr. Schauer, der die Messungen durchführen sollte, sagte zu Roelk, dass er den einen Draht für die Auslösung der Sprengung ja schon reinstecken könne. »Er erwischte das stromführende Kabel – und rumms, ging die Ladung hoch.« Roelk hatte schnell ein Foto gemacht und sagte zu mir leise im Nebensatz: »3000 kg TNT umsonst verjubelt.«

Dr. Keller erkrankte an Hepatitis. »Als die erste Großsprengung losging, lag ich 6 km entfernt im Bett. Man hörte nichts, aber es bewegte sich. Also schleppte ich mich am nächsten Tag zum See. Der Gauleiter, ebenfalls neugierig, war auch wieder da und fragte mich, was ich gegen meine Krankheit mache. Ich sagte, ich dürfe nur Kohlehydrate essen, sonst nichts. Was das sei? fragte er. Nun, Zucker und Mehl. »I schick' eahne was«, antwortete Gruber. »Wochen später kam ein Kistchen Honig«, schreibt Dr. Keller.

Von dieser Begegnung mit Gauleiter Eigruber wurde zufällig ein Foto gemacht. Jahrzehnte später war es im STERN mit der Unterschrift: »Der Gauleiter befiehlt dem Dienststellenleiter Toplitzsee die Zerstörung der Versuchsstelle«.

Nach der Auswertung der Sprengversuche war Dr. Keller arbeitslos, und Marineingenieur Roelk kehrte im August 1944 nach Kiel zurück. Dr. Keller hatte ein Raketenprojekt in Aussicht und blieb am Toplitzsee. Er sollte ein akustisches Phänomen bei den üblichen Werferraketen untersuchen. Sie gaben nämlich merkwürdige Geräusche von sich: sie husteten. Dr. Keller baute sich einen Raketenprüfstand vor der Villa Roth am Grundlsee und fand den Grund für die Hustenattacken: Sie entstanden, wenn Temperatur und die Form der Raketendüsen nicht passten. Aus gesundheitlichen Gründen übergab er später die Leitung der Dienststelle Toplitzsee an Dr. Determann.

Dr. Determann war ebenfalls Physiker. Er sollte Versuche zur Entwicklung einer Unterwasserrakete leiten. Die verheerenden Verluste der U-Bootwaffe zwangen die Marine zu Gegenmaßnahmen. Im Frühjahr 1943 übertraf die Zahl der Verluste gar die Zahl der neu in den Dienst gestellten U-Boote. Der Feind verfügte über neuartige Ortungsgeräte: Für die Überwasserortung eines aufgetauchten U-Bootes wurden Radargeräte entwickelt. Schallwellen, die ein getauchtes U-Boot reflektiert, dienten der Unterwasserortung. ASDIC, Abkürzung für **A**nti **S**ubmarine **D**etection **I**nvestigation **C**ommittee, machte durch Ping-Geräusche den U-Boot-Soldaten besonders psychologisch schwer zu schaffen. Eine Unterwasserrakete sollte dem getauchten U-Boot die Chance geben, sich gegen einen minenwerfenden U-Bootjäger zu wehren. Das Projekt »Ursel« entstand.

42 Jahre danach betrat ich in West Brompton in London die Royal Naval Historical Branch. Es regnete ein wenig. Ein schmuckloses riesiges Gebäude war mein Ziel. Dort sollte ich Mr. Coppock treffen, der historische Unterlagen aller Marinen der Welt verwaltete. Ich war 10 Minuten zu früh, und Mr. Coppock ließ mich warten. Vorne bei der Sicherheitskontrolle passierten wichtige uniformierte Leute die Schranke. Beim Vorzeigen ihrer Personalpapiere lächelten einige verlegen, andere dagegen gingen mit unbeweglichem Pokerface vorbei. Dann kam Mr. Coppock. Ich trug keinen Anzug und auch keine Krawatte, so dass ich auf ihn vermutlich keinen besonderen Eindruck machte. Er schloss einen Raum auf. Ein Aktenstellplatz? Nein, es war sein Büro. Die leeren Wände in diesem kahlen und irgendwie desolaten Raum deprimierten mich schon in den ersten Minuten, und ich fragte mich im Stillen, wie ein Mensch den größten Teil seiner täglichen Wachphase hier ohne gesundheitliche Schäden überleben

könne. Da lag ein Stapel Akten: U-Raketen. Coppock blätterte sie lustlos durch. Ich fand einen Bericht von Dr. Lindberg und einigen anderen Autoren: Prallplatten, Düsenanordnungen, Fluggeschwindigkeiten usw. gehörten zum Inhalt.

Coppock lächelte etwas verlegen und wurde mir zunehmend sympathischer. Er habe Germanistik studiert und sich um diesen Job beworben. Ich wollte für Fotokopien zahlen und hielt eine 20-Pfund-Note in der Hand. Er könne nicht wechseln, aber er versprach, mir die Kopien kostenlos zu senden. Wir verließen sein fensterloses deprimierendes Büro, und ich fragte mich wieder, was wohl aus einem Menschen wird, der hier tagaus, tagein bis ans Ende seiner Lebensarbeitszeit Akten sortieren muss. Nein, dies wäre wirklich keine Arbeit für mich. Ich fuhr zum Public Record Office, um dort in den »War Documents« eventuell weitere Spuren der deutschen Marine am Toplitzsee zu folgen. An diesem Tag hatte ich kein Glück.

Als mich einige Tage später Mr. Coppocks Fotokopien erreichten, hielt ich einen Teil eines großen Berichtes von Konteradmiral Rhein in den Händen. Beiträge von Dr. Bluschke, Dr. Lindberg und Dipl. Ing. Schmidt fassten alle Erkenntnisse zusammen, die damals innerhalb der CPVA am Toplitzsee gewonnen wurden. Dort stand: »In Folgendem sind auf Grund des letzten Standes der Entwicklung die zuletzt bestehenden Probleme sowie weitere Absichten und Möglichkeiten für eine Weiterentwicklung auch bei anderen Verwendungsmöglichkeiten der U-Rakete behandelt.«

Das Nahziel war einfach. Die U-Bootbesatzung sollte eine wirksame Abwehrwaffe in die Hand bekommen, damit sie sich im getauchten und vom Feind georteten U-Boot aktiv gegen den Verfolger wehren konnte. Die Ladung von 15 kg hochwertigen Unterwassersprengstoffes wurde von der nur 1,8 m langen und etwa 80 kg schweren Rakete als »Nutzlast« getragen. Sie sollte vor allem die Ortungstechnik der Verfolger zerstören. Die Rakete konnte ein Leck von etwa 5 m^2 erzeugen und sollte durch Splitterwirkung den Feind

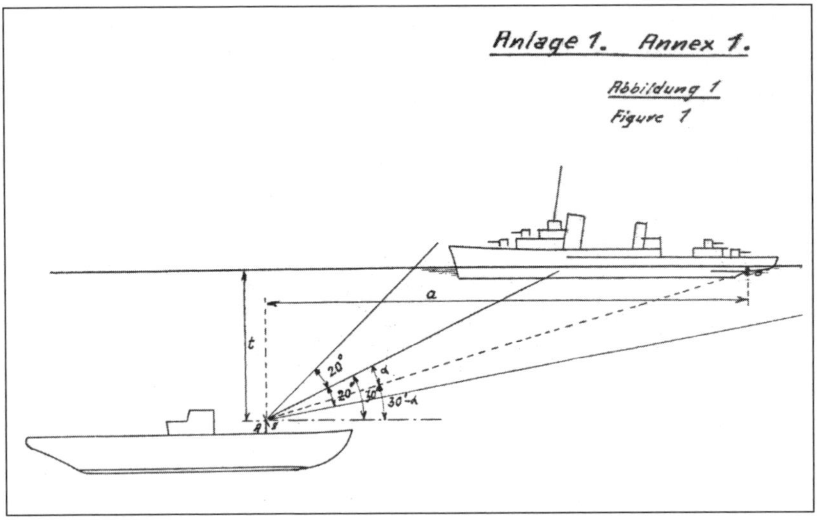

Die Unterwasserraketen des Toplitzsees sollten vom U-Boot abgeschossen werden, um die Sonaranlagen des Feindes zu zerstören.

an Bord des Zerstörers in Deckung zwingen. Das waren nicht jene Wunderraketen, von denen Ritterkreuzträger Skorzeny geträumt hatte, um New York vom U-Boot aus zu beschießen. Zunächst galt es, unbekannte Faktoren zu erforschen: das Verhalten einer Rakete unter Wasser, für das es keinerlei Unterlagen und Erfahrungen gab. Es musste also Grundlagenforschung betrieben werden, die unter dem Zwang des Kriegseinsatzes stand: die Physik der unter Wasser fliegenden Geschosse. Vordringliches Problem war die stabile Flugbahn einer Unterwasserrakete, die sich in einem 700-Mal dichteren Medium bewegte als eine Rakete in Luft. Aerodynamische Erkenntnisse waren also nur bedingt anwendbar. Dr. Lindberg arbeitete deshalb mit dem Institut für Strömungsforschung in Göttingen zusammen, das heute noch existiert. Dort arbeitete Prof. Prandtl, einer der führenden deutschen Strömungsforscher. Lindbergs Forschungsbetrieb musste sich den Kriegsbedingungen anpassen, die Grundlagenforschung verschob sich zur Kriegsforschung.

Wichtigste Entdeckung war eine 8 cm große Prallplatte, die vorn an dem stromlinienförmigen Raketenkörper angebracht und von Bombentorpedos abgeguckt war. An den Rändern der runden Prallplatte riss die Strömung ab, und durch Unterdruck verdampfte dort Wasser. Der Raketenkörper flog also in einem Wasserdampfmantel.

Die Rakete selbst wurde durch einen zentralen Düsenantrieb mit festen Treibsätzen bestückt. Ein gleichmäßiger Abbrand war dabei nötig, um eine einigermaßen konstante Geschwindigkeit zu erreichen. Flog die Rakete unter Wasser, so entstand an der Stirnfläche hinter der runden Prallplatte eine Abreißkante. Dort bildete sich ein Vakuum, ein sogenannter Kavitationsraum. Wasser verdampfte, so dass sich die Rakete in einem schlanken Wasserdampfschlauch ohne Berührung mit dem Umgebungswasser bewegte. Durch den hohen Wasserwiderstand flog die Rakete nur so lange, wie sich Gas aus den festen Treibsätzen entwickelte. Die Geschossgeschwindigkeit konnte also nur während des Pulverabbrandes aufrechterhalten werden. Um die Leistung dieser Raketen zu verbessern, wurden 10 % des Treibgases nach vorn an die Spitze der Rakete geführt und dort in den schlanken Wasserdampfschlauch eingeleitet. Diese Bugbelüftung verbesserte die Flugeigenschaften auch bei geringen Geschwindigkeiten.

Am Toplitzsee sahen die Versuche recht einfach aus. Ein kluger Schlosser hatte in der Villa Roth, wie mir Dr. Lindberg erzählte, aus einfachen Winkeleisen ein Abschussgestell zusammengeschweißt. Als wir später – darüber berichte ich im nächsten Kapitel – dieses Gestell fanden und mit österreichischen Pionieren aus 103 m Tiefe nach oben brachten, waren die vielen Zuschauer am See mehr als enttäuscht. Sie hatten eine komplizierte Abschussrampe erwartet und sahen nun dieses unverständliche lächerliche Gestell aus Winkeleisen vor sich. Große Enttäuschung machte sich breit, vor allem unter den Journalisten.

Das Gestell hing unter einem Floß, das aus zwei Flugzeugschwimmern bestand und für größere Lasten vorgesehen war. Mit Kettenzü-

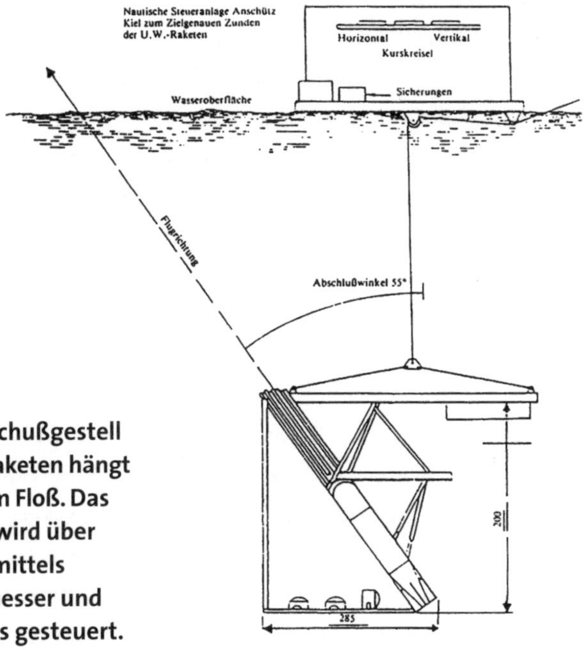

Das Abschußgestell der U-Raketen hängt an einem Floß. Das Gestell wird über Ketten mittels Tiefenmesser und Kompass gesteuert.

gen wurde es mit Hilfe einer elektrischen Anlage auf Tiefe gebracht. Tiefenmesser, Kompass und eine Wasserwaage waren alles, was zur Kontrolle der Lage nötig war. Dr. Determann berichtete sogar von einer Unterwasserkamera, mit der der Start der Rakete aus dem Gestell gefilmt wurde. Dazu waren besondere Halterungen auch für Scheinwerfer nötig. Ein dickes Kupferkabel führte vom Ufer aus Strom in die Tiefe. An die Unterwasserkamera konnte sich jedoch Dr. Lindberg und auch Dr. Keller nicht mehr erinnern. Dass die Raketenforscher der CVPA tatsächlich Filmaufnahmen bei Abschüssen gemacht haben, wurde von einer Staumauer im Schwarzwald berichtet. Dort leitete eine Physikerin, Frau Dr. Hehnchen, ein Raketenfilmprojekt. In der Staumauer befand sich ein 20 cm breites Rohr mit einem Fenster. In dem Rohr konnte eine Rakete befestigt und gezündet und ihr Abbrand genau beobachtet und gefilmt werden. Nach den Filmen habe ich in London und in den USA vergeblich gesucht.

Am Toplitzsee erfolgte die Zündung der Raketen von Land aus. Der See war mit Seilen und Bojen genau markiert, so dass die Flugbahnen und Austrittsorte an der Wasseroberfläche exakt registriert und gefilmt werden konnten. Ein Augenzeuge des ersten Starts berichtete, dass die Rakete am vorgesehenen Ort die Wasseroberfläche verließ und in Bruchteilen von Sekunden verschwand. Danach war der See voller kleiner Luftbläschen. Wie viele Zündungen am Toplitzsee erfolgten, ist nicht genau bekannt. Dr. Lindberg erwähnte Zahlen von 50 Starts. Einmal war eine Rakete im Abschussgestell verklemmt, Dr. Determann ließ trotzdem zünden. Das Gestell hob sich, drehte sich um 180 Grad, und die Rakete flog in Richtung Gößl, wo sie im Grundlsee aufschlug. Im Juli 1981 wurde diese Rakete geborgen.

Das Oberkommando der Marine drängte auf Anwendung, und schon nach relativ wenigen Abschüssen wurde ein Raketengestell auf einem U-Boot installiert. Dr. Lindberg war beim ersten Abschuss dabei. Auch da klemmte wieder die Rakete, aber trotzdem wurde der Abschuss eingeleitet. Danach erklärte der U-Boot-Kapitän, dass sie weitere Versuche ohne ihn machen müssten. Die Rakete war nämlich explodiert und hätte beinahe das U-Boot versenkt. Auch ein zweiter Versuch schlug fehl. Der Kriegsverlauf verhinderte weitere Abschüsse.

Anfang April 1945 kam ein Beamter des Oberkommandos der Marine mit dem Auftrag an den Toplitzsee, die Dienststelle aufzulösen – Gehälter konnten nicht mehr bezahlt werden. Doch ein Ausweg wurde gefunden, über den Dr. Keller in seinen Aufzeichnungen »Geschichte vom Toplitzsee« berichtete: »In der Dienststelle hatten wir eine Reserveanlage zur Herstellung von Minenzündern, bestehend aus wenigen Kilo Silberelektrodenplatten und zwei Röllchen feinen Platin-Iridiumdrahtes, ca. 25 Gramm. Das war die Basis für nicht mehr zu korrigierende Gerüchte der folgenden Jahrzehnte. Determann und ich bekamen die Platinröllchen, Schauer die Bibliothek, Seeleute und Photographen u. a. die Silberplatten.« Die Marine entlohnte also ihre Mitarbeiter mit Naturalien.

Im Kapitel »Geld wie Heu« hatte ich bereits beschrieben, wie die Mitarbeiter der Versuchsanstalt in der Nacht vom 7. zum 8. Mai 1945 zu »Tätern« im »Unternehmen Bernhard« wurden, wie daraus der Mythos des sagenhaften Nazischatzes entstand. Dann kam der 8. Mai. Dr. Keller radelte zur Villa Roth, als ein Jeep mit Einheimischen vorgefahren kam. Mit Maschinenpistolen auf ihn gerichtet, forderten sie Radio, Nähmaschine, Fahrrad und anderes. Um seiner Verhaftung zu entgehen, setzte sich Dr. Keller heimlich nach München ab, während viele seiner Kollegen zunächst am Grundlsee blieben und dort erst am 29. Mai von einer Abteilung der 80. Amerikanischen Infanteriedivision verhaftet wurden. Unter ihnen war auch Dr. Determann. Sie wurden nach Regensburg gebracht und verhört. Erst jetzt wurde den Amerikanern klar, wen sie hier eigentlich vor sich hatten.

Die Raketenversuche hatten noch ein kleines Nachspiel, das bis in den Sommer 1945 reichte. In Kiel lagen 20 Raketen von zwei Metern Länge, die für den Toplitzsee bestimmt waren. Sie konnten nicht mehr eingesetzt werden, weil die Engländer Kiel besetzt hatten. Mitarbeiter der Versuchsanstalt warfen daraufhin alle Raketen in einen Dorfteich bei Niehoff. Der Sommer war heiß, und plötzlich ragten die Raketenspitzen aus dem Wasser. Die Engländer gingen auf Suche nach den Raketenleuten der CPVA, die die Raketen aus dem Dorfteich bergen mussten. Das war gewissermaßen ihre letzte Kriegshandlung.

Ich besuchte mehrmals Dr. Lindberg in Köln und fragte ihn aus, was nach dem 8.Mai mit der Chemisch-Physikalischen Versuchsanstalt, mit ihm selbst und mit den Ergebnissen der Raketenversuche vom Toplitzsee geschah.

Dr. Lindberg, der das Kriegsende an seinem Arbeitsort in Kiel erlebte, berichtete: »Wir haben uns in den letzten Kriegswochen bemüht, alles was wir wussten zu Papier zu bringen. Alle Mitarbeiter der Anstalt mit allen der dort bearbeiteten Themen. Die Unterlagen wurden auf Mikrofilm aufgenommen und wasserdicht verlötet gelagert. Die Unterlagen wurden samt und sonders vernichtet. Der so entstandene Film ist wenige Wochen danach den Besatzungsmächten übergeben worden und ist dann bei der Royal Navy gelandet. Ich habe nie wieder etwas davon gehört.«

Dr. Lindberg gab zu, dass sie bereits die Zeichen der kommenden Zeit verstanden hatten und verhindern wollten, dass ihre Unterlagen in die Hände der Russen gerieten. Sie gruben die Mikrofilme in ihren wasserdichten Behältern aus und übergaben sie freiwillig den Engländern: »Ich bin überzeugt davon, dass sie angefertigt worden sind mit dem Ziel der Übergabe an die Alliierten, obwohl sie zur Verteidigung der noch vorhandenen SS-Leute im Dritten Reich zunächst einmal dafür bestimmt waren, vergraben zu werden, damit ein wiedererstandenes Deutschland sie benützen könnte. Aber der Weg war ein anderer. Sie wurden offiziell ausgegraben und übergeben.«

Bei meinem letzten Besuch im Jahr 2001 übergab ich Dr. Lindberg eine Fotokopie von Mr. Coppocks Akte. Als er die Liste der Autoren sah, kam er auf Konteradmiral Rhein zu sprechen. Das sei eine interessante Person gewesen. Er sei einer der wenigen, die nicht von den Engländern inhaftiert wurden. Das habe Rhein ermutigt, »eine neue üppige Zukunft bei den Militaristen zu sehen«. Darüber hat er einige Leute kurz nach dem Krieg informiert und aufgefordert, mitzumachen. Auch Lindberg wurde gefragt, ob er an einer neu zu gründenden deutschen Wehrmacht teilnehmen wolle: »Ich habe ihm einen ziemlichen unfreundlichen Brief geschrieben, wie er darauf käme, jetzt schon wieder an Krieg zu denken. Ich habe danach nie wieder etwas von ihm gehört.«

Dr. Lindberg und seine spätere Frau wurden für ein Jahr in Dänisch Nienhof von den Engländern festgehalten. 50 Wissenschaftler waren dort inhaftiert und wurden von den Alliierten, außer den Russen, über ihre Arbeiten während des Krieges ausgefragt. Kurz vor der Währungsreform 1948 kamen sie beide aus dem Physikalischen Institut der Universität nach Hause und wurden von der Nachbarin informiert, dass zwei französische Offiziere in Marineuniformen hier gewesen seien und nach ihnen gefragt hätten. Sie wollten Dr. Lindberg nach Paris einladen. Da die Lindbergs in der englischen Besatzungszone lebten, musste jedoch der Universitätsrektor eine Erlaubnis bei den Engländern einholen, die wiederum informierten London. Die Antwort war kein klares Ja oder Nein, sondern eine Aufforderung, nach London zu kommen. Dort hatte Dr. Lindberg einen ziemlich unfreundlichen Empfang. Er wurde mit sieben anderen »bloody germans«, so der tatsächliche Ausspruch bei der Einweisung in ein riesiges Gemeinschaftszimmer, in einem ungemütlichen Haus untergebracht. Das Verhör in der Admiralität der Royal Navy fand an einem langen Tisch statt, an dem eine Reihe von Engländern Platz genommen hatten. Obwohl er Marineangehöriger war, haben sie ihn nicht als gleichberechtigt oder gar gleichwertig angesehen. Dann kam eine unerwartete Frage: »Waren Sie in der Partei?«, auf die Lindberg mit »Ja« antwortete. Das weitere Gespräch war unergiebig, und er gewann den Eindruck, dass die Ermittler keine großen Kenntnisse von Unterwasserraketen hatten: »Ich weiß nicht mal, ob die Engländer die richtigen waren, die mich ausfragen sollten.« Einen Tag später wurde Dr. Lindberg zurück nach Deutschland gebracht.

Während er noch in London war, tauchten wieder französische Marineoffiziere in der Wohnung der Lindbergs auf. Dass die Engländer Lindberg in London ausgefragt hatten, enttäuschte sie schwer. Kurz nach der Rückkehr lud die französische Admiralität Lindberg nach Paris ein. Es war ein erfreuliches Arbeitstreffen. Jeden Tag wurde Dr. Lindberg ausgefragt, aber auch die Admiralität legte offen, wie weit die französischen Entwicklungen waren. Ein richtiger Austausch, ein »brain storming«, fand statt. Fast täglich änderten sie nach den fachlichen Diskussionen ihre Zeichnungen, und oft kam die Frage: »Was haben Sie anders gemacht?« Die zuvorkommende und freundliche Zusammenarbeit mit der französischen Admiralität hatte Lindberg nicht erwartet. Eigentlich hielt er die Engländer für faire »Feinde« und erwartete von der Royal Navy eine bessere und bei technischen Fragen gleichberechtigte Behandlung. Das war nicht der

Fall. Offenbar hatten die Engländer bisher wenig Erfahrung mit Unterwasserraketen und wollten nicht zugeben, dass die deutsche Marine auf diesem Gebiet einen deutlichen Forschungsvorsprung hatte. Auch bestand für sie keine Notwendigkeit, eine Unterwasserrakete zur Abwehr von Wasserbomben zu entwickeln, denn deutsche Überwasserangriffe auf englische U-Boote gab es zu dieser Zeit nicht mehr.

Gern wird heute behauptet, dass dort am Toplitzsee die Vorläufer der heutigen modernen Interkontinentalraketen, etwa der Polaris-Rakete, entwickelt wurden. Das ist nicht nur gehörig übertrieben, sondern auch falsch. Die Polaris hat in der Tat nicht nur eine ganz andere »Kragenweite«, im wahrsten Sinne des Wortes ein anderes Kaliber. Sie hat auch ganz andere Zielsetzungen. Als aggressive Offensivwaffe dient sie dem Angriff. Die kleinen Raketen des Toplitzsees wären dagegen wohl eher nur eine psychologische Beruhigungspille für die geplagten und gestressten Marinesoldaten bei einem Wasserbombenangriff gewesen, wäre sie jemals erprobt und wirklich zum Einsatz gekommen.

Eine Wunderwaffenschmiede, wie Mader in seinem Buch behauptete, war die Marineversuchsanstalt am Toplitzsee bei Weitem nicht. Dort wurde mit einfachen Geräten an prinzipiellen Fragen der Physik unter Wasser explodierender Luftblasen oder der Außenballistik von Unterwasserraketen gearbeitet. Dr. Lindberg bekannte, dass Gelder für ihre Grundlagenforschung von den Beamten nur ungern bewilligt wurden. Er bedauerte, dass sie sich nicht einmal für einige Wochen zurückziehen konnten, um in aller Stille ihre Daten auszuwerten und zu überdenken. Dann hätten sie weniger Fehler gemacht und vor allem Zeit gespart. Durch die Kriegslage seien sie aber zu schnellem Handeln gezwungen.

1983 tauchten wir zum ersten Mal vor den übrig gebliebenen Ruinen der Marineversuchsanstalt. Am Hang im Tiefen lag ein Kathodenstrahloszillograf, mit dem Dr. Keller und Max Roelk ihre Messungen gemacht hatten. Es muss Überwindung gekostet haben, dieses wertvolle Gerät bei Kriegsende damals vor dem Einmarsch der Amerikaner in den See werfen zu müssen. Dann folgten wir über lange Zeit einem dicken Kupferkabel, das mit dem Raketenabschussgestell verbunden war. Der Boden, einheitlich grau und flach, bot kaum Orientierungsmöglichkeiten. Die Sicht war extrem schlecht. Wie sollten wir es wieder finden? Das Kabel lag streckenweise tief im Sediment und konnte nicht so ohne Weiteres per Sicht verfolgt werden. Mit einem Seil brachten wir einen Fleischerhaken nach unten. Als die Oberflächenmannschaft am Seil zu ziehen begann, erschien das Kupferkabel vor uns langsam aus dem Sediment. Mit dem Tauchboot verfolgten wir es. Immer mehr schälte sich das 10 mm dicke Kabel aus dem schlammigen Untergrund und hing schließlich als dicke Schleife über uns. Der Anblick war gespenstisch. Ich überlegte krampfhaft, welche Gefahr für uns bestand. In Gedanken sah ich das Kabel fallen und schrie intuitiv: »Jürgen, fahr weg, hau ab«, doch das Tauchboot war zu langsam. Zu spät. Das Kabel hatte sich an einem Baumstamm verfangen, der Haken rutschte seitwärts raus, und wir wurden in dieser großen Tiefe von dem Kupferkabel begraben. In diesem Augenblick spürten wir die Wassersäule über uns, die Kälte und die Einsamkeit. Wir lagen unter einer riesigen schweren Schlaufe aus Kupfer. Schlimmer konnte unsere Situation nicht sein.

In solchen Augenblicken ist man kein Held, und sehr basale menschliche Reaktionen kommen zum Durchbruch – Angst. Schlagartig veränderten sich unsere Stimmen, sie wurden kehliger. Und doch arbeitete das Gehirn blitzschnell. Was konnten wir tun? Jürgen sah von oben aus dem Plexidom und besah sich den Schaden. Der größte Teil des Kabelsalates lag zum Glück vorn über *Geo*s Lampenbügel. Eine Chance für uns. Mit dem Greifarm fasste ich das Kabel und versuchte, Stück für Stück die Schlaufen zur Seite zu hebeln. Viel Kraft konnte ich so nicht aufwenden. Die Beschäftigung tat mir gut und lenkte mich ein wenig von unserer misslichen Lage ab. Gott sei dank war das Kabel nicht geschmeidig, so dass ich in der Tat nach einer ziemlich langen Zeit die Kabelschlaufen vorn über dem Lampenbügel beseitigen konnte. Jürgen gelang es, durch ein geschicktes Manöver *Geo* rückwärts fahrend aus den restlichen Kabelschlaufen zu befreien. Aufatmen. Für solche Situationen hatten wir einen Notfallplan. Unser Freund Manfred Pose hätte uns mit einem Panzertauchgerät nach oben geholt, aber viele Stunden wären bis zu unserer Rettung vergangen. Und ich dachte an die Regenbogenpresse, eine fantastische Nachricht für die Medienwelt!

Kurze Zeit später holten wir mit den Pioniertauchern des Österreichischen Bundesheeres vieles aus dem See, das den Forschern der deutschen Kriegsmarine gehörte. Die wichtigsten Akteure hatte ich selbst kennengelernt. Sie lehrten mich, wie aus Grundlagenforschung im dringlichen Bedarfsfall, wie damals im U-Boot Krieg, Anwendungen auf »Teufel-komm-raus« auch ohne sorgfältige Erprobungen produziert werden. Krieg, das ist wohl immer schon so gewesen, macht erfinderisch.

Im Auftrag der Alpenrepublik

Dramatischer hätte für uns die Suche nach dem Raketenabschussgestell nicht beginnen können. Nach dem Kabelabsturz hatten wir keine so große Lust mehr, an diesem Tag die Suche fortzusetzen. Das Kupferkabel war in der Tat so etwas wie ein Ariadnefaden, der uns ans Ziel bringen sollte. Aber erst sieben Tage später fand Jürgen das Gestell in 98 m Tiefe. *Geos* Schleifspuren am Boden verrieten, dass wir einige Male dicht an ihm vorbeigefahren waren. Kein Wunder, die Sicht betrug oft nur einen Meter.

Aus dem weichen Boden ragte ein etwa 5 m langes Winkeleisen, das völlig von Kabeln bedeckt war. Daneben lag ein knapp meterhohes Metallgerüst, schwarz von Eisensulfid überzogen. Sein Rest verschwand im flauschigen weichen Untergrund. Das Raketengestell sah in der Tat – wie ich vorher schon schrieb – fast lächerlich einfach aus. Dies war kein Glanzstück von Hochtechnologie, wie es die NS-Propaganda den Volksgenossen und dem Feind Glauben lassen wollte. Mich faszinierte aber trotzdem dieses schlichte Stück schwarzen Schrotts. Ich sah ein Stück Historie vor mir. Immerhin wurden mit diesem simplen Gestell wahrscheinlich die allerersten erfolgreichen Starts von experimentellen Unterwasserraketen durchgeführt. Dr. Determann hatte sogar von Unterwasseraufnahmen dieser Starts gesprochen, eine cinematografische Meisterleistung.

Diese Versuche mit diesem primitiven Gestell, was jetzt angeleuchtet von unseren Scheinwerfern in der absoluten Finsternis des Sees vor mir aus dem Grund ragte, hatte Deutschland damals in die erste Reihe der Unterwasserraketen-Nationen katapultiert. Laut Dr. Lindberg waren weder die Engländer noch die Franzosen oder die

Russen so weit gekommen. Ich konnte es beim Blick auf dieses schwarze Gestell aus Winkeleisen nicht fassen, dass es in der Tat Kriegsgeschichte geschrieben hatte. In der Not unterfinanzierte Ingenieursforschung hatte die Mitarbeiter der Chemisch-Physikalischen Versuchsstation zu einfachen, aber doch erfolgreichen Lösungen geführt. Sie hatten die Unterwasserballistik ihrer etwas über 100 km/h schnellen Raketen erforscht. Obwohl ich kein Verehrer von Kriegsgeräten bin, nötigte mir die Einfachheit dieses Prototyps Respekt ab. Er musste der Nachwelt erhalten bleiben, er sollte in ein Museum. Mein Gewissen war beruhigt, denn dieses Abschussgestell war weder im Krieg zum Einsatz gekommen, noch hatten seine Raketen Menschen getötet.

In Professor Stüber vom »Haus der Natur« fand ich einen Gleichgesinnten. Er hatte unser Tauchboot für sein Museum 1:1 nachgebaut und über unsere Arbeiten im Meer und Süßwasser berichtet. Eine Ausstellung über den Toplitzsee wäre sicherlich ein Publikumshit. Stüber informierte das Heeresgeschichtliche Museum in Wien und bat Verteidigungsminister Dr. Frischenschlager um Amtshilfe. Ich dachte auch an die Bergung einer Falschgeldkiste, die bei dieser Gelegenheit nach oben gebracht und endlich musealen Zwecken zugeführt werden könnte, bevor Karl Stetters Methanbakterium »Methanobakterium pecunivorans«, der Geldfresser, diesem Stück Naziarchäologie den finalen Garaus machte.

Es war in der Zwischenzeit Mitte November geworden, die Nächte sternenklar und kalt. Der Winter nahte in den Bergen. Auf dem Weg zum Toplitzsee steckten die Bauern aus Gößl weitere Markierungsstäbe in den Boden, für den bald einsetzenden Schnee. Von den offiziellen Bergungsplänen war etwas nach draußen gesickert. Die Regenbogenpresse berichtete von einem Unbekannten, der geheimnisvolle Kisten ins flache Wasser transportiert habe, die jetzt in einer Geheimaktion von uns heimlich rausgeholt werden sollten. Solche erfundenen Geschichten verunsicherten die Behörden. Sicherheitsbeamte aus Graz wurden abkommandiert, die uns rund um die Uhr observierten. Spannungen entwickelten sich. Pressefotografen umschlichen zu allen Tages- und Nachtzeiten unsere Jagdhütte, die wir von den Bundesforsten gemietet hatten. Um die Lage etwas zu entspannen, luden wir einen Einheimischen, Hubert Köberl aus Gößl, zu einer Tauchfahrt ein. Er berichtete später vor der Presse mit netten ehrlichen Worten, wie schön doch der See am Grunde sei. »Haben Sie den Schatz gesehen?«, fragte ein Reporter vom ORF. Köberl antwortete schlagfertig, dass er nicht in seinen Hosentaschen sei. Auch ein anderer Arbeiter wollte mit uns tauchen. Da jeder Tauchgang viel Geld kostete, brauchte man ja nicht tief zu tauchen, meinte er. Wir könnten doch ganz flach tauchen, dafür aber öfter.

Die Hetzjagd der Regenbogenpresse nahm zu. Ein Reporter der Krone aus Graz, Werner Kopacka, schrieb später, dass Professor Fricke einem Vertrauensmann mitgeteilt habe, dass am Ende einer Steilwand eine höhlenartige Öffnung sei, wo das Gold liegen könnte. So ein Vertrauensmann ist eine feine Sache. Er entzieht sich einer Nachprüfung und kann für alles verantwortlich gemacht werden. Das wusste wohl Herr Kopacka sehr genau. Walter Tarra, ein Vollblutreporter des Kurier, schrieb von Falschgeldverkäufen in Zürich, der Verdacht fiel auf uns. Er war dann so ehrlich – vorn berichtete ich schon darüber – mir mitzuteilen, dass er diese Geschichte erfunden hatte, um gute Zeilen zu machen.

Wie schnell aus simplen Beobachtungen Pressemärchen entstehen, hatten wir zwei Jahre zuvor erfahren. Jürgen und ich fanden damals verbranntes Wellblechaluminium, Gummireifen, Teile eines Motors und viele verbrannte Kabel. Dicht daneben lag etwas Unansehnliches, wir konnten es nicht genau identifizieren. Eine gelatinöse rotgelbe Masse, aus der bröcklige weiße Splitter herausragten. Rotes Fleisch? Gelbe Haut? Knochen? Jürgen meinte, es sehe wie ein Embryo aus. Unsere Fantasie spielte plötzlich verrückt. Auch lange Fasern hatten wir gesehen. Doch wir nahmen diese Entdeckung nicht ganz ernst und machten sogar Scherze. In mein Notizbuch schrieb ich: »Außerdem sammelten wir Teile von der Rot-Gelb-Gelatinemasse, die wie ein Corpus aussah, aber auch oxydiertes Aluminium sein kann. Ich habe Teile der Probe selbst eingelegt – hatte nichts anderes als Obstler. Werde die Probe in einem gerichtsmedizinischen Institut untersuchen lassen.«

Wir hatten Fotos von dem Fundort gemacht, und plötzlich meldeten sich Angehörige der früheren Luftwaffe bei uns. Klar, diese Teile gehören zu einem Kurierflugzeug des Typs W 34 – einmotorig und ausgerüstet mit einem Siebenzylinder-BMW-Sternmotor. Das Schicksal dieses vermeintlichen Flugzeuges wurde zum Presseereignis. BILD wusste, dass im Cockpit des Flugzeuges noch der Pilot sitze. Er hatte eine Lederhaube auf und trug noch eine Brille. Mehr noch, dicht daneben lag eine zweite Leiche. Schnell wurde der Name des Piloten ausfindig gemacht. Er hieß Eberhard Pöling und war 24 Jahre alt. Eine andere Zeitung schrieb »Sitzt im Wrack am Seegrund noch der tote Pilot aus Ickern?« Die tz vermeldete gar: »Der Tote, den vor kurzem der Unterwasserforscher Hans Fricke in 85 m Tiefe im Cockpit eines Flugzeuges gefunden hat, ist nach dem jetzigen Stand der Beweislage offenbar zweimal gestorben.«

Anfangs amüsierten mich diese erfundenen Geschichten. Doch bald merkte ich, dass all dieser Pressespekulatius an den wichtigen Stellen in Anführungsstriche gesetzt wurde und so der Eindruck entstand, als ob ich diesen Unsinn erzählt hätte. Der Chefredakteur von GEO, Rolf Winter, riet uns, abzureisen. Ich konnte mir nicht vorstel-

Kaum ist die Leiche auf dem Grund des geheimnisumwitterten Schatz-Sees der Nazis im Salzkammergut identifiziert, da taucht auch schon prompt wieder ein neues Rätsel auf

Der Flugzeug-Pilot im Toplitzsee muß gleich zweimal gestorben sein

Boulevardzeitungen berichten über einen toten Piloten, den wir angeblich im See gefunden hätten. »Sein« Flugzeug entpuppt sich als eine V1, deren Geräusche zum Auslösen von Minen eingesetzt werden sollte.

len, dass ein Leser diesen Geschichten Glauben schenken konnte. Sie waren so unrealistisch, dass sie mich an meine Kindheit erinnerten: an Grimms Märchen. Waren das nicht alles schöne Märchen für Erwachsene? Ich musste an einige Hamburger Freunde denken. Sie lasen die Frankfurter, die Süddeutsche und andere seriöse Blätter, aber auch BILD. Das hatte ich nie verstanden. Jetzt begriff ich, dass sie offenbar Gefallen an einer täglichen Märchenstunde hatten. Doch wie war der ganze Rummel entstanden? Keiner von uns hatte ein Wort nach draußen sickern lassen.

Vor einer Pressekonferenz hatte ich abseits vor unserer Jagdhütte Dr. Leeb vom österreichischen Innenministerium einen kurzen Bericht erstattet. Ich erzählte ihm von dem verbrannten Wellblech, von den Pneus, dem Motorteil und der Gelatinemasse, die ich für ein abartiges Stück von Aluminiumkorrosion hielt. Erst da bemerkte ich, dass 2 Meter hinter uns ein Journalist mit einem Richtmikrofon stand. Er hatte das Gespräch aufgezeichnet.

Zurückgekehrt nach Seewiesen, gab ich die Gelatinemasse an die Gerichtsmedizin der Münchner Universität. Das Ergebnis war interessant. Es handelte sich in der Tat um eine besondere und bisher wohl unbekannte Form von Aluminiumkorrosion. Offenbar war die Schwefelwelt des Sees dafür verantwortlich. Mitarbeiter von MBB und dem Deutschen Museum in München halfen bei der Identifizierung der Metallteile. Wir blätterten die Ersatzteilliste der W 34, Bedienungs- und Montageanleitungen durch und fanden nichts, was auch nur im Mindesten auf Ähnlichkeit mit W 34-Teilen hinwies, außer Pneus und Wellblechverkleidung. Die vermeintlichen Luftwaffenpiloten am See hatten sich gewaltig geirrt. Doch was lag nun wirklich dort unten?

Ich hatte, mehr als Gerücht, von Versuchen mit einer V-Waffe im Toplitzsee gehört. Auf einem von uns als Motorteil einer W 34 deklarierten Stück hatten wir die Zahl 154 gefunden. Im Deutschen Museum holte ein Mitarbeiter eine Mappe 154 hervor, die Teile der Kraftstoffversorgung und der Brennkammer der V-Waffe beschrieb.

Jetzt waren wir auf der richtigen Spur. Ein anderes Teil entpuppte sich als ein Tankdeckel, den wir später geborgen haben. Eine Nummer war sichtbar T 27.510 701 R, die unsere Vermutung bestätigte. Später rief ich den ehemaligen Dienststellenleiter vom Toplitzsee, Dr. Keller, an. Er konnte sich erinnern, dass das Sperrwaffenversuchskommando der Versuchsanstalt ein 4 Meter langes Triebwerk einer V 1 an den See gebracht hatte, um unter Wasser durch Schallerzeugung Minen zu zünden. Die Versuche fanden nicht mehr statt, und die V 1 wurde in den letzten Tagen des Krieges gesprengt. Ihre Überreste hatten uns einen guten Eindruck vermittelt, wie heute Nachrichten in der Regenbogenpresse verarbeitet und nach Gutdünken der Redakteure hingebogen wurden.

Ganz korrekt fand ich das Verhalten der österreichischen Behörden nicht. Warum haben sie die Medien nicht darüber informiert, dass wir in diesem Herbst nach Abschluss unserer eigenen Arbeiten mit ihnen zusammen arbeiteten, um Fundstücke musealen Wertes für das Heeresgeschichtliche Museum in Wien und für eine Ausstellung in Salzburg zu bergen? Wir leisteten für sie unentgeltlich Amtshilfe und arbeiteten jetzt gewissermaßen im offiziellen Auftrag der Alpenrepublik. Mir gefiel auch nicht, dass wir in eine Lage versetzt wurden, uns nach draußen verteidigen zu müssen. Wir wurden je nach Belieben zu Linksradikalen, Rechtsradikalen, Neonazis und Geheimdienstlern verschiedener Seiten.

Die Zahl der sich unauffällig/auffällig benehmenden Tennisschuhagenten nahm zu. Sie lasen draußen auf der Terrasse der Jausenstation ungewöhnlich lange in ihren Zeitungen und taten bei ihren Spaziergängen besonders lässig langweilig und auffällig uninteressiert. Einen jungen sympathischen Sicherheitsbeamten W. hatten wir ins Herz geschlossen. Er wurde abgelöst, vermutlich weil er mit dem Feind kollaborierte, also mit uns. Ein besonders chaotischer und angeblicher Bergungsspezialist S. aus Wien wollte das Bundesheer verklagen, weil Arbeitsplätze weggenommen wurden. Er hatte uns nachts ständig observiert und dem Innenministerium mitgeteilt, dass wir heimlich Goldbarren aus dem See geholt und außer Landes gebracht hatten. Gott sei dank war dieser Mann dem Ministerium bekannt, und sein Bericht wurde auf der Stelle ad acta gelegt.

Mitte November, an einem besonders grauen und kalten Tag, rückte das Militär an. Eine lange Schlange von Fahrzeugen mit abgeblendeten Lichtern bewegte sich im Schritttempo den schmalen Weg von Gößl in Richtung See. Jetzt wurde es ernst. Taucher der Heeresnahkampfschule erschienen, und auch die sympathischen Taucher des Entminungsdienstes, mit denen wir vor zwei Jahren Bomben aus dem See geholt hatten. Alles ging sehr schnell. Die Pioniere schraubten eine große Pontonfähre zusammen. Der Aufwand an Material und Personal war in der Tat gewaltig. Ein riesiger Auflauf erfolgte: Hofräte, Beamte, Reporter und Schaulustige. *Geo* dümpelte draußen auf dem See. Ein Zuschauer bemerkte, ob das Tretboot da draußen nicht sehr tief im Wasser läge. Er wusste nicht, dass es unser Tauchboot war, das in den nächsten Tagen zum Star dieser militärischen Übung werden würde.

Wir hatten in den letzten Tagen unter Wasser Ausschau gehalten, welche Objekte für eine Bergung geeignet sein würden. Als Erstes sollte ein langer Flugzeugschwimmer nach oben. Er war Teil des Raketenfloßes und lag in 68 m Tiefe. Hauptmann Sommer, ein drahtiger durchtrainierter Kampfschwimmer, der die Taucher der Heeresnahkampfschule ausbildete, sollte den Schwimmer unter Wasser an das Bergeseil anbinden. Anderen Tauchern war die große Tiefe nicht erlaubt. Wir positionierten *Geo* neben dem langen Flugzeugschwimmer und leuchteten das gesamte Areal aus. Draußen war es finster. Über das Telefon signalisierten wir unsere Bereitschaft. Sommer wartete auf unseren Marschbefehl, wie er uns später sagte. Der Schwimmer lag auf einem kleinen Felsvorsprung an einer fast senkrechten Wand. Dann sahen wir ein kleines Lichtlein weit über uns in der Finsternis am steilen Fels. Schnell wurde es größer. Mit unglaublicher Geschwindigkeit sauste Hauptmann Sommer in die Tiefe. Über das Telefon hörten wir, dass er ein Lied pfiff. Als ich ihn später fragte, warum er unter Wasser so musikalisch sei, meinte Sommer, damit lenke er sich ab und verhindere Tiefenrausch, der bei normaler Pressluft in dieser Tiefe entsteht. Er band den großen Schwimmer an und verschwand gespenstig schnell wieder aus unserem Gesichtsfeld.

Einige Tage zuvor war etwas anderes sehr plötzlich in unserem Gesichtsfeld in der Mitte des Sees in 85 m Tiefe aufgetaucht. Die Sicht war schlecht und betrug kaum anderthalb Meter. Wir rauschten auf eine große Seemine zu und konnten das Boot nicht mehr abbremsen. Mit dem Kiel schlugen wir hart an der Wand des riesigen runden Körpers auf. Er war von Eisenoxid pechschwarz. Die Viertonnen-Seemine hätte uns in Stücke gerissen, wäre sie scharf gewesen. Ich vertraute auf mein Wissen, dass diese Mine ein Auftriebsbehälter für das Raketenfloß war. Oben im Zenit der Halbkugel sahen wir aber einen Zünder und hofften, dass von dort keine verhängnisvollen Signale ins Innere dieser sonst todbringenden Kugel gingen. Ein bisschen holten wir doch tief Luft! Mit unserem Markierungsgerät, einer sich selbst abrollenden Schnur mit einer Glaskugel als Auftriebskörper, machten wir den unheimlichen Ort »dingfest«. Bald erschien die Glaskugel an der Oberfläche, und wir baten unsere Freunde im Begleitboot, die genaue Position zu nehmen. Alles Weitere übernahmen die Taucher des Entminungsdienstes.

Der See wurde hermetisch abgesperrt. Abermals gingen wir nach unten, mit dem Bergeseil im Greifarm. An seinem Ende hatten wir einen 10 mm starken Stift befestigt, den ich unter Wasser durch eine Öse fädeln musste, mit deren Hilfe die Mine für Transportzwecke bewegt werden konnte. Als wir wieder vor der gespenstigen schwarzen Halbkugel hielten, sagte Jürgen hinter mir: »Wenn Simone (meine Frau) jetzt sehen würde, was du da gerade machst.« Mit etwas Mühe präparierten wir die Mine für ihren letzten Aufstieg. Das Bergeseil war befestigt. Wir positionierten uns an der Grenze der Sichtweite und gaben Befehl, die Mine zu heben. Dicht unter der Oberfläche hatten in der Zwischenzeit Taucher Hebesäcke befestigt, die jetzt mit Luft gefüllt wurden. Das Seil straffte sich. Wir merkten, wie starker Zug an der eingegrabenen Mine zerrte. Dann schnellte sie plötzlich aufwärts, ein Anblick der unheimlichen Art. Eine lange schwarze Sedimentwolke zog sie hinter sich hoch, und da bemerkten wir zum ersten Mal, dass die andere Seite der Mine, die über 40 Jahre im Sediment gelegen hatte, schlohweiß war. Nun entschwand die Kugel unseren Blicken und hing irgendwo 20 m über uns.

Am späten Nachmittag schleppten die Taucher des Entminungsdienstes das Kriegsgerät endlich ans Ufer. Zur rechten Zeit wurden vorn in Gößl die Schranken geöffnet, damit auch die Medien etwas von diesem Tag hatten. Die Mine war leer. Einige Drähte hingen in ihrem Inneren. Ihr hohler Körper war an einer Seite von Einschusslöchern durchsiebt, um sie zu versenken. Es war die vierte noch fehlende Seemine, die an der Ecke des großen Raketenfloßes als Auftriebskörper befestigt war. Drei waren früher geborgen worden.

Während dieser Arbeiten hatten Taucher in Ufernähe vor den Ruinen der Marineversuchsstation im wahrsten Sinne des Wortes klar Schiff gemacht. Sie fanden Raketendüsen, Filmreste, alte Schuhe, Messgeräte, Treibsätze und anderes. Sogar die Zündeinrichtung für den Start der Raketen kam zum Vorschein. Dies alles waren wertvolle museale Fundstücke. Ein Messgerät hatte sogar der bekannte Physiker Manfred von Ardenne gebaut. Aber etwas fehlte noch in unserer Sammlung: das Raketenabschussgestell. Oberleutnant Laslo Muray, der Chef der Pioniere, zog einige Tage später das Abschussgestell nach oben. Da lag es als rostiger Haufen dicht am Ufer. Die Zuschauer waren zutiefst enttäuscht, auch die Journalisten. Das soll Hitlers Wunderwaffe gewesen sein? Vielleicht bekamen sie jetzt einen Eindruck davon, zu was Goebbels Propagandamaschine imstande gewesen war. Die Pioniere zogen auch den Rest des langen Kupferkabels ans Ufer. Das Ende kam raus – und da sah ich es: Gold! Die Stecker des Kabels waren der besseren Leitfähigkeit wegen vergoldet. Als ich einige Wochen später in Wien von Dr. Leeb zum Kaffee eingeladen wurde, machte ich ein ernstes Gesicht und sagte ihm: »Herr Ministerialrat, jetzt kann ich es Ihnen ja sagen. Wir haben Gold gefunden.« Sein Gesicht veränderte sich schlagartig und wurde ernst. Dachte er jetzt, dem Fricke ist nicht zu trauen? Mir tat es schon leid, diesen kleinen Scherz herausgelassen zu haben. Dann klärte ich ihn auf, und wir lachten.

Abends saßen wir in der Fischerhütte zusammen – die Soldaten, Journalisten und wir, die Unterwasserfreaks. Wir wurden fast so etwas wie eine eingeschworene Gemeinschaft und verstanden auch die Reporter besser, die ihre Zeilen machen mussten. Auch die Crew der BILD aus München war sympathisch. Ihr Chefreporter Christian S., mit dem ich mich gern unterhielt und der auch begriff, dass wir keine Schatzgräber waren, versuchte mich zu beruhigen: »Sehen Sie morgen ins Blatt, dort haben wir für Sie einen guten Abschluss gefunden.« In BILD stand, dass bei einem neuen Bergeversuch das Kabel riss und das Flugzeug samt Pilot ein zweites Mal abstürzte und jetzt tief im Schlamm in 103 m Tiefe für immer versunken ist: Aus und Ende. Grandioses Märchen. Über seine Offenheit mir gegenüber musste ich lachen. Die Schreiber schreiben es so, wie es der Leser wünscht. Zwar glaubt der Leser vermutlich sowieso nicht, was dort steht, aber er liest es trotzdem. Immerhin sind es amüsante und oft gruslige Geschichten. Ich dachte wieder an meine Freunde in Hamburg. BILD verließ den Toplitzsee.

Doch noch etwas Wichtiges musste geborgen werden: eine Falschgeldkiste. Das lag mir am Herzen. In 100 oder 200 Jahren müssen unsere Nachfahren sehen können, wozu ihre Vorfahren damals zu Zeiten der großen Weltkriege fähig waren. Und es dürfen nicht nur ein oder zwei Scheine gezeigt werden, sondern – wie ich es vorne schon einmal sagte – die inflationäre Menge. Geld zu fälschen, ist in kriminellen Kreisen gang und gäbe. Hier aber war es eine andere Dimension: Die Oberen des Staates hatten ihr Einverständnis gegeben, diese papierne Waffe gegen den Feind einzusetzen.

Ich hatte Prof. Stüber schon frühzeitig auf die Schwierigkeiten im Umgang mit dem Falschgeld hingewiesen. Damals 1959, nach der ersten großen STERN-Bergung, wurde das mit Greifern gehobene Geld auf Geheiß der Bank of England verbrannt. Dies dürfte jetzt nicht wieder geschehen und müsste weit im Vorfeld abgeklärt werden. Prof. Stüber zeigte mir einen Brief, in dem ein Vertreter der Länderbank bei der Bank of England ein Ersuchen gestellt haben soll. Es wurde telefonisch negativ beschieden und selbst eine Genehmigung für Ausstellungszwecke abgelehnt. Die GEO-Redaktion in Hamburg erkundigte sich, ob dieses Ersuchen in London tatsächlich erfolgte, und erfuhr, dass eine österreichische Anfrage nicht vorläge. Daraufhin ließ die Redaktion bei einem Wiener Anwalt ein Rechtsgutachten erstellen, mit dem Ergebnis, dass die Bank von England keinerlei Rechtsanspruch auf eventuell geborgenes Falschgeld habe. Auch der Besitz des Geldes sei rechtmäßig nicht anfechtbar, aber nur, wenn es nicht verbreitet und in Umlauf gebracht wird. Ich kann also eine Falschgeldnote zu Hause eingerahmt als Souvenir an die Wand hängen oder Falschgeldnoten können in einem staatlichen Museum zur Schau gestellt werden, nichts ist daran ungesetzlich. Ich schrieb damals in mein Notizbuch: »Ich ahne, dass die Österreicher (gemeint war die Österreichische Nationalbank) nicht wollen. Dies war die letzte Chance, das Geld für ein Museum zu retten.«

Ich informierte Prof. Stüber über den Stand der »Ermittlungen«, dass bei der Bank von England keineswegs ein Ersuchen der Länderbank vorläge. Warum hatte man uns ganz bewusst belogen? Stüber reagierte sofort: »Dann heben wir eine Kiste und entscheiden nachher über die Rechtslage!«. Dies war in dieser Situation der einzig gangbare Weg. Technisch würde das so aussehen, dass mit dem Erscheinen des Geldes an der Oberfläche das Geld von den Sicherheitsbehörden zunächst beschlagnahmt würde. Später müsste dann Prof. Stüber das Geld auslösen.

Wieder war es über den Latrinenweg durchgesickert, dass die Falschgeldbergung bevorstehe – und abermals lockte der Nazischatz-Tourismus Gott und die Welt an die Ufer des Sees. Die Zahl der Sicherheitsbeamten stieg, Zuschauer schwärmten aus und der schon erwähnte Bergungschaot S. hielt in Wien eine Pressekonferenz ab, wo er das Bundesheer und das Innenministerium verklagen und mich des Landes verweisen wollte. Keiner nahm ihn ernst. Die Boulevardreporter saßen in ihren Startlöchern. Die KronenZeitung ließ vermelden, dass ich unter dem Deckmantel der Wissenschaft ein Agent des Bundesnachrichtendienstes sei. Rechtsradikale, an ihrem Äußeren leicht erkennbar, tauchten auf. Auch die großen TV-Sender standen parat, selbst die NBC.

Für uns war es ein Tag wie jeder andere auch. Unter einer Fichte in 82 m Tiefe, die vom Hang schräg ins Freiwasser ragte, hatten wir eine fast unversehrte Kiste mit der Aufschrift AB XIII gefunden. Alle anderen waren mehr oder weniger aufgeschlagen und schwer beschädigt. AB XIII wurde die Kiste unserer Wahl. Wir hatten ein Seil von der Oberfläche nach unten gezogen, so dass die Pioniere zunächst das Hindernis beseitigen konnten. Vor zwei Tagen hatten wir eine Seitenwand geöffnet, um den Zustand der Noten zu kontrollieren. Sie waren perfekt.

An diesem Morgen sahen wir starken Raureif an den Hängen des Nadelwaldes – *Geo* war zum ersten Mal eingefroren. Der Winter stand vor der Tür. Gegen neun Uhr tauchten wir ab. Jürgen positionierte das Boot neben einen großen Bergekorb, den die Pioniere mit unserer Hilfe dicht neben der Kiste abgesetzt hatten. Fünfeinhalb Stunden schaufelten wir mit dem Greifarm Geldbündel in den Korb. Mit jedem Griff fielen 500 Scheine je zehn Pfund Sterling von umgerechnet 100 000 Reichsmark in sein Inneres. Auf diese Weise würde das Geldverdienen Spaß machen, stellten wir ohne Widerspruch fest. Bill Gates ist wohl einer der Wenigen, dem dies sogar heute noch so gelingt. Ich geriet ziemlich ins Schwitzen, denn jedes Bündel erforderte eine Reihe von Greifarmbewegungen und Schaltvorgänge, die auch Zeit in Anspruch nahmen. Jürgen hielt währenddessen *Geo* meisterhaft in Position. Selbst nach fünfeinhalb Stunden waren wir noch nicht fertig, als wir uns entschlossen, aufzutauchen. Ruckweise stieg der Bergekorb nach oben. Dabei flatterten viele Scheine durchs Wasser und segelten neben dem Korb abwärts ins Tiefe. Ich gönnte

ʼeisterfälscher Krüger schaut von oben am Rand des Toplitzsees auf die Versenkungsstelle einer Falschgeldnoten. (Foto H. Fricke)

uf einer Berghütte in Tirol erzählt uns Krüger Einzelheiten des »Unternehmen Bernhard«. inten Kameramann Dieter Heunemann (Foto H. Fricke)

Krüger signiert für uns einige Scheine seiner Noten, die heute nur noch musealen Wert haben. (Foto H. Fricke)

Krüger erklärt uns, an welchen Stellen die Noten Geheimzeichen haben. Krüger hat alle Geheimzeichen »entlarvt«. (Foto H. Fricke)

n Konzentrationslager Sachsenhausen hat Krüger Briefmarken gefälscht, die Propaganda-
wecken dienten. (Foto H. Fricke)

ls die Alliierten »Futsches Reich« druckten,
egann der »Krieg« der Markenfälscher.
rügers Königskrone mit Davidstern war
elbst 1953 noch unerkannt im Umlauf.
oto H. Fricke)

An einem regnerischen Novembertag chauffiere ich Krüger zu den Überresten seines Lebenswerkes, das zerbrochen am Grund des Toplitzsees ruht. (Foto U.Moeckli)

Der gute Erhaltungszustand der Noten überraschte Krüger. Man bräuchte sie nur nach obe[n] holen und könnte sie wieder benutzen, sagte er. (Foto U. Moeckli)

ernhard Krüger war mit 84 Jahren der älteste Mitfahrer von GEO. Er hatte in der Enge des auchbootes keine Angst und fühlte sich wohl. (Foto H. Fricke)

Vieder an der Oberfläche, mussten wir Krüger mit einem Regenschirm vor dem Dauerregen :hützen. (Foto J. Schauer)

Vor dieser Steilwand in der Nähe der Marinestation lag der große Bankbehälter, der uns au
eine interessante Spur führt. (Foto H. Fricke)

ꞁit unserer Hilfe bergen die
sterreichischen Pioniere den
ankbehälter, der von zahlreichen
chüssen durchlöchert war.
oto Archiv Fricke)

yrillische Schrift zeigt uns
e Herkunft des Behälters an.
ergestellt wurde er 1929 in einer
aggonfabrik in Kruschtschewatz
Serbien. (Archiv Fricke)

Die Abendstunden am See sind für uns auch heute noch aufregend und geheimnisvoll. (Foto J. Schauer)

ihnen ihre Freiheit, denn die Zurückgebliebenen im Korb erwartete eine ungewisse Zukunft.

Wir tauchten neben dem großen Floß der Pioniere auf. Jedes am See einigermaßen schwimmfähige Ruderboot war mit Journalisten besetzt, die ungeduldig auf den Geldkorb warteten. Den letzten Aufstieg unserer langen Arbeit verfolgten wir an Bord des Floßes. Im grünlichen Seewasser schimmerten die Geldbündel weiß im Korb, der jetzt nur noch 1 m unter der Oberfläche schwebte. Dann war er oben. Es war in der Tat eine Menge Geld, das wir am Vormittag eingesammelt hatten. Unter den Reportern setzte Fotohysterie ein. Dann erstürmten sie plötzlich das Floß. Ich hörte ein kurzes Kommando: »Einhaltung der Sicherheitsvorkehrungen« – ein Signal, das die Reporter nicht missverstehen konnten. Der Spuk war ebenso schnell wieder vorbei. Am Ufer wurde das nasse Geld in eine rote Transportkiste umgeladen. Gendarmeriekommandant S. aus Bad Aussee machte ein steinernes wichtiges Gesicht, als er jetzt offiziell das Geld beschlagnahmte. Dann trugen Taucher des Entminungsdienstes die Kiste fort. Hinter jedem von ihnen folgte ein Gendarm. Wie bei einer Begräbnisprozession verschwanden sie im herbstlichen bunten Uferwald des Sees. Ich konnte nicht anders und musste bei diesem Anblick lachen.

Zu Oberleutnant Laslo Muray und Hauptmann Sommer hatten sich Sympathiebande entwickelt. Hauptmann Sommer hatte etwas Hellwaches, etwas Katzenhaftes und Schnelles an sich, Laslo dagegen war ein Intellektueller, der Unterwassercanyons kannte, Tsunamis, aber auch Belletristik. Dann verabschiedeten sie sich. Sie standen alle in Reih und Glied. Ein dreimaliges »Anker hoch« erscholl über den See. Dann schenkte mir Laslo ein Glas mit einer Muschel. Ein roter und ein gelber Pfeifenreinigerdraht war darin: das Mandl und Weibl des Wurmes, den wir zu diesem Zeitpunkt noch nicht gefunden hatten. Laslo wünschte uns ein bisschen Glück. Drei Tage später auf einem der letzten Tauchfahrten fanden wir ihn schließlich, den Wurm Willi, der eine so steile internationale Medienkarriere machen sollte.

Die großen Pontons wurden abtransportiert. Der Toplitzsee tauchte wieder ein in seine vertraute Einsamkeit inmitten schroffer Felswände. Kalt wurde es, und große friedliche Ruhe folgte. Kurz vor Einbruch der Nacht ging ich noch einmal mit dem Tauchgerät am Ausgang des Sees in der flachen Traun tauchen: zu Hechten, Krebsen und farbenprächtigen Bachsaiblingen, deren Laichzeit bevor stand. Als ich das Wasser verließ, suchten Gendarmen mit Lampen das Ufer ab – ihr Misstrauen war geblieben. Auch in den wenigen restlichen Tagen wurde die Polizeiüberwachung fortgesetzt und jede unserer Bewegungen weiter registriert. Schade um das Geld der Steuerzahler, das hier umsonst verschwendet wurde!

Stürmisches Wetter setzte ein. Über Deutschland raste ein Orkan. Zum ersten Mal sahen wir weiße Wellenkämme auf dem Toplitzsee. Wasserschwaden zogen über sie hinweg, und Fallwinde peitschten weiter die Oberfläche. Es war Zeit, nun zu gehen. Auf dem Rückweg tankte ich in Bad Aussee. Der Tankwart sah heimlich in meinen Kofferraum. Als ich ihn fragte, ob er dort Dokumente und Goldbarren sähe, fühlte er sich erwischt und entschuldigte sich.

Der letzte Akt stand nun bevor: die Rettung der englischen Noten. Es wurde eine fast peinliche Posse. Mitte Dezember erhielt ich einen Anruf von Peter Flak von der GEO-Redaktion. Nigel Falls, Pressesprecher der Bank of England, hatte dem GEO-Korrespondenten zunächst einen Brief geschrieben und mitgeteilt : »they are not concerned about the discoveries in Lake Toplitz«, sie seien also nicht besorgt um die Entdeckungen im Toplitzsee. Das änderte sich schnell, als sie die Fernsehbilder sahen, die über den Satelliten weltweit gesendet wurden. Jetzt hieß es: »we have to establish the extent of the discoveries«, sie müssten jetzt das Ausmaß der Entdeckungen feststellen. Es waren »discoveries« und keine »counter feits«, es waren Entdeckungen und keine Falschgeldscheine. Die Engländer konnten selbst 40 Jahre nach dem Krieg nicht zugeben, dass ihre für unfälschbar gehaltenen Noten nachgemacht worden waren. Die in den sechziger Jahren um den Toplitzsee entstandene unerwünschte Publizität veranlasste die Bank of England zu der kategorischen Haltung, selbst einem staatlichen Museum eine Genehmigung für Ausstellungszwecke zu verweigern. Nationale Eitelkeit spielte da eine entscheidende Rolle. All das bereitete mir große Sorgen.

Mitte Januar 1985 rief ich den Generaldirektor Dr. K. der Österreichischen Nationalbank an. Seine Sekretärin verwies mich auf Klappe 100 an den Direktor K., der mir nicht ganz ohne Häme sogleich mitteilte, dass das Geld auf Veranlassung der Bank von England vernichtet würde. Zwei Wochen später an einem Donnerstagabend erhielt ich von der Nationalbank von einer Frau Dr. B. Nachricht, ich solle das »Issue Department« der Bank von England anrufen. Den Grund dafür nannte sie nicht. Am nächsten Tag teilte sie mir mit, dass am Montag die Engländer anreisen würden, weil am Dienstag in ihrer Anwesenheit das Geld verbrannt würde. Ich erbat sofortigen Aufschub, weil angeblich über das Auswärtige Amt der Österreichischen Botschaft in London ein offizielles Ersuchen an die Bank gestellt worden war.

Es war Freitag Morgen 9.30 Uhr. Frau Dr. B. vertröstete mich auf 11.30 Uhr. Um 11.30 Uhr teilte sie mir mit, dass die Nationalbank nichts machen könne, und ich solle noch einmal um 14.30 Uhr anrufen. Ob sie schon in England angerufen habe, insistierte ich. Nein, dazu sei sie nicht berechtigt. Außerdem sei Generaldirektor K. in Urlaub, und die Drucker arbeiteten heute nicht.

Die Nationalbank wollte Zeit gewinnen und das Geld verbrennen lassen.

Für die Rettung des faschistoiden Falschgeldes war es allerdings ein ungünstiger Zeitpunkt. Der FPÖ-Verteidigungsminister Dr. Frischenschlager hatte gerade den früheren SS-Obersturmbannführer Reder in Ehren per Handschlag empfangen. Walter Reder war für das Massaker von Marzabotto, wo 1830 Zivilisten ermordet wurden, und wegen anderer Vergehen 1951 zu lebenslanger Haft verurteilt und 1985 begnadigt worden. Österreich hatte also momentan eine schlechte internationale Presse.

Ich wies Frau Dr. B. auf die Banderolen der Geldbündel hin, auf denen die Namen der KZ-Häftlinge standen. Das müsste dokumentiert und ausgewertet werden. Wenn diese Banderolen, auf die die Bank of England keinen Anspruch anmelden kann, verbrannt würden, würde ich die Presse über das Verhalten der Nationalbank informieren. Es war eine Art »Kriegserklärung«. »Wir sind nur ausführendes Organ. Wir haben uns an die Genfer Falschgeldkonvention zu halten«, antwortete sie. Ich appellierte an ihre Zivilcourage, alles zu tun, das Verbrennungsdatum hinauszuzögern, damit die offiziellen Stellen noch agieren könnten. Dann erklärte ich ihr noch einmal, dass es sich hier um eine nationale österreichische Sache handle, um Dinge von musealem Wert, um Dokumente der Zeitgeschichte, und dass ihr Verteidigungsminister Amtshilfe geleistet habe, damit das Geld für das Heeresgeschichtliche Museum geborgen werden konnte. »Ja«, sagte sie daraufhin »hier riefen Leute laufend an, die dieses Geld haben wollten.« Da platzte mir der Kragen: »Hier geht es nicht um Privatpersonen, um irgendwelche Sammler, sondern um ein staatliches Museum.« Das beeindruckte diese engstirnige Frau überhaupt nicht. Es war hoffnungslos. Mein Ton wurde aggressiver, und ich sagte etwas barsch, dann sollen sie doch in Gottes Namen die Noten verbrennen. Als sie mit Wienerischer Art: »Ja, bitte, Herr Professor, ich danke Ihnen sehr« antwortete, legte ich unhöflich das Telefon auf. Diese Mentalität war außerhalb meiner eigenen Erfahrungswelt. Und doch wollte ich nicht aufgeben.

Am Montag, einen Tag vor der Verbrennung, rief ich Direktor M. an und erklärte, dass ich in dieser Angelegenheit auch schon mit Generaldirektor B. am Telefon konferiert hätte. Eine wohl akzentuierte und weiche Stimme meldete sich am anderen Ende der Leitung: »Sie sprechen mit Direktor M., Herr B. ist ebenfalls Direktor, nicht Generaldirektor.« Da ahnte ich bereits, was für eine Person mir am anderen Ende der Leitung gegenübersaß. M. betonte, dass er Sympathie für mein Ersuchen habe, wurde aber auf der Stelle etwas zynisch. Eigentlich ginge mich diese Angelegenheit überhaupt nichts an. Außerdem solle ich froh sein, dass seine Sekretärin mich zu ihm durchgestellt habe, dass er überhaupt mit mir rede. Ich sollte meine Bitte an die Behörden stellen, die das Geld beschlagnahmt hatten. Auf meine Antwort: »Herr Direktor M., Sie wissen doch genau, dass das Geld morgen verbrannt wird«, antwortete er jovial: »Wenn so ein Museum in Salzburg einen Regenwurm deponiert, so genügt auch ein einzelner Schein. Sie können beruhigt sein, wir tun schon das Richtige.«

Mit diesem zynischen Telefongegenüber wollte ich nicht mehr diskutieren. Steuerzahler haben die teure Bergeaktion bezahlt, und das Bundesheer hat vielen guten Willen bewiesen und das Anliegen der Museen unterstützt. Das hielt ich dem arroganten Direktor M. vor und fügte zum Schluss hinzu, dass auf dem Flohmarkt in Gößl ein oder zwei Scheine leicht für ein Paar Schillinge zu haben seien. Ich hoffte nur, dass M. meine Verärgerung gespürt hat. Meine einzige Genugtuung war, dass ich diesem Direktor der Nationalbank meine private Meinung deutlich mitgeteilt hatte. Das passierte diesen Göttern der Finanzwelt wohl selten.

Wenn ich heute meine damaligen Telefonmitschriften durchlese, wundere ich mich über meinen Einsatz, über die aufgewendete Energie. Ich empfand es als eine persönliche Niederlage, diese AB XIII nicht gerettet zu haben. Es war nicht verletzter eigener Stolz oder gar Ehrgeiz, ich hatte wirklich nur die hehre Absicht, ein Dokument dieser Zeitgeschichte erhalten zu wollen. Die Österreichische Nationalbank hätte durchaus ein bisschen wohlwollende Hilfestellung leisten können, denn ich bin auch heute noch überzeugt, dass die Bank von England bei einem offiziellen Ersuchen nicht Nein gesagt hätte. Sie hatten ja auch den Fälscherkönig Bernhard Krüger damals zu einem Sektempfang in die Bank eingeladen.

Mich ärgerte die überhebliche dreiste Art einiger Nationalbank-Direktoren. Ich würde noch heute gern wissen, ob sie überhaupt jemals Anstalten getroffen haben, in dieser Angelegenheit tätig zu werden. Ich bezweifle es fast. Um den Ruf ihrer eigenen Bank nicht zu schädigen, erschienen sie mir gegenüber den Engländern als devote Vollstrecker der Genfer Falschgeldkonvention. Später erhielt ich einen handgeschriebenen Brief des Verteidigungsministers Dr. Frischenschlager, in dem er sich für unsere Zusammenarbeit mit dem Bundesheer sehr bedankte. Sicher hatte er vom Verhalten der Nationalbank nichts vernommen.

Wenige Monate nach der Bergung fand im Heeresgeschichtlichen Museum in Wien eine Sonderausstellung Toplitzsee statt. Ich fuhr nach Wien und sah mit Freude alle Stücke in wohl präpariertem Zustand wieder. Sie waren so etwas wie alte Bekannte, die ich nur noch als schwarzen sulfidischen Schrott in Erinnerung hatte. Ich konnte mich an alle Einzelheiten ihrer Bergung erinnern und stellte mir vor, wie viele Stunden wir in der Finsternis und Kälte des Sees zugebracht hatten, um diese Teile mit dem Greifarm unseres Tauchbootes für die Bergung vorzubereiten. Ich dachte auch an Laslo Muray, an die Taucher des Entminungsdienstes, aber auch an den pfeifenden Hauptmann Sommer, ohne die diese Teile nicht nach oben gekommen wären. Und doch fehlte in dieser Ausstellung etwas Gravierendes, das den See weltberühmt, aber auch in Verruf gebracht hatte – die inflationäre Menge gefälschter Britischer Sterling-Noten – die Falschgeldkiste AB XIII. Diese Chance war durch die Nationalbank vertan worden, durch einige ihrer wenig vorausschauenden unbeweglichen Direktoren, auf die ich noch heute zornig bin.

Lange hatte mich die erfolglose Rettung des Geldes beschäftigt. Ich wollte Gewissheit haben und rief die Falschgeldstelle der Deutschen Bundesbank in Mainz an und trug den Fall der Kiste AB XIII vor. Die Bundesbank bestätigte das Rechtsgutachten aus Wien, das damals GEO in Auftrag gegeben hatte. Gegen die Ausstellung von Falschgeld in einem staatlichen Museum ist nichts einzuwenden; es wird dort weder absichtlich in Umlauf gebracht noch wird einer Zirkulation der Noten Vorschub geleistet. Hätte ich die AB XIII im Starnberger See gefunden, wäre sie als zeitgeschichtliches Dokument erhalten geblieben.

Der Pharmahändler und andere Glücksritter

Im Januar 1984 erreichte das Präsidialbüro der Max-Planck-Gesellschaft in München ein merkwürdiges Schriftstück. Über die Arzneimittelfirma Schwabe in Karlsruhe teilte der Absender, ein Heinz Riegel, der Max-Planck-Gesellschaft (MPG) mit, dass er zur Phytotherapie gelangt sei und sich seit 1960 intensiv mit den Erkenntnissen zum Thema Meeres-Plankton beschäftige. Er sei aus diesem Grund an einem Kontakt mit Dr. Fricke, der Assistent des Tiefseeforschers Jacques Cousteau gewesen sein soll, sehr interessiert und könne aber seine Adresse nicht ausfindig machen. Er habe laut Presseberichten erfahren, dass Dr. Fricke Gastforscher der MPG sei und in diversen österreichischen Seen mit unterschiedlichem Salzgehalt tauche. Die MPG gab Riegel meine Adresse bekannt.

Zwei Monate später erhielt ich einen Brief von Riegel. Als Grund seiner Kontaktnahme gab er abermals Phytotherapie an, kam dennoch bald zur Sache und stellte sich als Vorsitzender der »Forschungsgruppe Toplitzsee« vor. Riegel war mir aus Zeitungsberichten bekannt, und ich wusste, dass ich auf alle Fälle Kontakte zu diesem Mann meiden müsste, würde es doch zu einer unendlichen zeitraubenden Geschichte werden. Er hatte keinen guten Ruf und zählte zu den vielen merkwürdigen Personen, die mich in der Vergangenheit immer wieder mit den dubiosesten Anliegen belästigten. Auf manche Anfragen habe ich einfach nicht geantwortet und ihre Briefe unter Kuriosa abgelegt. Andere waren so insistierend, dass ich der lieben Ruhe willen einen Dreizeiler schrieb – und das war meist ein Fehler. Auch Riegel zählte dazu.

Riegel klärte mich zunächst auf, dass sich die »Forschungsgruppe Toplitzsee« um die Geschehnisse am See kümmere und mehrfach um Bergegenehmigungen bei der österreichischen Regierung ersucht habe. Der erste Vorsitzende der Forschungsgruppe sei Friedrich Schwend gewesen, jener erwähnte Falschgeldhändler aus Meran. Dann folgte der Widerstandskämpfer Albrecht Gaiswinkler, der während des Krieges als englischer Spion mit einem Fallschirm in der Nähe des Toplitzsees abgesprungen sein soll, um eine Widerstandsgruppe zu organisieren. Die österreichische Regierung hat auch diesem Herren, der sich selbst als Antifaschist bezeichnete, keine Bergegenehmigung erteilt, so dass finstere Machenschaften hinter der Ablehnung vermutet wurden. Gaiswinkler betonte immer wieder, dass am Grund des Sees politisches Dynamit läge, besonders Dokumente und die Depositarlisten der Schweizer Nummernkonten. Schließlich sei er, Heinz Riegel, der dritte Vorsitzende geworden und führe nun die Arbeiten seiner Vorgänger fort. Auch er sei – wie Gaiswinkler – Widerstandskämpfer. Die ständige Betonung des Antifaschisten schien mir überflüssig und warf kein gutes Bild auf diese Personen. Riegel bezeichnete sich als Generalbevollmächtigter von Friedrich Schwend, jenem sinistren Falschgeldhändler und Auslandsspion des Reichssicherheitshauptamtes (RSHA) in Italien, den er angeblich in Südamerika aufgesucht habe. Kein Geringerer als Wilhelm Höttl schrieb in einem Brief an Bernhard Krüger: »Ich empfahl ihn [Riegel, Anm. des. Verf.] bei Schwend und auch bei [seinen] ehemaligen Mitarbeitern [...], so dass er dort überall als einer der ›unseren‹ gilt ... Als Arzneimittelvertreter war Riegel sicherlich ein harmloser Zeitgenosse, seit er sich aber auf dieses ›schlüpfrige‹ Parkett begab, macht er Unfug.«

Riegel schien ein ziemlicher Opportunist zu sein, und um keine weiteren Korrespondenzen mit ihm aufkommen zu lassen, schrieb ich ihm kurz und knapp: »Da ich in der Annahme nicht fehlgehe, dass die Forschungsgruppe Toplitzsee wohl mehr an der braunen Vergangenheit des Sees interessiert ist, haben unsere Arbeiten an dem

See wohl sicher nichts gemein.« In einem Zeitungsinterview hatte Riegel auf die Frage eines Reporters, wer ihn eigentlich bezahle, zugegeben: »Niemand. Das ist unser Hobby. Sehen Sie – der eine spielt Skat, der andere kegelt – wir machen eben Zeitgeschichte.« Es ging ihm offenbar um Öffentlichkeit.

Vor der Ausstrahlung meines Filmes »Das Geheimnis vom Toplitzsee« am Pfingstsamstag 1985 im Abendprogramm des ZDF schrieb Riegel einen Brief an den Intendanten: »... noch ist diese Sendung nicht ausgestrahlt – obwohl die Herren Löwenthal und Weinert Ihrer fragwürdigen Magazin-Redaktion schon vor Jahren hierzu (Anm. Toplitzsee) einigermaßen fleißig recherchierten – und das ZDF auch angemessen zahlte. Die Quittungen liegen vor. Allerdings, Würmer fanden sie nicht, die Herren Löwenthal und Weinert. Diese Sensation blieb Herrn Prof. Dr. H. Fricke (Mitarbeiter des Max-Planck-Institutes in München) vorbehalten.« Es folgte ein wirrer Brief mit ziemlichen Anschuldigungen gegen das ZDF, die kaum zu verstehen waren.

Das ZDF gab mir den Brief zur Beantwortung. Ich ahnte bereits, dass Riegel nicht aufgeben und ein Dauerkunde im »Briefe-beantworten-müssen« werden würde. So schrieb ich ihm erneut: »Was Sie in Ihrem Brief an Informationen mitteilen, ist keineswegs neu und wird von jedem Toplitzsee-Schreiber kolportiert. Der See ist ein für Geologie und Biologie außergewöhnlicher See und man wird wohl jedem Wissenschaftler, der dort versucht zu arbeiten, den tradierten Schmutz der Boulevardpresse und die Halbwahrheiten von Möchtegernhistorikern anzuheften versuchen. Können denn auch Sie nicht begreifen, dass man in einem solchen See auch anderes suchen kann als faschistoiden Dreck?«

Dann folgte eine Geschichte von Riegel in der QUICK. Auch darauf musste ich Riegel gezwungenermaßen antworten: »Ich kann das wichtigtuerische Gerede der sogenannten Toplitzseeforscher nicht mehr ausstehen. In den letzten zwei Jahren haben sich insgesamt vier (inklusive Ihrer Person) als Generalbevollmächtigte des Herrn

Schwend mit der gleichen Kontonummergeschichte (Nr. 930) der auch von Ihnen bemühten Société Générale de Surveillance in Genf bei mir brieflich gemeldet … Ich finde es betrüblich, dass ich meine begrenzte wertvolle Zeit mit Geschichten über Schwend verschwenden muss … und damit möchte ich endgültig einen Schlussstrich in der Korrespondenz mit Ihnen ziehen.«

Doch Riegel ließ nicht locker. Er wollte wissen, wem das Tauchboot gehört und wer die Operationen bezahlt. Hätte er die GEO-Redaktion in Hamburg angerufen, so hätte er dort die Wahrheit erfahren.

1987 schrieb Riegel ans Bundesfinanzministerium und beschwerte sich, dass die MPG ungehalten seinen Anfragen gegenüber war. Wer bezahlte die über 100 Tauchgänge des Herrn Prof. Dr. Fricke? Das Finanzministerium verwies den Schreiber an das Bundesministerium für Forschung und Technologie. Der Minister hatte anderes zu tun und antwortete nicht. Riegel war erbost und ermahnte 1991 den Minister erneut zur Antwort. Dieser leitete das Ersuchen an die MPG zurück. So ging das hin und her. Weitere Einzelheiten will ich mir ersparen.

1997 erhielt ich von der MPG ein Schreiben mit dem Aufkleber »Bitte an Prof. Fricke schicken zur Kenntnisnahme und für seinen Papierkorb«. Riegel hatte es ein letztes Mal bei der Pressestelle der MPG versucht. Sein damaliger Leiter antwortete Riegel: »Sie bedenken uns seit einiger Zeit mit Briefen zu einem Themenkomplex zwischen STASI – Toplitzsee – Wurm Willi – Prof. Fricke – Tauchboot *Geo* usw. Und Sie erwarten von uns, dass wir Behauptungen nachgehen, die ein uns nicht bekannter Autor in einem uns nicht bekannten Buch aufgestellt hat. Dort wird Herrn Prof. Fricke nachgesagt, mit einem hohen STASI-Funktionär namens Mader ein ›Nahverhältnis‹ gehabt zu haben. Und es wird behauptet, die STASI habe das Tauchboot Geo finanziert. Wo kämen wir denn hin, wenn jeder Autor irgendwelchen Quatsch über eine Person in die Welt setzen kann und der so Diffamierte dann den Gegenbeweis antreten müsste, dass dem nicht so gewesen sei? Wenn Sie übrigens von mir eine – natürlich nicht ernst gemeinte – Erklärung zum Wurm Willi hören wollen: Wie der Name ›Mader‹ schon sagt, ist Mader eigentlich eine Made, nämlich die Reinkarnation des Wurmes Willi! Damit hat sich hoffentlich alles aufgeklärt. Mit freundlichen Grüßen – aber nicht in der Absicht, weitere Briefe von Ihnen zu beantworten – Ihr M.G.«

Es war in der Tat der letzte Brief, und Riegel hat sich Gott sei dank nirgendwo wieder gemeldet. Ich schwor mir, ab jetzt keinen Beantwortungsbrief in Sachen Riegel mehr zu verfassen, selbst wenn er vom Bundeskanzler käme. Ich verfluchte den Toplitzsee, hatte er mir doch eine Menge Ärger bereitet.

Aber es ging weiter. Aus Frankfurt kam von einem Professor Ben Hayim ein Brandbrief, der mich auf ein Buch von Wilhelm Höttl mit dem Titel»Einsatz für das Reich«. hinwies. Gegen das Buch hatte er eine einstweilige Verfügung erhoben und bat um eine schnelle zügige Mitarbeit, denn in dem Buch hatte Höttl auch einige Anschuldigungen gegen mich vorgebracht, die Riegel als Anlass seiner Verschwörungstheorien genommen hatte.

Im Zuge meiner eigenen Studien für einen neuen Film über den Toplitzsee hatte ich Höttl einige Male besucht. Stets ging ich mit dem leeren Gefühl nach Hause, alte Kamellen vernommen zu haben, die schon überall veröffentlicht waren. Mich störte, dass Höttl im Gespräch stets wegsah und seinem Gegenüber nie in die Augen sehen konnte. Doch wunderte ich mich, wie bereitwillig er vor der Kamera sprach. Er mochte Öffentlichkeit.

In seinem Buch »Einsatz für das Reich« schrieb Höttl: »Ein Prof. Fricke, Spezialist für seltene Meerestiere, unternahm mit einem kleinen U-Boot mit Genehmigung der Behörden einige Tauchversuche (Anm. im Toplitzsee) mit dem Resultat, dass er lediglich einen angeblich bisher noch nicht bekannten Wurm fand, der ebenso angeblich eine wissenschaftliche Sensation war, weil dieser in der Tiefe fast ohne Sauerstoff lebte. Aber auch da gibt es erhebliche Zweifel an dem Hintergrund der ganzen Aktion. Es taucht natürlich die Frage auf, wer hat dieses Unternehmen finanziert, da so ein kleines U-Boot, das nur für einen Mann bestimmt ist, fast eine Million DM kostet. Fricke behauptet, das hätte ihm die Max-Planck-Gesellschaft in München zur Verfügung gestellt, die bei Rückfrage strikt ablehnte, worauf der Ball an die GEO-Gesellschaft weitergespielt wurde.«

Dass die Entstehungsgeschichte des Tauchbootes *Geo* zu diesem Zeitpunkt bereits zigfach veröffentlicht war, war Höttl entgangen. Die Max-Planck-Gesellschaft hatte absolut nichts mit der Anschaffung des Bootes zu tun. Man fragt sich, wie glaubhaft die anderen Quellen in Höttls Büchern sind. *Geo* war ein Eigenbau, den mir die GEO-Redaktion in Hamburg großzügig spendiert hatte.

Auf den zurückliegenden Seiten habe ich schon mehrfach über den ehemaligen DDR-Publizisten und STASI-Mitarbeiter Julius Mader gesprochen, den ich wegen seiner polemischen und aggressiven Art und zahlreicher Unwahrheiten nicht gerade schätze. Außerdem habe ich Mader weder jemals getroffen noch mit ihm korrespondiert. Höttl schreibt: »Zwischen diesem Mader, der als hoher STASI-Funktionär unbehelligt im neuen Berlin lebt, und Prof. Dr. Fricke bestand irgendwie ein Nahverhältnis, das bisher noch nicht geklärt werden konnte. Mader jedenfalls behauptet, er sei von Fricke ›hintergangen‹ worden; aber wieso und auf welche Weise, hat er bisher verschwiegen. Gerüchte hier besagen, dass der STASI Frickes U-Boot finanziert hätte, aber wer sollte dafür den Beweis antreten?«

Als ich diese Zeilen zum ersten Mal las, brach ich nicht in Zorn aus: Es war eine Lachnummer, ich nahm es humoristisch. Höttl hatte zum Zeitpunkt, als er das Buch schrieb, bereits zwei Schlaganfälle hinter sich, und die schienen sein Urteilsvermögen sehr beeinträchtigt zu haben. Es wäre Sache des Lektors gewesen, zum Schutze des Autors viele Passagen des Textes kritisch zu hinterfragen. Das ist wohl nicht passiert. In einem Interview stellte ich Höttl vor der Kamera wegen der Anschuldigungen zur Rede. Er antwortete nur, wenn man ein Buch schreibt, dies wisse ich ja selbst am besten, geriete man unter Zeitdruck. Er hätte nicht mehr genügend Zeit gefunden, die Sachen genau zu eruieren. Höttl schob Mader, der inzwischen verstorben war, die Schuld zu. Mader habe behauptet, dass das Tauchboot *Geo* und die Aktionen am Toplitzsee vom STASI bezahlt wurden. Dann sagte er im Originalton: »Habe schon lange darauf geharrt, dass Sie kommen – um zu erfahren, wie es authentisch nun wirklich war.«

Über so viel Frivolität war ich sprachlos, aber gleichzeitig fasziniert – eine erstaunliche Leistung eines Schlaganfallpatienten. Da wurde ich auch an die Worte von Höttls ehemaligem Dienstherren vom RSHA, Ernst Kaltenbrunner, erinnert. Höttl sei ein eloquenter gesprächiger Kaffeehausjournalist, mehr nicht. Dass er es mit der Wahrheit oft nicht so genau nahm, haben schon vor mir andere erfahren müssen. Die einstweilige Verfügung gegen sein Buch konnte übrigens wegen eines Formfehlers in der Verfahrensweise leider nicht durchgeführt werden.

Während die Kontakte mit Riegel und Höttl mehr oder weniger unerquicklich waren, gab es auch andere: kuriose, besorgte, geheimnisvolle und gut gemeinte.

Ein Herr M. schrieb mir, dass er über unsere Wurmsuche im Toplitzsee in der Zeitung gelesen habe und besorgt um uns sei. Im Krieg habe er in der Ukraine im damaligen Reichskommissariat Abt. Wasserstraßen und Häfen gearbeitet. Und da er mit dem Wasser zu tun gehabt habe, sei er oft zum Schwimmen gegangen. Eines Tages hätte ihn ein russischer Biologe gewarnt, dass das Schwimmen in den dortigen Gewässern gefährlich sei. Neugierig geworden, wollte er nun Näheres über diese angebliche Gefahr wissen. Am nächsten Tag überreichte ihm der Biologe ein Glas mit Pripjet-Wasser aus dem Fluss, und darin bewegte sich ein wurmähnliches Tier. »Sollte es etwa dasselbe sein, welches Sie suchen?«, fragte Herr M. Soweit er sich erinnern konnte, hatte dieser extrem dünne Wurm hellbraune Farbe und war nur so dick wie eine Stricknadel. Der Biologe nannte ihn übersetzt »Pferdehaar«. Aber das Ausschlaggebende käme nun, schrieb M. Dieses Tier sei hochgefährlich, da es versuche, in jede mögliche Öffnung in den menschlichen Körper einzudringen. Für den Fall, dass dieses gelänge, müsse der Mensch sterben.

Abwegig waren diese Beobachtungen keineswegs. Es gibt eine Gruppe von Würmern, die Saitenwürmer, die extrem dünn und nur ein bis drei Millimeter dick sind, aber dafür anderthalb bis zwei Meter lang. Sie leben nur im Süßwasser und sind vorwiegend Parasiten von Insekten und Fischen. Dass sie allerdings Menschen regelmäßig befallen, ist mir nicht bekannt. Wenn es berichtet wurde, waren es gewissermaßen Fehlgriffe des Wurmes: er hatte sich einfach mal im Wirt geirrt. Ich habe mich jedenfalls für die Warnung bei Herrn M. bedankt.

Natürlich kamen die meisten Anfragen für Gespräche, Kontakte, Besuche und Zusammenarbeit aus der Ecke der Schatzjäger. Sie alle taten sehr geheimnisvoll. Hier ein Beispiel stellvertretend für viele: »Der letzte Überlebende der SS-Gruppe, die 1945 den sagenhaften Schatz (42 Kisten mit Gold, Diamanten und wichtigen Dokumenten) in einem österreichischen See versenkte, bat mich nun jemanden zu finden, der gegen einen gewissen Betrag bereit ist, den Schatz zu heben. Sollten Sie an der Sache interessiert sein, so lassen Sie mich durch ein Inserat in der Abendzeitung Spalte ›Verschiedenes‹ in der Wochenendausgabe wissen, wie eine persönliche Kontaktaufnahme mit Ihnen möglich ist. Als Text stelle ich mir folgende Formulierung vor: »Bin am Kauf des See-Grundstückes interessiert Telefon Nr. …«. Da ich grundsätzlich auf solche Anfragen nicht reagierte, meldeten sich die Personen schon nach wenigen Tagen telefonisch.

Andere machten einen seriöseren Eindruck. Ein Herr F. ließ vermelden: »Mein Vorhaben ist es, den seit 1945 verschollenen Reichsschatz zu bergen und an die Republik Österreich auszuhändigen. Dieser Gedanke beschäftigt mich seit 1975, und ich habe in dieser Richtung schon verschiedene Nachforschungen angestellt, die mich in Richtung eines tatsächlichen Vorhandenseins im Steirischen Landesgebiet bestärkt haben. Mir schwebt die Gründung einer ›Reichsschatz Bergungs GmbH‹ vor mit einem Kapital von DM 100 000 bis 200 000. Die Einlagen würden anteilsmäßig auf den Finderlohn umgelegt werden. Als Motor dieser Suche könnte man mich ansehen, zu der ich bis zum Erfolg oder dem Abspringen der Geldgeber mit allen meinen mir zur Verfügung stehenden Mitteln aktiv beitragen würde. Dieser Vorgang wäre von großer Tragweite und würde weltweit Aufsehen erregen.«

Ich wurde um eine Stellungnahme zu dem Vorhaben gebeten und antwortete: »Sie werden verstehen, dass ich mich an dem Unternehmen nicht beteiligen kann. Ich bin in der Tat kein Schatzsucher und habe auch wirklich kein Interesse daran. Auch kann ich Ihnen leider auf Charterbasis unser Tauchboot nicht zur Verfügung stellen, da alle Unternehmungen dieses Bootes mit meinem Namen verknüpft sind, so dass ich schließlich als Reichsschatzsucher hingestellt würde. Sie müssen Verständnis dafür haben; ich bin wirklich nur an wissenschaftlichen Unternehmungen interessiert.«

Ein anderer behauptete gar, dass er bereits mit Bundeskanzler Kreisky und seinen Ministern gesprochen habe. Ein Vertrag über eine groß angelegte Schatzbergung sei überhaupt kein Problem. Zunächst müsste ein Auftrag-Vertrag besorgt werden. Über sein Honorar könne man sich privat sehr gut einigen. Mit dem Hinweis, bitte den Vorschlag privat und streng vertraulich zu behandeln, dürfe man die Neidhammel und die Presse nicht vergessen, vor allem müsse man aber an den zu erwartenden Gewinn denken. Ein vierblättriges Kleeblatt zierte das Ende des Briefes.

Angenehmer und zurückhaltender waren Briefe mit etwas antiquierten und meist ungelenken Schriftzügen, die auf ältere Personen schließen ließen. Es waren Wünschelrutengänger, die mir genau sagen konnten, wo der Schatz im See liegt. Ich bekam sogar Karten mit den eingezeichneten Fundorten zugeschickt. Ein Herr P. teilte mir in holprigem Deutsch mit, dass wir ja mit dem Tauchboot nach den Zeitungsberichten Wasser, Boden und Bakterien untersuchen außerdem »nebstbei auch die Suche nach dem berühmten Goldschatz aus der Nazi-Zeit. Da Sie der geeignete Mann sind und sich auch um den Schatz interessieren, möchte ich Ihnen eine Skizze ausfolgen, auf der ich am 8. Mai 85 die Pendelergebnisse durchgeführt habe. Aber da Sie im Toplitzsee Untersuchungen durchführen, wäre es möglich, diese Stellen zu überprüfen und mir eventuell mitzuteilen, was Sie davon halten.«

Ein anderer wurde sehr konkret: »Vor einigen Jahren ortete ich schon auf einer Straßenkarte (Anm. durch Teleradiästhesie) im Bereich des Toplitzsees ein Goldvorkommen. Ob dies ein Naturvorkommen oder aber vergrabenes bzw. versenktes Gold ist, kann ich auf der Karte natürlich nicht unterscheiden. Bitte glauben Sie mir, ich bin auf diesem Gebiet ein absoluter Realist. Wenn Sie nun an dieser Sache Interesse haben, bin ich fest überzeugt, Sie bestens beraten zu können.«

Es gab auch Personen aus dem Kreis dieser Wünschelrutengänger, Pendler und mystischen Heimatforscher, die wir durchaus ins Herz geschlossen hatten. Einer von ihnen war Viktor Plank. Seit 1983 erschien er bei allen unseren Tauchbootfahrten am See. Auf der Außenseite eines seiner liebenswürdigen Briefe stand ein Spruch über sich selbst: »Der letzte Forscher nach der Wahrheit im Salzkammergut. Mit Wünschelrute und Pendl auch nach heiligen Stätten unserer Ahnen unterwegs«.

Abs.: [illegible]

Der letzte Forscher nach der
Wahrheit im Salzkammergut !!
Mit Wünschelrute und Pendl
auch nach heiligen Stätten unserer
Ahnen unterwegs bin.

Er schrieb mir, dass es sein Lebenswunsch sei, mit dem U-Boot im Toplitzsee mittauchen zu können. Er sei arbeitslos und sei nur ein naturverbundener einfacher Hilfsarbeiter und schrieb dann: »Ich traue mich meinen Wunsch fast nicht zu schreiben.« Wir nahmen ihn einmal im Tauchboot auf der Rückfahrt vom hinteren Teil des Sees mit. Jahrelang glaubt er an die Existenz von Goldschätzen, geheimnisvollen Gängen und Nachrichten aus der Vorzeit, das war seine Welt. Zwischen den Zeilen seiner Briefe merkte ich auch, wie teuer es für ihn jedes Mal war, von seinem Wohnort zum Toplitzsee zu fahren. Jedesmal brachte er für uns etwas mit. Das letzte Mal eine kleine Flasche Rum.

Ein wenig anstrengend war es, den enthusiastischen Berichten der süchtigen Schatzsucher, der Pendler und Wünschelrutengänger stetige Aufmerksamkeit zu widmen, zumal solche Gespräche gewöhnlich kein freiwilliges Ende fanden. Und trotzdem. Plank war – wie wir auch – ein Suchender, wenn auch auf anderem Niveau. Wir respektierten seine Anliegen, auch wenn sie mit den unseren nichts gemein hatten. Es war eine jener Begegnungen der merkwürdigen Art, die wir bei unseren Aufenthalten am Toplitzsee keineswegs missen wollten.

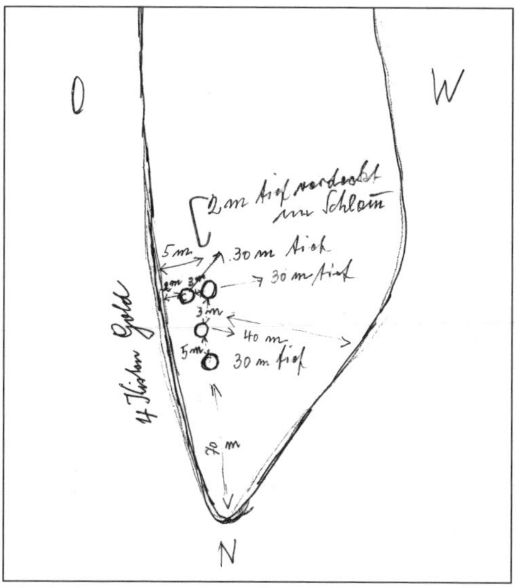

Das Rätsel der serbischen Bankbehälter

Unweit der Fischerhütte am nordwestlichen Ufer des Toplitzsees befindet sich eine steile Felswand, die fast senkrecht bis in knapp 100 m Tiefe nach unten führt. Hier war der junge Sporttaucher Egner 1963 tödlich verunglückt, hier hatte der SS-Mann Gruber angeblich 30 000 m^3 Fels absprengen lassen, um Kisten zuzuschütten, und hier lag auch der ominöse unterseeische Bunker, in dem Gold versteckt war, das angeblich Unterwasserforscher Fricke und seine Tauchbootmannschaft gesehen haben sollen. Wir hatten es aufgegeben, uns gegen den Dunst der Berichterstattung vor Ort zu wehren. Es war aussichtslos, schrieben die Reporter doch sowieso alles, was sie schreiben wollten, auch wenn es oft unter die Gürtellinie ging.

Wir schwiegen deshalb auch über einen Fund, der auf einem leichten Schotterfeld unterhalb der Wand lag – ein großer schwarzer Behälter von vielleicht 3 $^1/_2$ m Länge und 2 m Breite. Wir waren einige Male an ihm vorbeigefahren und wunderten uns über seine Größe. Zunächst dachten wir an ein Floß der CPVA und nahmen zu den beiden Marineleuten Dr. Keller und Max Roelk Kontakt auf, ob sie sich an einen solchen Behälter erinnern konnten. Doch beide kannten ihn nicht. »Da habe ich keine Aktien drin«, meinte Dr. Keller. »Nöh, so wat habe ich nich jesehn«, sagte Herr Roelk.

Offenbar überstand der Behälter die Verschüttungssprengungen von SS-Mann Gruber, die mit großer Wahrscheinlichkeit nie stattgefunden hatten, denn sonst läge dieser Behälter nicht so offen unterhalb des leicht geneigten Grundes. Unweit dieser Stelle hatte die Wand in 40 m Tiefe einen Absatz, an dessen Kante Jürgen und Olaf bei unseren ersten Tauchabstiegen eine schwere Eisenkiste entdeckten. Bei Annäherung des Tauchbootes geriet sie in Bewegung und rutschte über die Kante hinweg ins Tiefe, wo sie im weichen Sediment ihren Blicken entschwand. Es gab so viel Schrott in diesem See, dass wir der entschwindenden Eisenkiste zunächst keine große Bedeutung beimaßen.

Dann hatten wir seltsamen Besuch. Zwei junge Männer, einer mit einem auffälligen Kaiser-Wilhelm-Bart, tauchten auf. Wir hatten schon bemerkt, dass sie seit Tagen jeden unserer Schritte beobachteten. Sie kamen auf mich zu und zeigten ein Foto, ob ich jene Kiste kennen würde. Ich log nicht und sagte nein, denn ich hatte sie in der Tat mit eigenen Augen nicht gesehen. Abends erzählte ich meinen beiden Freunden von der Begegnung und beschrieb das Bild. Auffällig war besonders der große Messingknauf, der ziemlich dominant ins Auge sprang. Mit großer Wahrscheinlichkeit war es die Eisenkiste, die Jürgen und Olaf gesehen hatten und die die beiden Männer suchten.

Gerade jetzt zu Beginn unserer Tauchaktion wollte ich mich auf keinen Fall auf solche dubiosen Funde einlassen. Auch hatte ich ein ungutes Gefühl, dass die beiden Männer der rechtsradikalen Szene angehören könnten – was übrigens später bestätigt wurde. Wir verdrängten unsere Beobachtungen und löschten sie gewissermaßen aus dem Gehirn. Ich ahnte damals nicht, dass der große sulfidüberzogene schwarze Behälter und die Eisenkiste mich bis heute beschäftigen und mich abermals mit einem besonderen Kapitel unserer deutschen Geschichte unmittelbar konfrontieren würden. Möglicherweise ist es sogar einer der wichtigsten Funde, die bis auf die Entdeckung des versenkten Falschgeldes hier im See gemacht worden sind.

So ganz hatten wir den großen schwarzen Behälter doch nicht vergessen. Als Laslo Muray und seine Pioniere anrückten, sollte er nach oben. Wir saßen lange davor und mussten einen Haken durch eine Öse fädeln, damit ein Bergeseil daran befestigt werden konnte. An diesem Tag wollte nichts gelingen. Ich saß vorn im Tauchboot und bediente den Greifarm, der mit seinen klobigen Zähnen nicht unbedingt ein Hightech-Produkt war. Immer wieder rutschte der Haken aus der Öse. Dass oben an der Oberfläche viele Leute auf ein schnelles Ergebnis ungeduldig warteten, machte mich sehr nervös. Nach zwei Stunden gab ich schließlich entnervt auf.

Olaf tauchte zur »zweiten« Schicht ab. Er hatte mehr Glück. Laslo zog den Behälter nach oben und deponierte ihn am Ufer. Seine Seitenwände waren von Schüssen durchsiebt. Die Ausschussöffnungen in dem relativ dünnen Aluminiumblech wiesen nach draußen und gaben uns den ersten Hinweis, dass die Schüsse aus allernächster Entfernung abgegeben worden waren. Der Schütze saß vermutlich in einem Boot dicht neben dem schwimmenden Behälter. Jürgen fand Patronenhülsen. Alles wies darauf hin, dass dieses schwimmende Ponton, so sah es fast aus, gezielt und kontrolliert versenkt wurde. Dann bemerkte ich ein kleines unscheinbares Metallschild mit kyrillischer Schrift. Da ich in der Schule Russisch gelernt hatte, konnte ich es entziffern: Waggonfabrik, Handelsbank, Kruschtschewatz 1929 (Kruschtschewatz ist eine kleine Kreisstadt südwestlich von Belgrad dicht an dem Fluss Morawa).

Unser vermeintliches Ponton war also ein Transportbehälter einer Serbischen Bank. Die Höhe der Einschusslöcher zeigte uns, dass der Transportbehälter zum Zeitpunkt seiner Versenkung nicht leer gewesen sein konnte. Wäre er leer gewesen, hätte der Schütze in den Boden schießen müssen, um den Behälter versenken zu können. Das war aber nicht der Fall. Die Einschusslöcher befanden sich 50–80 cm über dem Boden. Die Wasserlinie muss also noch höher gelegen haben. Das hieße aber auch, dass der Transportbehälter quasi voll beladen versank. Doch wo war dann die Ladung geblieben? Solche Entdeckungen verursachen Unruhe, will man doch wissen, was damals geschah.

Erst 17 Jahre später sollte sich die Gelegenheit bieten, wieder den Geheimnissen des Bankbehälters nachzugehen. Dieses Mal waren wir mit unserem neuen Boot *Jago* unterwegs. Es wurde – im Gegensatz zu früher – eine entspannte, einfache und unkomplizierte Forschungsreise. Mit uns war Horst Bust, mein Jugendfreund aus den ganz frühen Tagen meiner Taucherei. Durch die Teilung Deutschlands hatten wir viele Jahre lang nicht mehr zusammen tauchen können. Ein mutiger Reporter des ORF begann seine witzige Reportage über uns mit einem Sprung ins 8 °C warme Wasser. Er tauchte auf und räsonierte frierend, er habe jetzt den See abgesucht und wie die Amerikaner im vorigen Jahr wirklich nichts gefunden. Jetzt gäbe er den See für uns gewissermaßen frei!

Zwei Gendarmen hatten den Auftrag, uns zu beobachten. Von ihnen erfuhren wir, dass der Bodyguard jenes israelischen Journalisten aufgetaucht war, der mich in München mit seinen abenteuerlichen Geschichten belästigt hatte. Eine hellblonde und wohl trainierte – so eine Art James-Bond-Gespielin – mit Tennisschuhen beobachtete uns ebenfalls. Fünf Stunden saß sie auf der Terrasse des Fischerwirts und spielte mit ihrem Handy. Eine österreichische Sicherheitsbeamtin? Dann wollte sie mal einen Blick ins Tauchboot werfen. Albrecht Syen, der Wirt, meinte scherzhaft: »Jetzt versucht sie, Euer Tauchboot zu verwanzen.« Die Polizei überprüfte unseren weiblichen Satelliten. Sie gehörte nicht zum Österreichischen Sicherheitsdienst. Auf der anderen Seite des Sees war ein Unbekannter unterwegs, der im Wald telefonierte und Bericht über uns abgab – ein Polizist hatte zugehört. Wir hatten jedoch nichts zu verbergen und wunderten uns nur über den Aufwand, der wieder um uns betrieben wurde.

Um 6 Uhr in der Frühe wachte ich auf. Draußen dämmerte es gerade. Ich sah den Nebelgeistern zu und trottete noch im Schlafanzug entlang des Ufers. Die feuchte Luft roch nach frischem Grün, aber auch nach modrigem Wald. Der See lag still da, nirgends ein Mensch, nichts – jetzt sah er in der Tat geheimnisvoll und auch etwas unheimlich aus. So mochte ich ihn, den Toplitzsee, diese alpine Wanne. Eine großartige Stimmung lag über dem Wasser. Am Kammersee sammelten sich die Wolken und stiegen langsam auf. Sie vermeldeten einen schönen Tag.

Um 10 Uhr tauchten wir vor der Steilwand ab. Unten am Grund empfing uns ein gewohntes Bild: Bäume, von langen Fransen und Sedimentpudelmützen eingehüllt. Bei Annäherung des Tauchbootes verloren sie ihre Pracht. Schnee rieselte dann von ihren Ästen, und alles löste sich gespenstig schnell in Wohlgefallen auf. Ganz in der Nähe, da wo früher, vor 17 Jahren, der große Bankbehälter gelegen hatte, entdeckten wir eine »Knaufkiste« mit sehr schönen Verzierungen. Es war die zweite dieser sehr ähnlichen Behälter. Jürgen meinte, dass es ein Einbau-Safe sei, ich hielt es dagegen eher für eine Ofenröhre, die wir auch daheim an unserem schönen Grundofen hatten. Sie ließ sich leicht öffnen. Nichts war drin, sie war leer. Zwei oder drei Meter daneben lag eine dritte, die den anderen fast aufs Haar glich. Diese Blechkiste war verschlossen und ließ sich nicht öffnen. Mit dem Greifarm stellte ich sie nur mit großer Mühe aufrecht hin. Eine Verzierung kam zum Vorschein und seitwärts zwei schwere Messingstopper, eine Arretierung beim Öffnen der aufklappbaren Tür. Zwei kleinere runde Messingknöpfe dienten offenbar zur Regulierung der Luftzufuhr. Mit dem Greifarm reinigten wir ein wenig den Deckel, und neue grazile Verzierungen erschienen. Mysteriös sahen die Behälter aus. So ganz sicher war weder Jürgen mit seiner Einbautresor-Hypothese noch ich mit meinem Glauben an ein Bratapfel-Ofenrohr. Wir konnten uns keinen Reim darauf machen. Der Behälter musste unbedingt nach oben. Hatten wir Teile der Ladung des großen Bankbehälters entdeckt?

Für eine kurze Unterbrechung tauchten wir auf und ließen *Jago* draußen auf dem See driften. Jürgen bereitete eine Schlinge vor, die wir unter Wasser um den »Ofeneinsatz« legen wollten. Das gelang uns später nur mit Mühe. Als ich die Schlaufe schließlich festzog, ließ Jürgen Luft in den variablen Ballast, und leicht hob das Boot vom Boden ab. Unter uns baumelte die Kiste und zog noch eine kleine Sedimentfahne hinter sich her. Wir diskutierten kurz, wo wir unsere »Beute« absetzen wollten. Falls Papiere drin wären, dürften wir auf keinen Fall den Behälter aus dem Wasser heben. Wir entschlossen uns deshalb, ihn im Grenzbereich zur anoxyischen Zone in etwa 14–15 m Tiefe zu deponieren, damit er nicht dem Sauerstoff ausgesetzt würde.

Doch was würde mit dem Inhalt passieren? Ich hoffte sehr, dass nichts gravierend Wichtiges drin war, denn für mich stand fest, dass im anderen Fall die Behörden unverzüglich benachrichtigt werden müssten. Jürgen war anderer Meinung: Der Behälter sollte dann wieder versenkt werden; Stillschweigen bewahren, des Sees wegen. Unstimmigkeiten machten sich zwischen uns beiden breit. Wenn durch diesen Fund ein Stück Zeitgeschichte erhellt werden könnte, sollte die Wahrheit an den Tag, und zwar durch den einzig korrekten Weg in Zusammenarbeit mit den Behörden. Es sollte in Zukunft keine weiteren Geheimnisse um den Toplitzsee geben, besonders nicht durch Stillschweigen. Irgendwann würde es nach draußen sickern, dass Fricke und Co. den Behälter mit Dokumenten wieder versenkt hätten. Neue wilde Gerüchte würden ins Kraut schießen, und heimliche Tauchabstiege wären die Folgen. Nein, so weit dürften wir es nicht kommen lassen. Wir würden unsere Glaubwürdigkeit verlieren.

Über uns wurde es heller. Eine grünliche Dämmerung hatte die Landschaft erfasst. Der Ausstieg aus der absoluten Finsternis war jedes Mal ein befreiender Augenblick. Schemenhaft lagen überall Baumstümpfe neben der Wand, die zunehmend flacher wurde, je höher wir stiegen. Dann verhakte sich unsere nach unten baumelnde Fracht in einer Baumkrone. *Jago*s Aufstieg wurde unvermittelt gestoppt. Wir saßen fest. Ähnliche Situationen hatten wir hier im See schon einige Male erlebt. Einmal wunderten wir uns, dass wir so extrem langsam fuhren. An der Oberfläche bemerkten wir, dass wir die ganze Zeit über eine mittelgroße Fichte hinter uns hergeschleppt hatten. Auch dieses Mal befreiten wir uns aus der Umklammerung und lupften die Kiste aus der Baumkrone. Bald erreichten wir unseren vorgesehenen Landeplatz und setzten unsere Fracht sachte ab. Es war Spätnachmittag geworden, Zeit zum Aufhören.

Am nächsten Tag wunderten sich unsere Aufpasser, dass wir mit dem Tauchgerät ins Wasser stiegen. Das war ungewöhnlich. Sie konnten uns nicht folgen und nachsehen, was wir taten. Jürgen hatte Werkzeuge mitgenommen, denn die Kiste war – wie ein verbogener Haken zeigte – gewaltsam geschlossen worden. Ich wollte den gesamten Vorgang ohne Unterbrechung filmen. Falls in der Blechkiste wirklich brisantes Material drin war, benötigten wir einen Beleg auch für polizeiliche Nachforschungen. Die Sicht war extrem schlecht, und wir hatten zunächst Schwierigkeiten, den »Ofeneinsatz« wieder zu finden. Jürgen nahm das Bergeseil ab und bog mit einem Schraubenzieher einen Hebel zur Seite, der die Tür festhielt. Und in der Tat, dies war auf den ersten Blick kein Ofeneinsatz. Auf der rechten Seite fanden wir außen einen mit graublauer Farbe aufgemalten Namen: U. Berger. Am Boden der geöffneten Kiste waren Metallschienen, auf denen man einen zweiten Behälter ins Innere schieben konnte. Also doch ein Bankschließfach? Rostwolken versperrten zunächst den Blick. Dann sah ich vorn auf dem geöffneten Deckel Papiere oder das, was von ihnen übrig geblieben war. Jürgen griff ins rostige Innere und holte zu unserer großen Überraschung einen riesigen Stein heraus. Dieses Schließfach – oder was immer es sein mochte – war geöffnet, sein Inhalt entnommen und der Rest zur Versenkung »freigegeben« worden. Doch wer war der Dieb?

Der Stein war mit den Steinen am Ufer identisch. Selbst Moosreste hatten den jahrelangen Aufenthalt in diesem eisernen Gefängnis problemlos überlebt. Jürgen griff sachte in die nur fingernagelgroßen Papierreste, die verstreut zwischen den Metallschienen lagen. Unterschiedlich große Buchstaben kamen zu Tage. Es musste ein deutsches Schriftstück, vermutlich eine Zeitung, gewesen sein, die hier für Dekaden im »Schließfach« lag und jahrelang auf uns gewartet hatte. Ein bisschen war ich froh, dass sich die Geschichte auf scheinbar so undramatische Weise von selbst auflöste.

Jürgen legte die Kiste in einem großen schwarzen Plastiksack links neben dem Steg ins flache Wasser. Wir wollten wissen, was der Behälter nun wirklich war. Eine Ofenröhre? Ein Bankschließfach? Ein Einbautresor? Der nächste Tag war ein besonders schöner Maientag und viele Besucher kamen zur Fischerhütte. Kinder spielten am Ufer, und wir hatten Angst, dass sie unseren Plastiksack mit Inhalt finden und hochziehen würden. An diesem Tag hatten wir besonders großes Interesse an ihren Spielen und äugten jedes Mal ziemlich ängstlich auf ihre Aktionen. Am Abend kamen Bekannte von uns zu Besuch. Wir konnten sie unmöglich einweihen, obwohl Jürgen und ich zu gern über den Inhalt des Plastiksacks Bescheid gewusst hätten. Wir saßen wie auf Kohlen. Ausgerechnet heute ließen sich unsere Gäste sehr viel Zeit. Horst nahm sich ein Herz und brachte schließlich den Behälter allein auf einer Schubkarre in einer Plastikwanne zur Jagdhütte. Als er an uns vorbei ging, rief ich ihm zu, dass er die Probe gut versorgen solle.

Spät in der Nacht scharten wir uns um die schwarze Plastikwanne. Horst lächelte schelmisch. Ich hob den Tresor im Plastiksack mit einer Hand aus der Wanne. Es war eine verdächtig leichte Blechkiste, die uns drei so viele schöne aufregend konspirative Stunden mit anstrengendem Leisereden beschert hatte. Wir lachten lauthals: Der Tresor oder das Bankschließfach war wirklich nur ein Ofeneinsatz aus dünnem Eisenblech. Mit einem Mal löste sich alles in Zufriedenheit auf. Zufrieden schlief ich auch ein und träumte nicht mehr von diesem wirren Zeug, das uns so beschäftigt hatte. Dabei hatten wir noch am Mittag auf der anderen Seite des Sees eine fantastische Entdeckung gemacht. Wir hatten einen Märchenwald unglaublicher Kulisse entdeckt. Sedimentzapfen vermutlich bakteriellen Ursprungs hingen an den Bäumen. Sie waren viel mächtiger und größer als an anderen Stellen des Sees. Wir hatten sie eingesammelt, um sie von Experten bearbeiten zu lassen. Dann fanden wir noch ein weiteres Raketenfloß der Marine, und auch da hingen die Bakterienzapfen herab: 56 Jahre lang konnten sie so wachsen, tapetenartige dicke Matten überzogen die schlohweißen Gipswände. Alles musste biogenen Ursprungs sein, hier in dieser schwefligen und sauerstofflosen Umwelt. Das war unser letzter Tauchtag mit diesen schönen Überraschungen. Ich schrieb trotzdem in mein Notizbuch: »Und doch möchte ich nicht noch einmal herfahren. Ich mag dieses Schlüpfrige nicht, dieses Faschistoide, dieses Schatzgerede.«

Die nassen Papierschnipsel der Ofenröhre waren in denkbar schlechtem Zustand. Wir hatten sie in eine große Glasschale gelegt und bemerkten, wie sie sich bei jeder Wasserbewegung mehr und mehr auflösten. Wir mussten sofort agieren, um hier noch etwas zu retten. Natürlich wollten wir erfahren, was in der Ofenröhre aufbewahrt worden war. Mühselig fotografierten wir alle Teile sofort ab. Das größte Teilstück zeigte Text und eine Jahreszahl: »In der ersten Juliwoche 1942 beginnen die Verhandlungen vor dem Militärgericht. Kein Pressemann wird zu den …« Da der Text im Präsens geschrieben war, nahmen wir zunächst an, dass es sich um ein Druckerzeugnis aus der Kriegszeit handeln könnte. Wir sahen ein Kreuzworträtsel, Karikaturen und Teile einer Autowerbung, die uns sehr verwirrte, da dort ein »Renault Dom…« beworben wurde.

Wir konnten uns nicht vorstellen, dass die Nationalsozialisten eine Werbung für ein französisches Auto zugelassen hätten. Auffallend viele englische Ausdrücke kamen vor, unter anderem eine Geschichte über Women of Honour. Leider war es unmöglich, die Teile wie ein Puzzle zusammenzufügen. Den langsam entstehenden Papierbrei überführten wir noch am Toplitzsee kurz vor unserer Abreise in Formalin, um die Papierreste zu konservieren. Zu Hause machte ich mich sofort an die Arbeit.

Der Name »Dasch« und der Begriff »Deutschland« brachten mich schließlich auf eine erste auswertbare Spur. Georg D. Dasch war ein deutscher Agent der Militärischen Abwehr, der am 13. Juni 1942 zusammen mit drei anderen von einem U-Boot aus vor Amagansett auf Long Island, New York, mit Sabotagemitteln an Land gegangen war. Sie sollten in Amerika Industrieanlagen und Schleusen sprengen. Die Operation »Pastorius« lief an. Ein junger Wachmann entdeckte jedoch die Agenten und schlug Alarm. Dasch und seine Kameraden konnten unerkannt fliehen. Gleichzeitig wurde in Florida eine zweite Agentengruppe von einem U-Boot abgesetzt. Dasch stellte sich in New York dem FBI. Auch diese zweite Agentengruppe wurde gefasst, Dasch hatte sie verraten. Trotz umfangreicher Geständnisse und obwohl sie noch keine Sabotageakte ausgeführt hatten, wurde Dasch von einem Militärgericht zu 30 Jahren Zuchthaus, ein anderer zu lebenslang und die restlichen sechs zum Tode durch den elektrischen Stuhl verurteilt. Das Urteil wurde auf der Stelle vollstreckt. Im April 1948 begnadigte Präsident Truman die beiden Agenten und schob sie nach Westdeutschland ab. Dasch soll ein Agent des CIA geworden sein.

Die Einzelheiten um das Schicksal von Dasch zeigten mir, dass die im See gefundene Zeitung nach 1948 gedruckt sein musste. Dies passte auch zu der Renault-Werbung. Auch mit dieser Werbung machte ich schnelle Fortschritte. Ich fand ein Papierstück mit der Aufschrift »Schrack, Renault Dauphine, Schubertring 9, 130 Servicestationen«. Es war eine Wiener Adresse. Ich erfuhr, dass dort früher in der Tat eine Renault-Vertretung war. Die Zeitung musste also eine österreichische Zeitung aus der Nachkriegszeit sein.

Ziemliche Verwirrung stiftete jedoch ein merkwürdiges handgemaltes Zeichen, das sich in der linken unteren Ecke eines Schriftstückes befunden haben könnte: eine Raute als Kopf verbunden mit einem Stabkreuz, dessen vier Enden sich knubbelartig verdickten. Ich dachte an eine germanische Rune. Oben am Kopf der Raute stand eine mit Bleistift eingetragene und nur drei Millimeter große Zahl 753. Was hatte das alles zu bedeuten? Ich nahm Kontakt zu Experten auf und fand in Dr. Pieper vom Institut für Rechtsmedizin, forensische Anthropologie und Kriminalistik der Universität Düsseldorf einen enthusiastischen Ansprechpartner. Wie er mir mitteilte, handele es sich um eine Ing-Rune und eine G-Rune, wobei die knubbelartigen Verdickungen runologisch keinen Sinn machen würden. Die runologisch deutbare Nachricht hieß: Wenn wir euch kriegen, machen wir euch platt! Das war ja keine schöne Nachricht! Auf alle Fälle war Vorsicht geboten.

Doch da kam etwas anderes dazwischen. Im »Café Odeon« in der Münchner Innenstadt traf ich einen Herrn Esser, der mir durch das Institut für Friedensforschung von seinem damaligen Leiter Schmidt-Eenboom empfohlen wurde. Esser, ein untersetzter Bayer in Tracht, bärtig, Nachrichtenhändler,war äußerst gesprächig. Am Telefon hatte er eine sympathische Gerd-Rugenbauer-Stimme. Er habe vor Jahren mit Osama bin Laden im Mittleren Osten zu tun gehabt und habe auch angeblich die fast atombombensicheren Bunker von Saddam Hussein gebaut, den er in Bagdad traf. Ein Reporter der Süddeutschen Zeitung schrieb über ihn auf Seite 3: »Eingesperrt in tonnenschwere Erfindungen«. Esser kam in diesem Artikel nicht gut weg.

2004 ist sein im Selbstverlag erschienenes Buch »Hitlers Gold. Devisen und Diamanten. Die geheime Kriegsbeute der USA« erschienen. Ein kaum lesbares Buch, aber voll von unglaublichen Dokumenten, wo man sich sofort fragt, wie kam Esser an diese Papiere. Nachgefragt antwortet er nur, dass seine Archive im Ausland sind. Er tat geheimnisvoll. Unsympathisch wurde er mir, als er eine junge Kellnerin anmachte und darauf hinwies, dass er schon 30 Minuten auf sein Getränk warte. Er würde ihr kündigen, wenn er ihr Chef wäre – er meinte es ernst. Merkwürdig fand ich, dass er offen zugab, mit Gott und der Welt zu prozessieren. Ich erzählte ihm über den serbischen Bankbehälter, über die Umstände, die Einschusslöcher und das kleine Schild auf der Rückseite. Ich hatte nichts zu verbergen und zeigte ihm Fotos. Esser war sehr erstaunt. Sein beweglicher schneller Geist kombinierte blitzschnell. »Die Waggonfabrik muss man rausfinden. War auf dem Ponton ein Deckel? Die Bank werde ich suchen. Hochinteressant.«

Zwei Tage später rief er an und berichtete von seinen Nachforschungen: von Kontobüchern der Nationalbank Serbiens, die zusammen mit Bankunterlagen und zivilen Papieren in Kisten von Eggerding-Schärding im Innkreis in Oberösterreich nach Pieding auf Schloss Staufeneck verbracht wurden. Mit großer Sicherheit wurden diese Kisten mit dem Vorrücken der Amerikaner in Richtung »Alpenfestung« verlagert und dann – wie das Falschgeld – im Toplitzsee versenkt. Am Abend erhielt ich ein Fax mit den Inhaltsangaben der Kisten, die in unserem großen Bankbehälter gewesen sein könnten. Woher er diese Nachrichten habe, verschwieg Esser. Wieder tat er sehr geheimnisvoll.

Jetzt war es nur eine Frage der Zeit – ich hatte eine Spur, der ich folgen konnte. Das Institut für Zeitgeschichte in München war meine erste Anlaufstelle. Dort fand ich die Nummer des Mikrofilms MA 514, amerikanisches Filmmaterial deutscher Dokumente, die Esser kopiert hatte. Sie umfassten Inhaltsangaben der erwähnten Kisten, die von Belgrad in einem Transportbehälter über Wien nach Schärding und von dort auf Schloss Staufeneck transportiert wurden.

1941 war das alte serbische Kernland sowie das Grenzgebiet Banat unter deutsche Militärverwaltung gestellt worden. Der Militärbefehlshaber von Serbien unterstand dem Wehrmachtsbefehlshaber Südost in Griechenland, Feldmarschall Wilhelm List, der direkt Hitler und dem Oberkommando der Wehrmacht unterstellt war. Mit dem Vorrücken der Roten Armee wurde die Militärverwaltung Südost aufgelöst und eine neue Dienststelle in Eggerding-Schärding eingerichtet. Ich fand aufregende farbige Berichte von Verwaltungsbeamten über ihre Rückzugsabenteuer durch die Partisanengebiete Jugoslawiens. 41 Beamte waren aus dem Raum Südost in den letzten Kriegswochen noch nicht zurückgekehrt.

Alle Verwaltungsunterlagen der Militärverwaltung sowie Konten, Immobilien und Wertpapiertransaktionen aus unterschiedlichen Bereichen der Wirtschaft waren feinsäuberlich in einem Deckblatt der Aufstellung »Bankkonto-Gegenbuch betr. Der Militärbefehlshaber Südost Chef der Militärverwaltung – Ausgleichskasse – bei der Serbischen Nationalbank in Belgrad« niedergeschrieben. Sie dokumentierten in den Unterlagen die vom Feind konfiszierten Güter oder – einfacher gesagt – die in Feindesland geplünderten Güter, die waggonweise abtransportiert wurden. Da war von 20 000 Joppen die

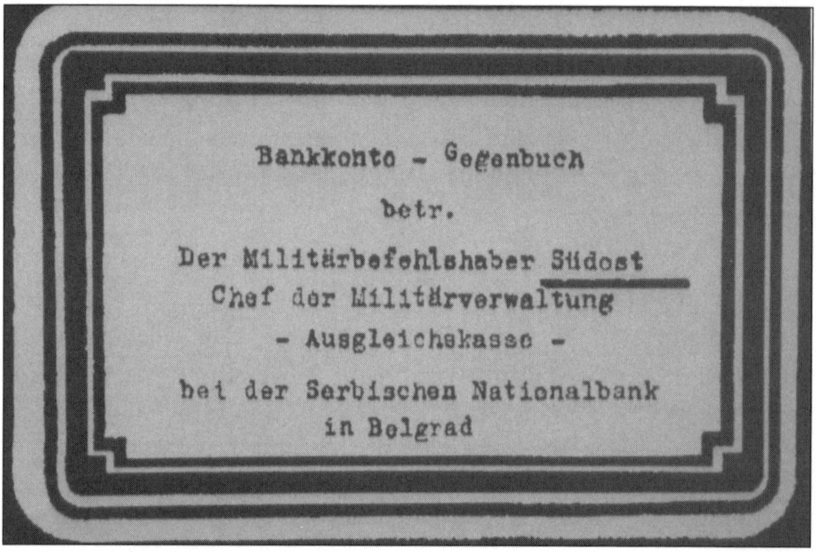
Bankkonto - Gegenbuch
betr.
Der Militärbefehlshaber Südost
Chef der Militärverwaltung
- Ausgleichskasse -
bei der Serbischen Nationalbank
in Belgrad

Rede, 200 000 Arbeitsschuhen, von Textilien en masse, von Lokomotiven und vielen anderen Gütern. Da erfuhr ich auch zum ersten Mal über das Referat »Treuhand und Entjudung«. Der Ausdruck Entjudung tat mir fast körperlich weh, ich schämte mich nachträglich dafür.

1940 hatte in Serbien der »Probelauf« der Judenendlösung stattgefunden. Fast kein jüdischer Bürger überlebte. Immobilien und Konten wurden – so die akribischen Bürokraten der Militärverwaltung – in Kennkarten angelegt. Stolz wird berichtet, dass ein großer Teil der Immobilien in Grundbücher Reichsdeutscher übertragen werden konnte, die dann unter treuhänderische Verwaltung kamen. Ich erfuhr aus einer Geheimakte, dass 906 Einzelvorgänge aus dem Banat und 380 von 782 aus dem übrigen Serbien überprüft, abgestimmt und in Zählblätter vermerkt wurden: auf deutsch beschlagnahmt und vom Deutschen Reich konfisziert. »Die Übertragung der Zählblätter in die Grundbücher wurde etwa für die Hälfte der angegebenen Vorgänge durchgeführt«. Hier ging es also um Vermögenswerte, vorwiegend Immobilien. Aber auch um jüdische Beteiligungen an Banken, die sich jedoch auf vier Belgrader Handelsbanken beschränkten. Geraubter jüdischer Schmuck wurde dem Auktionshaus DOROTHEUM in Wien zur Versteigerung übergeben, die zwar stattfand, aber vom Rechnungshof beanstandet wurde. Zusätzlich wurden aber auch 4716 Konto-Kennkarten von fast 10000 Konten bearbeitet. Ganz fertig geworden war man also nicht.

Beim Lesen der Dokumente wunderte ich mich, wie deutsche bürokratische Spießigkeit die serbische Judenextermination auf Heller und Pfennig genau abrechnen und dokumentieren konnte. Da die Judenfrage in Serbien schnell und gründlich »gelöst« wurde, behandelte die Militärverwaltung alles jüdische Vermögen wie Feindvermögen und richtete extra einen »Generalbevollmächtigten für Wirtschaft Abt. Judenvermögen« ein. Nach Abschluss der Liquidation war die Einziehung allen Vermögens zugunsten Serbiens vorgesehen und alle Veräußerungserlöse als Vorleistungen für von Serbien zu entrichtende Kriegsentschädigungen. Immerhin stand das Kriegsende bevor. Dass die Verwaltungsbeamten vor den Ereignissen langsam Angst bekamen, zeigt ein dringlicher Bericht vom 1. Februar 1945 des Verwaltungsbeamten Malitzky an seinen Vorgesetzten. Er riet, dass für seine »Ostakten« Vorsorge getragen werden müsse, dass sie auf keinen Fall in Feindeshand fallen dürfen. Er regte deshalb eine »gewisse Auflockerung« an – also vernichten und verschwinden lassen.

An einem brütend heißen Augusttag im Bilderbuchsommer 2003 bog ich von der Salzburger Autobahn rechts in die kleine Ortschaft Piding ein. Obwohl der Himmel bedeckt war, flimmerte drückende graue Hitze über dem Tal. Oben am Hang lag mein Ziel – das Schloss Staufeneck vor der Nordwand des Hochstaufen. Freundlich sah das burgartige Gebäude an diesem Tag nicht aus. Es passte besser zu seiner frühen mittelalterlichen Bestimmung. Salzburger Fürsten hatten darin ein Gericht untergebracht und ließen hier foltern, strafen und Recht sprechen. Das Bayerische Nationalmuseum wollte gar ein Museum der Jurisdiktion unterbringen – mit Folter und Henkerswerkzeugen. Ich hatte etwas anderes vor und wollte nur einen Eindruck davon bekommen, was wohl die Amerikaner damals im April 1945 mit den Akten der Militärverwaltung unternommen haben konnten, die hier gelagert waren. Leider wurde mir der Gang ins Innere der Burg verwehrt. Ein englischer Rechtsanwalt hatte die Burg gerade erstanden und liebte es nicht, dass ein Fremder noch dazu mit einer dubiosen Anfrage über die braune Vergangenheit seines neuen Wohnsitzes herumschnüffelte. Ich verstand das und machte mir kontemplativ von außen meine Vorstellungen über die Ereignisse von damals.

Auf einer etwas kühleren Waldwiese oberhalb der Burg nahm ich Platz und blickte auf ihren Südteil, der von hier aus einladender und nicht mehr so bedrohlich wirkte. Hinter diesen Mauern spielte sich Geschichte ab, auch die, deren Spuren ich gerade suchte. Als Naturwissenschaftler war mir klar, dass ich Hypothesen hinterherjagte und dass ich auf keinen Fall eine Lieblingshypothese in den Rang einer Wahrheit erheben durfte, um nicht in die Falle zu tappen, an Dinge zu glauben, an denen man sich festgebissen hatte.

Dokumentarisch belegt ist folgender Vorgang: »Am 6. und 7. April 1945 wurden von Eggerding-Schärding elf Kisten mit Akten der früheren Militärverwaltung Südost nach Piding verbracht und dort OKH/Ge.Qu./Ver./Amtmann Buchwald übergeben. Vorläufige Aufbewahrung erfolgt auf Schloss Staufeneck. Es handelt sich um folgendes Aktenmaterial:

Am 6./7.4.1945 wurden von Eggerding - Schärding 11 Kisten mit Akten der früheren Militärverwaltung Südost nach Pieding verbracht und dort OKH/Gen.Qu./Verw. /Amtmann Buchwald/ übergeben. Vorläufige Aufbewahrung erfolgt auf Schloss Staufeneck. Es handelt sich um folgendes Aktenmaterial:

5 Kisten	Akten der Gruppe Judenvermögen und Treuhandverwaltungen. ([illegible])
2 Kisten	Akten der Hauptgruppe Bergwesen,
1 Kiste	Akten der Gruppe Banken und Versicherungen,

5 Kisten Akten der Gruppe Judenvermögen und Treuhandverwaltung, 2 Kisten Akten der Hauptgruppe Bergwesen, 1 Kiste Akten der Gruppe Banken und Versicherungen, 1 Kiste Finanzwesen, 1 Kiste Akten des Generalbevollmächtigten Wirtschaft, 1 Kiste Akten der Kasse des GBW.«

Die Inhaltsangaben der Kisten über Judenvermögen lasen sich wie eine sorgfältige buchhalterische Abrechnung der für selbstverständlich gehaltenen und ohne nachzudenken erfolgten Judenendlösung: Kiste 1 (Banat) Zählblätter 1-600, Kiste 2 (Banat) Zählblätter 601-926, Kiste 3 (Serbien) Zählblätter A-Z, Kiste 4 (Serbien) 1081 Unterlagen an die Staatshypothekenbank übergebenen Grundstücke und Kiste 5 (Serbien) Aktenbündel jüdische Bankdepots, Kraftloserklärungen für Bankkonten und Immobilien.

Die Einzelheiten dieses umfangreichen Aktenmaterials tauchten im Detail später in den amerikanischen Archiven nicht wieder auf. Die Akten sind also vermutlich früh auf Reisen gegangen. Das Bankkonto-Gegenbuch wurde wahrscheinlich in Eggerding-Schärding aufbewahrt und dort von den Amerikanern als Militärdokument vereinnahmt. Offenbar haben die Amerikaner von dem auf Staufeneck gelagerten Haupttransport keinerlei Unterlagen.

Der Verwaltungsbeamte Malitzky hatte also genügend Zeit, seine Ostakten hier hinter den Mauern der Burg »auszudünnen«. Sicherlich wird er alles vernichtet haben, was die Militärverwaltung kompromittierte. Mit Sicherheit wird er aber die Kennkarten der jüdischen Immobilien und Konten nicht ins Aktenjenseits befördert haben, war es doch bares Geld für die Zeit danach. Das träfe vor allem für jene Immobilien und Konten zu, wo Grundbucheintragungen und Kontenübertragungen an Reichsdeutsche bereits abgeschlossen waren. Ihre Namen standen auf den Zählkarten. Was Malitzky vernichtete und welche Akten auf den Weg gingen, steht in den Sternen. Ich wurde an die Depositarlisten von Simon Wiesenthal erinnert. War das hier in weniger dramatischer Form – drei zunächst sich unbekannte Zeichnungsberechtigte mussten sich laut Wiesenthal zur

Abhebung von Schweizer Konten finden – der Anlass für die Legende der im Toplitzsee versenkten Depositarlisten?

Was wir nicht mit Sicherheit beantworten können, ist die Frage, ob der von uns geborgene Transportbehälter der Serbischen Handelsbank auch der Transportbehälter der Militärverwaltung Südost war. Einiges spricht dafür, dass beide identisch sind. Ob damals ausgerechnet mehrere große Transportbehälter der Serbischen Bank unterwegs waren, ist zwar nicht ausgeschlossen, aber im Kontext Toplitzsee unwahrscheinlich. Das schnelle Vordringen der Amerikaner im April 1945 ließ nur einen Fluchtweg offen – in Richtung »Alpenfestung«. Die Eggerding-Schärding-Akten mussten in Richtung Süden, andere Richtungen waren bereits versperrt. In den Chaostagen Ende April und Anfang Mai 1945 war jeder froh, seine reichswichtigen Transporte möglichst schnell loszuwerden. Dass keiner der Marineleute am Toplitzsee die Versenkung unseres Bankbehälters gesehen hat, spricht für eine äußerst schnelle Entsorgung. Die Einschussstellen an den Seiten und die nach außen gerichteten Austrittsstellen der Geschossspur belegen eine sehr präzise, schnelle und gesteuerte Versenkung. Auch war der Behälter zu diesem Zeitpunkt voll beladen. Wäre er leer gewesen, hätten die Schüsse in den Boden erfolgen müssen, um überhaupt Wasser einströmen lassen zu können.

Doch wo blieb die »Ladung«? Sie muss durch eine Tauchaktion nach oben gebracht worden sein. Wir haben den Behälter in 76 m Tiefe gefunden. Diese Tiefe war nach dem Krieg für einen Taucher zu groß. Das Schwimmtauchen alias Hans Hass/Cousteau befand sich noch in den frühen Kinderschuhen. Es ist ziemlich ausgeschlossen, dass die Ladung damals ohne große Gefahren für den Taucher aus dieser Tiefe geborgen werden konnte. Der Behälter muss in flacherem Wasser links vor der Steilwand gelegen haben. Dafür sprach folgende Beobachtung: Wenn wir die drei Ofenrohre (ein viertes hat jahrelang vorn am Ausgang des Sees im flachen Wasser gelegen) als Bestandteil der Ladung ansehen, so hat Jürgen 1983 die mit dem

Stein versehene schwere Kiste in ca. 40 m Tiefe gefunden, bevor sie in die große Tiefe abrutschte. Dieses Ofenrohr haben wir geborgen, und es zeigte ganz deutliche Rostspuren an den Seiten. Die sauerstofflose große Tiefe hat es gewissermaßen vor weiterem Verrosten bewahrt. In der Sauerstoffzone bis 15 m Tiefe war das Ofenrohr dagegen dem Angriff des Sauerstoffs ausgesetzt. Es ist also durchaus möglich, dass dieser Behälter entweder an Land lag und dann ins Wasser geworfen wurde, oder aber er hat im flachen Wasser bis ca. 15 m Tiefe gelegen und wurde anschließend in tieferes Wasser transportiert. Weiter zu spekulieren macht zwar Spaß, dient aber nicht unbedingt der Wahrheitsfindung.

Eine Möglichkeit wollte ich jedoch noch ausschöpfen. Was war mit der Zeitung, die in dem Ofenrohr steckte? Was hatte sie zu bedeuten? War es ein Scherz?

Ich glaube nicht. Es könnte eine Nachricht gewesen sein, so etwas wie der berühmte Killroy »I was here«. Möglicherweise war darin also eine Nachricht versteckt. Ich musste deshalb zunächst wissen, um welche Zeitung es sich eigentlich handelte. Wir wussten zu diesem Zeitpunkt nur, dass sie in der Nachkriegszeit gedruckt war – mehr nicht. Der mit Formol geschwängerte Schnipselsalat in unserem Marmeladenglas vom Toplitzsee bedurfte also einer sorgfältigen und gründlichen Aufbearbeitung, die sicher sehr mühselig werden würde. Dazu war ich bereit. Die Jagd nach der Entzifferung der Schnipsel begann und führte mich einige Male nach Wien – sie sollte mir einige aufregende Stunden bescheren.

Spurensuche in Wien

Jürgen Schauer, mein Freund und Mitarbeiter, war nicht nur ein ausgezeichneter Tauchbootpilot, er hatte auch außergewöhnliche andere Fähigkeiten – Schwieriges war sein Metier. Ich bat ihn deshalb auch um Mithilfe bei der Aufarbeitung unseres Papierbreies aus dem Marmeladenglas vom Toplitzsee, der ziemlich unappetitlich aussah.

Jürgen hatte eine brillante Idee. Er überführte die klebrigen nassen Papierschnipsel auf eine Klarsichtfolie und ließ sie ganz langsam abtrocknen. Dann fotokopierte er die Vorder- und Rückseite. Jetzt hatten wir zwei Schnipselpopulationen, die wir zusammenbringen konnten. Jürgen fand sogleich für unsere Schnipselanalyse drei wichtige Stellen: Besatzungssoldat, Fernseher und das Bein einer Tänzerin mit dem Schriftzug Sylvester 1957. Nicht nur, dass jetzt die Nachkriegszeit unserer Zeitung endgültig belegt war, auch die Jahreszahl ließ auf die Mitte der 50er-Jahre schließen. Das Puzzle begann, Spaß zu machen.

Bei der Durchsicht der Schnipsel entdeckte ich zwei Typen von Eszetts: ein altes, entlehnt aus der deutschen Schrift, und das moderne Eszett »ß«. Hans Scherz, ein guter Freund aus der Steiermark, war als ehemaliger Schriftsetzer auch Experte für Schrifttypen. Er klärte mich auf, dass das alte Eszett ein Fraktur-, das moderne dagegen ein Ligatur-Eszett (ß) sei. Auch setzte er mir den Floh ins Ohr, dass er mit Hilfe dieser Zeichen das Alter der Zeitung bestimmen konnte. Das Fraktur-Esszet verschwand mit der Frakturschrift in der Zeit zwischen 1955–1960. Es war gewissermaßen ein lebendes Fossil in der Schriftwelt. Irgendwie gefiel mir dieses Spiel, wie man sich langsam an die uns noch unbekannte Zeitung heranpirschte. Die beiden verschiedenen Eszetts verwirrten mich aber auch. Da ich kaum annehmen konnte, dass in einer Zeitung zwei verschiedene Eszetts zum Drucken benutzt wurden, müssten zwei verschiedene Schriftstücke vorliegen.

In diesen Tagen nahm ich Kontakt zur Österreichischen Nationalbibliothek in Wien auf. Im Gegensatz zu den Direktoren der Österreichischen Nationalbank, die ich immer noch in äußerst schlechter Erinnerung hatte, brachte Hofrätin Dr. Ander großes Verständnis für mein Anliegen auf. Ich bekam sogar Erlaubnis, in den Magazinen der Nationalbibliothek zu arbeiten – eine sehr große Ehre, die ich sehr zu schätzen wusste.

Hans Scherz machte sich mit seiner Frau Renate auf die erste Zeitungssuche. Es sollten weitere folgen. Das Vorhaben war gigantisch. Es gab nämlich zu dieser Zeit über 122 österreichische Zeitungen, die als Kandidaten in Frage kämen. Wo also anfangen? Jeden Jahrgang jeder Zeitung einzeln durchzublättern, würde wahrscheinlich Wochen dauern. Hans kam deshalb auch von seiner ersten Bibliotheksexpedition ziemlich geschafft und enttäuscht zurück. Wild in den Zeitungen zu blättern, führte nicht zum Ziel. Wir mussten die Strategie ändern. Ich rief Walter Tarra in Bad Aussee an, den Reporter vom KURIER. Ich erzählte ihm alles, über meine Zeitungssuche, Renault-Werbung, Runenlaternen und über die Anglizismen in der österreichischen Zeitung. Welche könnte es sein? Tarra nannte ohne lange nachzudenken die WELTPRESSE und WELT AM MONTAG.

Ich hatte mir noch einmal unsere Fotos und die Kopien der Folie angesehen. In der Tat gelang es uns, die Renault-Autowerbung der Firma Schrack vom Schubertring 9 in Wien so zusammenzusetzen, dass wir ein ziemlich vollständiges Bild dieser Werbung hatten. Jetzt schien alles einfach zu sein: Ein Anruf bei Renault müsste genügen, um herauszufinden, wo und wann sie in den Jahren vor 1960 geworben haben. Leider gab es darüber keine Unterlagen mehr, weil der Renault-Pionier Herbert Schrack 1959 verstorben und seine Firma umgezogen war. Eine andere Werbung befand sich in der gleichen

Ausgabe: TIROLIA in Schwaz in Tirol. Zunächst dachte ich an eine Skibindung. Aber es war ein Elektroherd. Auch hier konnte sich der noch lebende Firmenchef nicht erinnern, wo sie damals für TIROLIA geworben hatten. Mir wurde klar, dass ich jetzt in den großen Zeitungen die Renault-Schrack- und TIROLIA-Werbung suchen musste.

Mit dem Nachtzug und mit großen Erwartungen fuhr ich nach Wien, wo ich früh um 6 Uhr am Westbahnhof ankam. Ein blauer wolkenloser Tag lag über der Stadt. Im Hotel »Regina« am Roosevelt Platz bezog ich Quartier und freute mich auf die kommenden Stunden. Ich machte einen Spaziergang in Richtung Hofburg. Was für eine schöne Stadt, was für eine großartige Stimmung auf den frühen morgendlichen Straßen, unter den Bäumen, unter den Wolken! Ich trottete über den Dr. Lueger-Ring in den Volksgarten, die Hofburg und den Heldenplatz. Rechts die Kuppeln des Naturhistorischen Museums und dann der Löwe mit den goldenen Lettern »Österreichische Nationalbibliothek«. Ich wurde sogleich an meine Papierschnitzel erinnert, warum ich hier war. Würde ich die Zeitung finden? Eine freudige Erregung packte mich.

Um 10 Uhr tauchte ich in das faszinierende Labyrinth der Nationalbibliothek ein – und unter. Ich folgte einem riesigen langen Gang fünf Stockwerke tief unter der Erde. Noch nie hatte ich eine so moderne Bibliothek gesehen. Ich fand die WELTPRESSE, die uns Walter Tarra empfohlen hatte. Ich blätterte sie durch, bis mir die Fingerkuppen wehtaten. Da sah ich Nachkriegsgeschichte: Chruschtschow in London, Froschmann Craps unheimliches Verschwinden im Hafen von London, der Untergang der »Pamir«, die schöne Romy Schneider und den jungen Joachim Fuchsberger. Ich suchte auch Geschichten vom Toplitzsee – aber fand sie hier nicht. Der See war bis dato für die Medien kein Thema.

Dann entdeckte ich die Renault-Werbung vom Schubertring 9 in der Nr. 11 von 1956 auf Seite 14. Ein erster kleiner Erfolg. In der WELTPRESSE war die Werbung mit einem Ligatur-Eszett (ß), die

Toplitzseezeitung dagegen hatte ein Fraktur-Eszett. Es musste also eine ganz andere Zeitung sein. Die Firma warb nach jeder 12. Nummer. Alles schrieb ich auf und machte Statistiken. Zunächst waren es 120 Servicestationen und dann im Mai 1956 plötzlich 130. Frühestens zu diesem Zeitpunkt könnte die Versenkung mit dem Ofenrohr erfolgt sein, denn in der Toplitzsee-Werbung wurde auf 130 Stationen hingewiesen. Immer enger wurde der Kreis. Doch dann hörte die Werbung 1957 plötzlich auf. Nach zwei Tagen Magazinsuche warf ich das Handtuch. Ich hatte viele Renault-Werbungen gefunden, aber keine führte mich wirklich ans Ziel.

Genau vier Wochen später fuhr ich abermals nach Wien. Dieses Mal war Hans Scherz dabei. Alle Unterlagen hatten wir durchgesehen, wir hatten uns alle Namen gemerkt, Karikaturen studiert, die Schrack-Werbung, TIROLIA, alles – noch einmal und immer wieder. Eine Zeitungsexpertin Dr. Bart in der Landesbibliothek im Wiener Rathaus nannte uns zwölf Zeitungen, die allein in Wien 1956 herausgegeben wurden. Wir arbeiteten alle Zeitungen durch und fanden in vielen die Renault-Werbung, aber niemals in Zusammenhang mit TIROLIA.

Mittags bei wunderschönem Wetter suchten wir Erholung von der stickigen Magazinluft und schlenderten durch den Rosengarten auf dem Heldenplatz. Doch immer wieder drifteten unsere Hirne zurück in die Katakomben. Irgendwo da unten vier oder fünf Stockwerke tief unter der Erde in den Millionen von Zeitungsseiten lag unser Geheimnis, versteckt und unerreichbar. Am Nachmittag fand ich eine Zeitung im einer Beilage mit rostbraunem Fotodruck. In unseren Schnipseln gab es viele davon. Mein Gott, dachte ich mir, wir hatten illustrierte Blätter ganz und gar vergessen. Jetzt war ich mir sicher, es musste eine Illustrierte sein. Abends um 19 Uhr verließen wir ziemlich erschöpft die Nationalbibliothek.

Auf dem Höhenweg verließen wir Wien in Richtung Kahlenberg und fanden ein Terrassenrestaurant. Langsam neigte sich der Tag dem Ende, und Wien erblühte in seinem abendlichen Licht. Ich machte mir Sorgen um die bisher investierte Zeit und fragte Hans, falls wir morgen die Zeitung oder die Illustrierte nicht finden, ob er vielleicht einen Tag länger bleiben könnte. Spätestens morgen müsste ich nach Berlin zu einem Vortrag, den ich übermorgen Abend halten sollte. Hans, der Pensionär, hatte Zeit und stimmte zu. Es wurde ein harmonischer schöner Sommerabend. Bis weit nach Mitternacht saßen wir auf der Terrasse und aßen vorzüglich. Wien lag unter uns, und immer wieder schlich sich der Toplitzsee in unsere Gespräche. Der große Aufwand durfte nicht umsonst gewesen sein.

Am nächsten Morgen suchte Hans in der Nationalbibliothek nach österreichischen Illustrierten. Ich trug Frau Dr. Bart im Wiener Rathaus mein Anliegen vor: Renault-Werbung, Dasch-Prozess, TIROLIA usw. Sie meinte, dass nur die WIENER ILLUSTRIERTE dafür in Frage käme. Ich bestellte die Jahrgänge 1956 bis 1958. Wieder lief illustrierte Weltgeschichte durch meine Finger: der Kalte Krieg mit allen seinen Facetten, Sputniks, Liselotte Pulver und andere Stars. Herr Schrack warb in fast allen Ausgaben. Und dann, am 1. Dezember 1956, kam ein völlig neuer Schriftzug, der Schriftzug vom Toplitzsee. Am 7. September 1957 stimmte schließlich alles, die Dimensionen der Schriften, die Zahlen und auch die Position einer Telefonnummer. Und noch etwas fand ich: im Text der Werbung das Wort »Verschleiss« mit einem Fraktur-Eszett. Beide Eszetts gab es also in einer Illustrierten – dies hatte uns lange irritiert. Ich musste Hans von meiner Entdeckung berichten und rannte zur Nationalbibliothek. Heiß war es draußen, fast 30 Grad. Ich war froh, wieder in die Kühle der Katakomben abtauchen zu können.

Ganz am anderen Ende des riesigen Ganges, der kein Ende nehmen wollte, fand ich Hans. Eingehüllt in dicke Bücher, stand er am Tisch. »Ich hab's gefunden«, sagte er stolz. »Ich auch«, antwortete ich ihm. Er: »Im STERN war's.« »Was war im STERN?«, fragte ich ihn. »Die Schrack-Werbung und das Ligatur-Eszett (ß).« Hans störte nur, dass der Schriftzug der Schrack-Werbung nicht mit dem Toplitzsee übereinstimmte. Kein Wunder, hatte er doch den STERN von 1956 in der Hand. Ich klärte ihn schnell auf: Erst im September 1957 würde die Toplitzsee-Schrift erscheinen. Jetzt ging alles sehr schnell. Im STERN vom 4. Januar 1958 sahen wir sie alle: die Werbungen, die Geschichten mit ihren Namen, die Kreuzworträtsel, die Schachlösungen der letzten Nummer, das Bein der Tänzerin mit Sylvester 1957 und auch die Agentenstory des Herrn Dasch.

Wir lagen uns wie Fußballspieler nach einem gewonnenen Spiel in den Armen! Nach sechs Tagen Wühlen in der Zeitungsgeschichte Österreichs hatten wir es geschafft. Und in der allerletzten Zeitung ganz am Ende der Fahnenstange fanden wir endlich die Lösung. Was für ein beschwerlicher Weg! Ich war ihn konsequent gegangen, auch wenn ich bei der Herfahrt nach Wien nicht mehr ganz so optimistisch war. Anspannung fiel mir von den Schultern. Zufriedenheit breitete sich aus. Keiner hatte uns auf die spezielle österreichische Ausgabe des STERN aufmerksam gemacht.

Jetzt brauchten wir eine Pause, Luft musste in die Lungen. Draußen war ein gleißend schöner Sonnentag. Wir fühlten uns als Entdecker, als ob jetzt alles gelöst war, das Kapitel ein für alle mal geschlossen werden konnte. Eine Melange in einem Straßenkaffee und dann zurück in die Katakomben. Etwas fehlte noch: Ich musste unser Geheimzeichen finden! Hans entzifferte viele Schriften im STERN, alles passte. Dann die vorletzte Seite: eine Hommage an Wernher von Braun. Das Leben im Jahr 2057. Und da stach es mir in die Augen! Ein Wolkenkratzer und an der Spitze die Raute und das Kreuz, von einem Karikaturisten handgemalt. Unser Geheimzeichen war eine Fantasiegestalt eines Zeichners. Schweigen zwischen Hans und mir – Minuten der Stille und Einkehr. Das Zeichen war entschlüsselt. Unsere schönen Spekulationen fielen in sich zusammen. Nicht ganz. Die Schrift an der Raute gab es trotzdem – und was hatte sie zu bedeuten? Vorwürfe unsauberen Arbeitens mussten wir uns keine machen. Das Zeichen war millimetergenau an der Verbindung zum Dach des Gebäudes abgerissen. Es stand so als einsames Zeichen frei im Raum. Dies hatte uns verführt. Jetzt fiel endlich die Anspannung

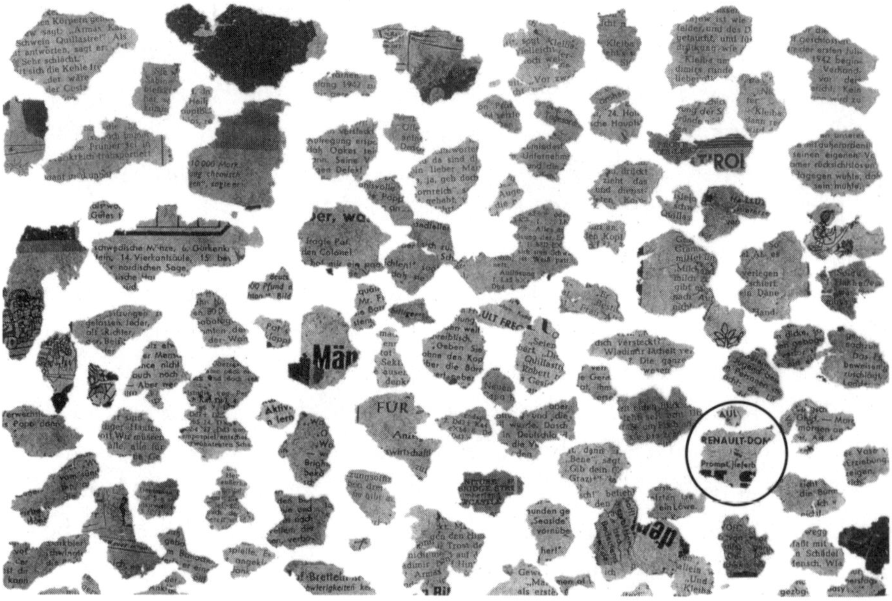

von mir. Ein Teil dieser Angelegenheit war geschafft. Was bedeutete aber das Ganze? Warum waren von den vier Ofenrohren drei leer, und was hatte der STERN eigentlich damit zu tun? Spielte uns jemand da einen Streich?

An diesem Abend mochte ich nicht mehr daran denken. Zeit sollte jetzt verstreichen, Zeit für neue Ideen. Man stelle sich vor: Der STERN taucht im Sommer 1959 mit großem Aufwand im Toplitzsee nach den damals noch nicht bekannten Falschgeldkisten, holt geheimnisvolle Blechbehälter nach oben, öffnet sie erwartungsvoll und findet darin einen STERN des Vorjahres. Kaum zu glauben, das wäre ein Scherz der Sonderklasse.

Hans fuhr mich zum Westbahnhof. Wir dachten an was Neues, das wir gemeinsam erforschen und daran Spaß haben könnten: ich dachte daran, was Henriette v. Schirach über verschollene Wagnerpartituren erzählt hatte …

Dass die Deutung unseres STERN-Fundes nicht leicht werden würde, spürte ich sehr bald. Ich brauchte unbedingt professionelle

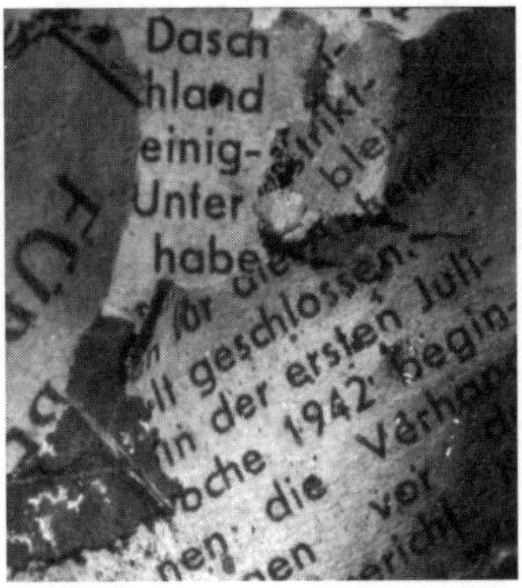

Schnipselsalat aus der geheimnisvollen Ofenröhre. Eine Renaultwerbung (Kreis links und rechts) führt uns auf die Spur – den STERN vom 4. Januar 1958.

Hilfe und wendete mich an das Landeskriminalamt in München. In Kriminalkommissar Folger fand ich einen verständnisvollen Profi, der auch sogleich mit drei anderen Kollegen in Seewiesen auftauchte. Sicher wunderte er sich über die merkwürdige Anfrage eines Biologen, der mit dem Tauchboot ein Ofenrohr aus einem See fischte und darin einen STERN fand, der eigentlich überhaupt keinen Sinn machte. Natürlich stand eine Nachrichtenhypothese im Raum, die jedoch nur mit aller Vorsicht zu genießen war.

Da ich gerade einen ZDF-Beitrag bearbeitete, rief ich die Pressestelle des Bundesnachrichtendienstes an. Was hatte dieser STERN zu bedeuten? Dort im »Dienst« müssten Experten sitzen, die mit solchen Dingen Umgang hatten. Der neue Präsident des BND, so erfuhr ich, wünschte mehr Öffentlichkeit, so dass ich schon an der richtigen Adresse sei. Einige Tage später bekam ich Besuch von einem großen sympathischen Mann von sehr gepflegtem Äußeren. Herr Foertsch, so stellte sich heraus, war jetzt Pensionär und früher einer der höchsten Beamten – zuletzt sogar erster Direktor – des BND in Pullach. Er sagte mir, dass die Agenten des Nachrichtendienstchefs Reinhard Gehlen, ähnlich wie Steinmetze, mit Runen unterschrieben und daher an ihnen zu erkennen waren. Ich fragte nach den drei ehemaligen Ex-Nazis Freiberger, Schmidt und Oswald, die dort an der Stelle, wo wir den Bankbehälter der Serbischen Handelsbank geborgen hatten und die Ofenrohre fanden, 1963 illegal hatten tauchen lassen. Freiberger war ein ehemaliger Sabotageagent wie der berühmte Dasch, dessen Geschichte in unserem STERN stand. Dr. Schmidt erwies sich als ein ausgezeichneter Falschmünzer, der über eine Tonne Gold in der Nachkriegszeit verarbeitet haben soll, und Oswald als Maschinenbauingenieur soll für die technische Seite verantwortlich gezeichnet haben. Auch erzählte ich Herrn Foertsch, dass bei diesem heimlichen Unternehmen ein Sporttaucher ums Leben kam. Die drei wurden aber von der Münchner Justiz vom Vorwurf fahrlässiger Tötung freigesprochen und ihre Akten vor neun Jahren verschreddert.

Der schon mehrmals erwähnte Stasimajor Julius Mader wusste in seinem Buch »Der Banditenschatz« zu berichten, dass Freiberger für Gehlen tätig war. Freiberger war an Geheimakten interessiert, Dr. Schmidt wohl mehr an Gold. Foertsch versprach, die BND-Geschichte dieser Leute, wenn sie eine hätten, mir umgehend mitzuteilen. Ob der Dienst an der damaligen Tauchaktion in irgendeiner Weise involviert war, könne er leicht eruieren. Es war ein anregendes Gespräch, und ich gewann den Eindruck, dass dieser BND-Beamte mit offenen Karten spielte. Er gab auch unumwunden zu, dass ich keine Wunder zu erwarten hätte, denn diese STERN-Geschichte sei in der Tat schwer verständlich und eine Antwort sei immer mit tausend Fragezeichen versehen. So sah ich das auch. Herr Foertsch meinte, dass die Täter – falls das Ganze wirklich kein Scherz gewesen sei – sehr wahrscheinlich intelligente Leute waren, die ein Signal hinterlassen haben. Dies sei in kriminellen Kreisen gar nicht so unüblich. Wir kamen daher auf meine »Killroy was here«-Hypothese zurück.

Die Recherche beim Bundesnachrichtendienst verlief ergebnislos. Weder hatte der BND etwas mit der Tauchaktion 1963 zu tun, noch waren die drei Hauptbeteiligten irgendwo in den Akten des Dienstes vermerkt. War das wirklich so? Ich kontaktierte Schmitt-Eenboom, der in Weilheim ein privates Friedens-Forschungsinstitut unterhielt und ein erklärter Kritiker des BND war. Schmitt-Eenboom meinte, dass ich mich auf Aussagen von Foertsch absolut verlassen könnte.

Stasi-Major Julius Mader hatte wieder einmal zu viel Fantasie. Was aus seiner Feder stammte, bedurfte unbedingt der Nachprüfung. So gab er auch vor, dass Bonn hinter der gesamten Tauchaktion stand. Keiner wüsste genau, was der junge Taucher bereits an die Seeoberfläche gebracht hatte, bevor er für immer im nächtlichen kalten Wasser verschwand. Eines ist allerdings auffällig: Freiberger ließ genau an der Fundstelle des serbischen Bankbehälters und der Ofenröhren tauchen. Und wenn man der Geschichte Maders Glauben schenken sollte, war die Vita Freibergers auffällig ähnlich der von Dasch, die im STERN vom 4. Januar 1958 genau beschrieben worden war. Freiberger soll wegen eines Spionageaktes in der Schweiz gefasst und zum Tode verurteilt worden sein. Später wurde das Urteil in lebenslang umgewandelt. War es reiner Zufall, dass die Schicksale der beiden Agenten Dasch und Freiberger, beide im Ausland gefasst und beide zu langen Freiheitsstrafen verurteilt, fast identisch waren? War das die Nachricht, die mit dem STERN übermittelt werden sollte?

Um die Aussagen Maders zu überprüfen, fuhr ich in die Schweiz, ins Bundesarchiv in Bern. Dort erhielt ich Dokumente über die Sabotageaktion »Adler«. Am 16. und 17. Juni 1940 hatten Agenten der Abwehr II auf Befehl Reichsmarschalls Göring versucht, Flugzeuge auf Schweizer Flugplätzen zu zerstören – als Vergeltung für den Abschuss deutscher Jäger durch die Schweizer Luftwaffe. Einer der Sabotage-Agenten war Freiberger. Ihm wurde vom damaligen Major Klug im Amt Ausland/Abwehr versprochen, im Falle der Gefangennahme von deutschen Verbänden befreit zu werden. Major Klugs Vorgesetzter, Admiral Canaris, war vermutlich über diese Vorgänge nicht informiert. Alle Sabotageagenten wurden in Zürich gefasst. Der Schweizer Historiker Fuhrer ermittelte, dass die offizielle Les- und Denkart aufrechterhalten wurde, dass die »Adler«-Agenten in der neutralen Schweiz mit amtlichen deutschen Stellen nicht in Zusammenhang stünden.

Amtliche deutsche Stellen kümmerten sich daher auch nicht um das Schicksal der Inhaftierten. Freiberger wurde nicht – wie Mader behauptet – zum Tode verurteilt, er bekam lebenslang. In einem Brief der Justizdirektion Aargau an den Oberstbrigadier des Eidgenössischen Militärdepartements in Bern wurde ein treffendes Bild über Freiberger abgegeben. In der Strafanstalt Lenzburg hat sich Strafgefangener Nr. 8 über Monate renitent, arrogant und provozierend aufgeführt und war unter den Mitgefangenen wie auch unter dem Gefängnispersonal verhasst und nicht beliebt. Zwei Jahre saß er in Isolierhaft, die zu geistigen Absonderlichkeiten führten: Schreibwut, gemeine Anwürfe gegen Beamte, Angestellte und Mitgefangene. Der Anstaltsdirektor stellte fest, dass der Vollzug in Lenzburg ohne jede Wirkung geblieben war. Freiberger wurde schließlich 1952 nach Deutschland abgeschoben. Er soll ein deutsch-spanisches Reisebüro eröffnet haben und an der Gründung einer neofaschistischen Partei beteiligt gewesen sein.

Ich musste Freiberger finden. Nur er könnte, falls er überhaupt sprechen würde und falls er überhaupt etwas damit zu tun hatte, Licht in den nassen Briefkasten bringen, den wir vom Grund des Sees mit Hilfe der österreichischen Pioniere nach oben befördert hatten. Freiberger soll ganz in meiner Nähe in der Mathildenstraße 1 in Starnberg gewohnt und etwas mit einer Druckerei zu tun gehabt haben. Auch alteingesessene Drucker in Starnberg, die ich befragte, kannten aber einen Herrn Freiberger nicht. Freiberger zog von Starnberg nach Unterschondorf, dann nach Glücksburg an der Ostsee, nach Konstanz am Bodensee und schließlich nach Bernau am Chiemsee. Warum wechselte er immer wieder seinen Wohnort? Oder flüchtete er vor etwas? Dann entschwand er dem deutschen Meldesystem und ging ins Ausland. Er soll sich in der Provinz Alicante in Spanien in einem Landhaus niedergelassen haben. In Bernau erfuhr ich von Freibergers Frau, dass er 1984 verstorben war. Diese Spur endete somit im Nichts. Immerhin hatten Maders Aussagen in etwa gestimmt. Freiberger war in der Tat ein Agentenpendant zu Dasch.

Der Zweite im Bunde der Tauchaktion von 1963, Dr. Schmidt, lebte noch in Sankt Augustin in der Nähe von Bonn. Ich schrieb ihm im Mai 2002 einen Brief und erklärte alle bisher bekannte Details: »Da die Metallbehälter unterhalb der Fundstelle des 1963 verunglückten Tauchers lagen, besteht die Möglichkeit, die damalige Tauchaktion in Zusammenhang mit der Bergung dieser Schriftstücke zu sehen. Da Sie ein unmittelbar Beteiligter der Aktion waren, könnten Sie mir eventuell weiterhelfen.«

Da Freiberger, Dr. Schmidt und Oswald von der Justiz II in München von jeglicher Schuld am Tod des Tauchers freigesprochen worden waren, hoffte ich, dass Dr. Schmidt bei reinem Gewissen nichts zu verbergen hatte und auf meine Bitte eingehen würde. Diese einzige Chance wollte ich durch meinen Brief wahrnehmen. Im anderen Fall wären eine Vielzahl von Spekulationen möglich.

Dr. Schmidt meldete sich telefonisch. Er wusste von nichts, konnte nichts dazu sagen. Die Tauchaktion 1963 sei die Sache von Herrn Oswald gewesen, er habe damit nichts zu tun. Seine Sätze waren klar und wohl formuliert. Etwas zu deutlich beendete er das Gespräch. Sein Verhalten nährte meinen Verdacht, dass dieser Mann sehr viel mehr wusste, als er vorgab. Der Vater des Verunglückten hatte 1963 in einem Interview der Frankfurter Rundschau erklärt, dass Alfred Egner schon eine Woche vor seinem Tod mit Freiberger und Dr. Schmidt am Toplitzsee gewesen sei. Nach Angaben der Eltern holte ihn Freiberger aus der Wohnung ab, und beide fuhren im Wagen Dr. Schmidts davon. Sein Sohn sei zwei Tage vor seinem Verschwinden sehr verstört gewesen, habe nichts gegessen und sich sogar an seinem Arbeitsplatz krankgemeldet. Er sagte dem Vater, dass es ihm verboten worden sei, über seinen Auftrag zu reden. Der

Vater hegte daraufhin den Verdacht, dass Alfred Egner etwas Wichtiges vom Seegrund heraufgeholt habe und als Mitwisser beseitigt worden sein könnte.

Solche Verschwörungstheorien entstehen leicht, auch besonders nach unseren Entdeckungen des Bankbehälters und der Ofenrohre. Die gezielte und kontrollierte Versenkung einer nach den Einschusslöchern anzunehmenden großen Beladung des Behälters sowie die Rostspuren, die auf Lagerung im sauerstoffreichen Flachwasser hinweisen, ließen eine Vielzahl von Vermutungen zu. Fest steht nur, dass der Behälter schwer beladen war, dass aber von der Ladung jegliche Spur fehlt. Tauchaktionen müssen stattgefunden haben. Von wem aber initiiert, bleibt immer noch ein Rätsel. Alfred Egner kann es gewesen sein, aber es können auch andere früher den Behälter leer geräumt haben: Leute, die den Inhalt kannten. Vermutlich waren sie es, die den STERN hinterlassen haben, um den späteren Findern zu sagen: »Heih, wir sind früher da gewesen« – »Killroy was here«. Die Ähnlichkeiten der Lebensläufe von Dasch und Freiberger lassen vermuten, dass der Personenkreis der Täter aus dieser Ecke stammen könnte.

Dann erinnerte ich mich wieder an den Besuch der beiden Männer am See, die mir ein Foto zeigten und fragten, ob ich den Behälter auf dem Bild gesehen hätte. Jürgen und Olaf hatten ihn in relativ flachem Wasser gesehen, bevor er durch den Druckschwall des ankommenden Tauchbootes den Abhang hinunterrutschte, wo wir ihn Jahre später wieder fanden. Dies wäre der einzige Beleg, dass nach dem Krieg in der Tat wenigstens Teile der Ladung geborgen wurden.

Alle diese Beobachtungen und Begegnungen sind wunderbare Nahrung für lauschige Winterabende rund ums Ausseer Land und auch weit nach Deutschland hinein, wenn – wie es früher jener Reporter der Süddeutschen so schön treffend sagte –, das Raunen um versunkene Dokumente und Schätze wieder erneut anhöbe und, wie es in einem ordentlichen Märchen sein muss, Froschkönig und Rheintöchter an einem Strang zögen.

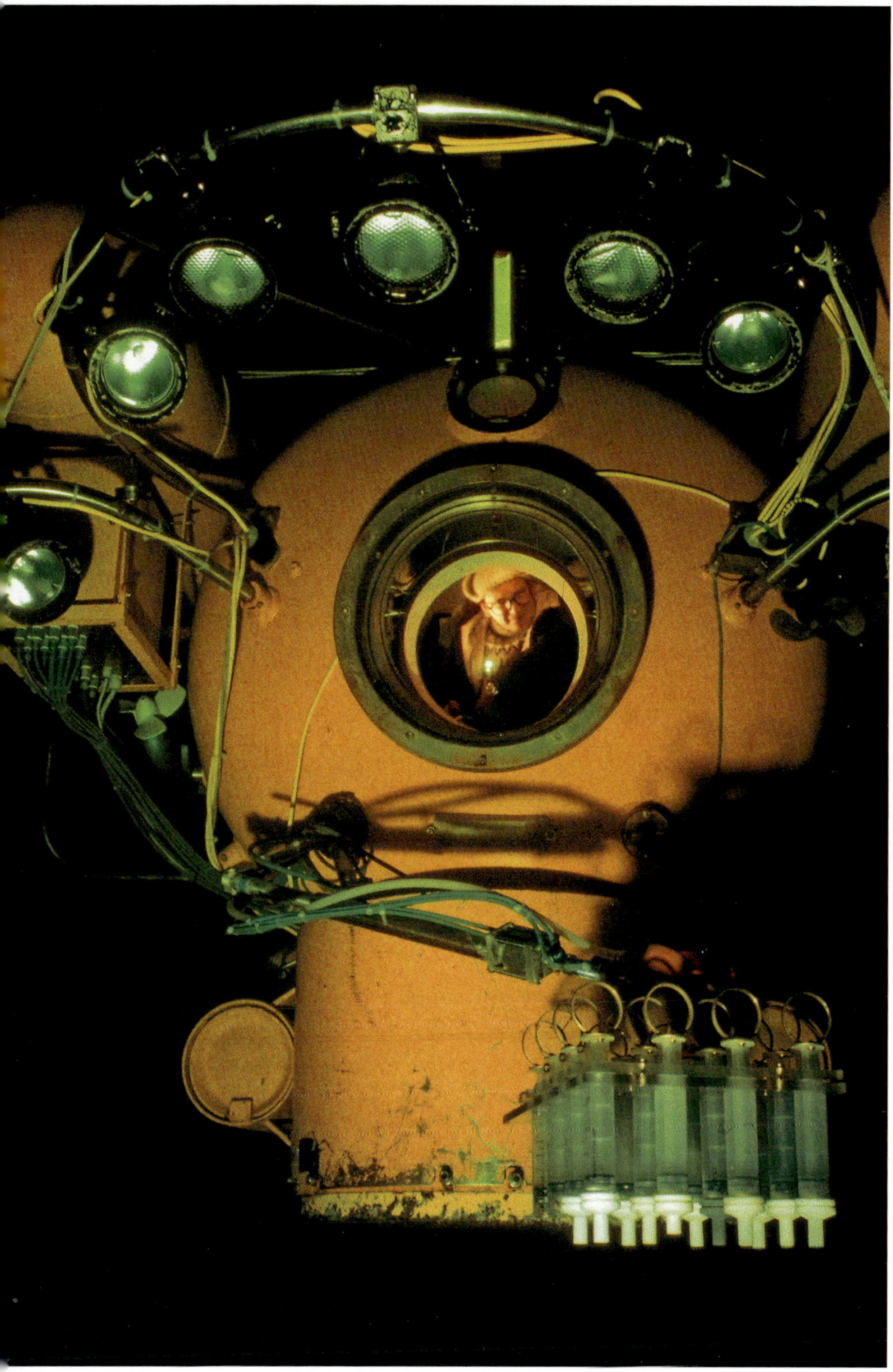

Die besondere Wasserchemie des Sees hat eine üppige Bakterienflora hervorgebracht. Mit speziellen Geräten gehen wir auf Bakterienjagd. (Foto U. Moeckli)

Karl Stetter sucht das kalte Gegenstück von Archaebakterien, die es sonst nur an den heißen Quellen besonders in der Tiefsee gibt. (Foto U. Moeckli)

An den Geldbündel entdeckt Karl ein unbekanntes Bakterium, das er Methanobakterium pecunivorans nennt – den Geldfresser. (Foto H. Fricke)

Mit großen Spritzen rücken wir den Geldbündeln zu Leibe und saugen den braunen Bakterienschleim auf. (Foto H.Fricke)

In der Forsthütte beginnt die Verarbeitung der Proben. Alles wird für einen ZDF-Dokumentarfilm festgehalten. (Foto U. Moeckli)

Im Tiefen wabern Bakterienwolken – kein Lebensraum für Tiere, die Sauerstoff benötigen. Im Boden finden wir merkwürdige Schleifspuren von einem großen Regenwurm, der hier lebt und nur mit Mühe von uns geborgen werden kann. »Willy« nennen wir ihn. (2 Fotos H. Fricke, 1 Foto U. Moeckli)

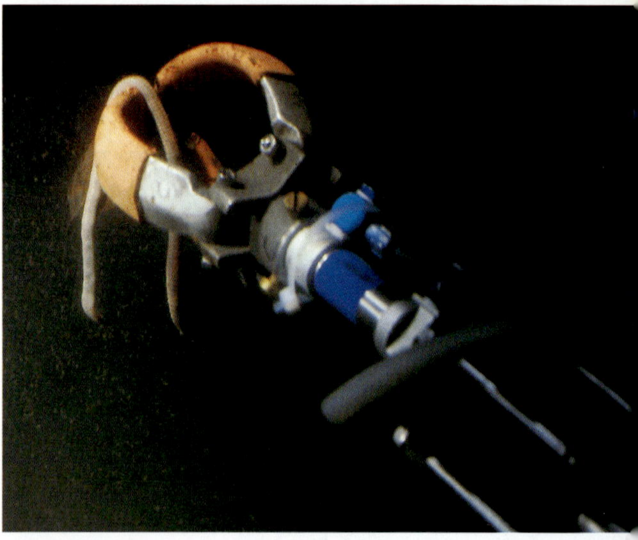

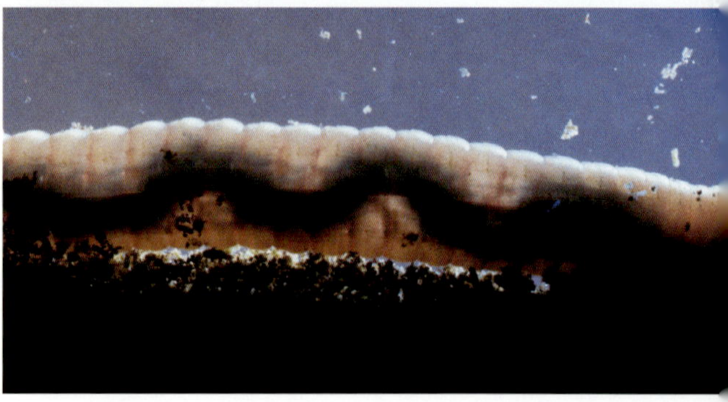

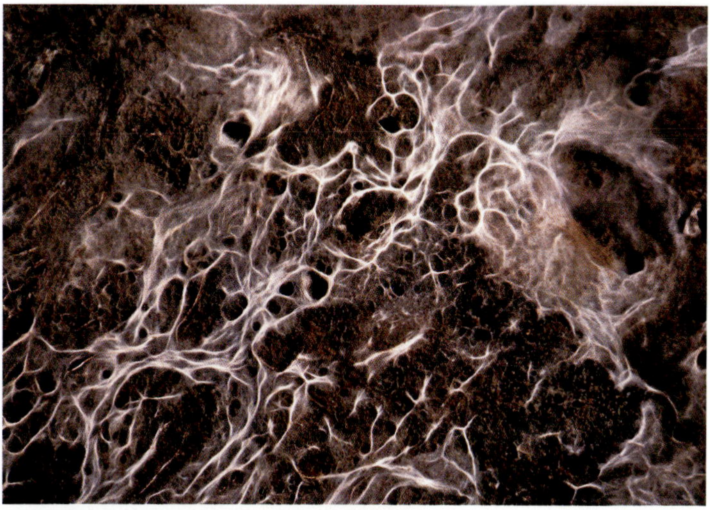

n den Grenzen zur auerstoffwelt wachen filigrane Schwe-elfadenbakterien, die ichte Matten nglaublicher chönheit formen. Foto H. Fricke)

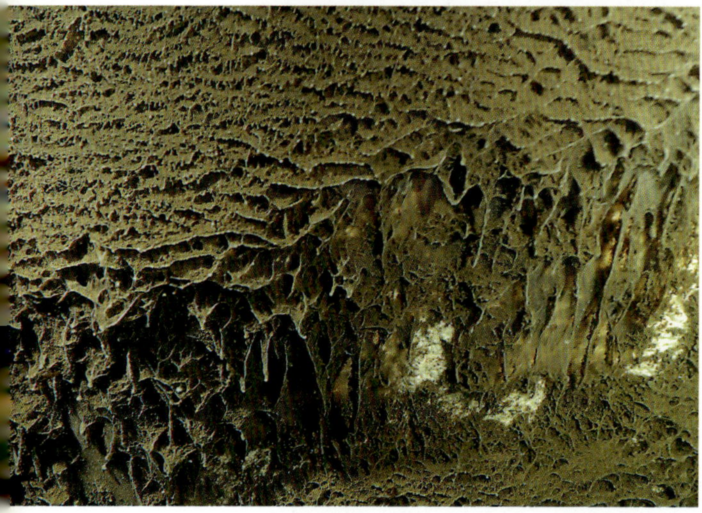

An steileren Hängen finden wir sechs- und achteckige Muster, deren Ränder von Schwefelfadenbakterien besiedelt sind. (Foto H. Fricke)

patelförmige Zapfen ängen an steilen elsen und Bäumen. s sind organische edimentfallen. hwefelbakterien nden hier Nahrung. oto H. Fricke)

Grüne dünne Matten 19–20 m tief betreiben im fast sauerstofflosen Milieu Photosynthese. Sie nutzen Schwefelwasserstoff als Energiequelle. (Foto U. Moeckli)

An Blatträndern beginnen die Schwefelfadenbakterien zu siedeln. So entsteht eine Negativkopie der Blätter. Ahorn und Buche sind leicht zu erkennen. (Foto H. Fricke)

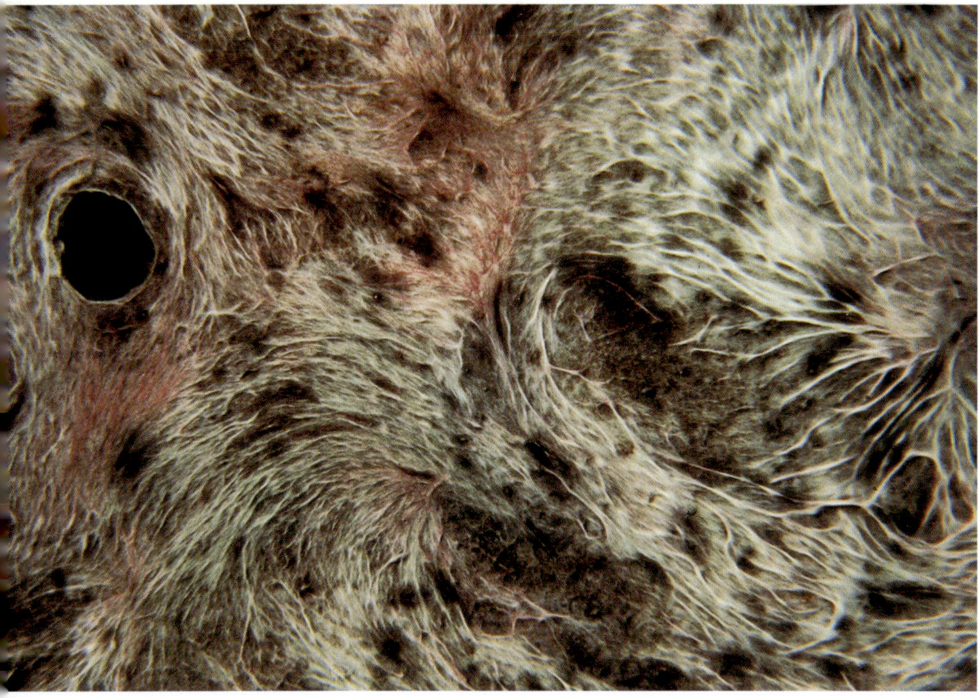

ꟿuster und Formen der Bakterienmatten haben uns seit Jahren fasziniert. Anfangs glaubten ꟿir, Bakterien bauen Großstrukturen, was jedoch nicht der Fall ist. (Foto U. Moeckli)

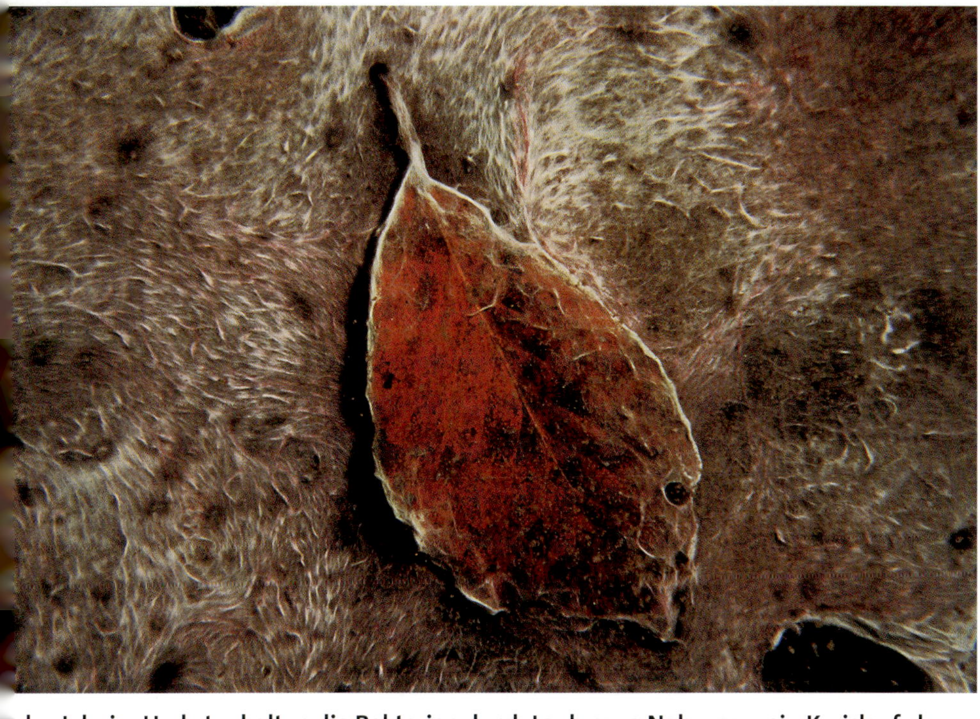

ꟿdes Jahr im Herbst erhalten die Bakterien durch Laub neue Nahrung – ein Kreislauf, der ꟿas besondere Ökosystem des Sees speist. (Foto U. Moeckli)

Unser »Gipfelsturm nach unten« in die großen Tiefen der Alpenseen fand im Toplitzsee ein Ende. (Foto H. Fricke)

Simon Wiesenthal und das »Maison Rouge« in Straßburg

Zum Mythos des Toplitzsees gehören nicht nur vermeintliches Nazigold und wertvolle Preziosen, es sind besonders auch versenkte Dokumente, die immer wieder auch heute noch die Gemüter erregen. Von Simon Wiesenthal stammen die Gerüchte von den berühmt-berüchtigten Depositarlisten linientreuer Nationalsozialisten, die durch ihre Unterschrift von Geheimkonten im Ausland, besonders in der Schweiz, Gelder für die Zeit nach dem verlorenen Krieg abheben konnten. Ihre Nachkriegszukunft wurde so angeblich heimlich vorbereitet.

Der Fall klingt aufregend. Als sich das Dritte Reich dem Untergang neigte, sollen sie zusammengekommen sein: Industrielle, höhere Chargen der SS und der Wehrmacht, aber auch andere, die Rang und Namen hatten – am 10. August 1944 zu einer Geheimkonferenz im »Maison Rouge« in Straßburg.

Der österreichische Journalist Oskar Wiesflecker aus Wien berichtete 1963 in der Wochenzeitschrift »Sonntag«, dass selbst Kaltenbrunner und Eichmann bei dieser dramatischen Geheimsitzung – bei der weder Protokolle noch private Aufzeichnungen gemacht werden durften – dabei gewesen sein sollen. Sie kamen zu dem Schluss, dass für das Dritte Reich die letzten Stunden angebrochen seien: In ganz Europa zusammengeraubte Güter (Gold, Juwelen, Kunstschätze, usw.) sollten aufgeteilt und Vertrauensleuten überantwortet, aber auch Firmen ins Ausland verlagert und wichtige Industrieunterlagen im Toplitzsee versenkt werden.

Kaltenbrunner soll zusätzlich ein »Kabinettstück preußischer Gründlichkeit« geliefert haben: »Gemäß seiner Anweisung wurden

Listen angelegt, in denen nicht nur die Schätze und ihr mutmaßlicher Wert, sondern auch die Namen der ›Treuhänder‹ fein säuberlich registriert wurden. Diese Listen wurden dann in Kisten verpackt und im Toplitzsee versenkt. Auf den Listen stehen die Kontonummern und die Namen der Zeichnungsberechtigten. Jeweils drei höchste Funktionäre sind zeichnungsberechtigt, aber keiner weiß, wer seine beiden anderen Partner sind, so lange die Listen nicht gehoben sind. Erst wer im Besitz dieser Akten ist, kennt die Namen, und erst, wenn die drei aufgespürt sind, kann das Vermögen abgehoben werden«, so Wiesflecker.

Der Journalist hatte sein Wissen abgeschrieben. So ganz genau lässt sich nämlich nicht feststellen, wo und wann über den Mythos der Depositarlisten zum ersten Mal berichtet wurde. Doch frühe Spuren führen nach Wien, zu Simon Wiesenthal. Dass Kaltenbrunner und Eichmann in Straßburg zugegen gewesen sein sollen, ist dagegen mehr als zweifelhaft und findet sich nicht einmal in den polemischen Schriften von Julius Mader, der sich keine Korruptheit des Nazi-Regimes journalistisch entgehen ließ, um das angeblich faschistoide Westdeutschland der Nachkriegszeit an den Pranger stellen zu können.

Über diese Konferenz hatte ich einiges gelesen, und weil der Toplitzsee dabei eine gewisse Rolle spielte, wollte ich der Sache nachgehen. Ich hielt die Konferenz für ziemlich unwahrscheinlich. Welche Tatsachen sprachen dafür und welche dagegen? Die mir zugänglichen Quellen schienen mir äußerst fragwürdig und zweifelhaft. Ein amerikanischer Geheimagent soll es gewesen sein, der am 7. November 1944 ein Gedächtnisprotokoll ans Außenministerium nach Washington schickte, so dass die Alliierten über die Nachkriegspläne des Dritten Reiches informiert waren. Irgendein Konferenzteilnehmer hatte nicht dichtgehalten.

Die beiden Historiker Gerhard Förster und Olaf Groehler berichten folgendes in ihrer Arbeit »Der Zweite Weltkrieg. Dokumente« über ein Treffen deutscher Monopolvertreter: »Wichtigste deutsche

Industrielle mit Interessen in Frankreich unter Vorsitz von SS-Obergruppenführer Dr. Scheid, dem Direktor der Hermansdorff & Schenburg Gesellschaft, trafen sich am 10. August 1944 in Anwesenheit anderer Vertreter von Krupp, Röchling, Messerschmidt, Rheinmetall, Volkswagen, Brown Boveri, Bosch sowie Dr. Strassner als Vertreter des Reichsministeriums für Rüstung und Kriegsproduktion zu einer vertraulichen geheimen Sitzung. Die Schlacht um Frankreich sei für Deutschland verloren, alle Industriematerialien müssten deshalb jetzt nach Deutschland verlagert werden. Die deutsche Industrie muss erkennen, dass der Krieg nicht mehr gewonnen werden kann, und geeignete Schritte für die Nachkriegszeit sind jetzt vorzunehmen. Jeder Industrielle müsse heimlich und ohne Aufsehen Kontakte und Verbindungen zu ausländischen Firmen aufnehmen, um in der Nachkriegszeit zur Finanzierung des neuen Aufstiegs finanzielle Anleihen aufnehmen zu können. In weiteren Sitzungen wurde gar beschlossen, dass die Regierung der Industrie große Summen zukommen lassen würde, so dass eine Nachkriegsfinanzierung gesichert sei. Diese Finanzreserven im Ausland müssten der Partei zur Verfügung stehen, so dass ein neues starkes Reich aufgebaut werden könnte. Das Verbot der Partei, Kapital ins neutrale Ausland zu exportieren, wird aufgehoben, so dass mittels der Industrie die Partei ihr angehäuftes Kapital im Ausland anlegen kann. Außerdem sei es erforderlich, dass die Industrie kleine unauffällige technische Dienststellen und Büros einrichtet, wo Patente, technische Neuerungen, Blaupausen und Forschungsergebnisse vor dem Zugriff des Feindes gesichert werden.«

In der Tat haben findige Journalisten in der Nachkriegszeit über 800 Firmen im Ausland aufgespürt und wiesen nach, dass deutsche Fluchtkapitalien über die Grenzen verschoben wurden. Die Schweizerische Kreditanstalt in Zürich und die Baseler Handelsbank spielten dabei eine wichtige und dunkle Rolle. Schweizer Firmen sollen gegen Provision als Deckmantel deutschen Industrieeigentums gedient haben. Vermutlich haben aber deutsche Industrielle auch ohne die Beschlüsse einer Straßburger Konferenz aus purem Eigennutz Mittel und Wege gefunden, ihre Besitztümer möglichst risikoarm ins neutrale Ausland zu verlagern. Mich überraschte auch, dass bei Förster und Groehler Hinweise auf die ominösen Depositarlisten fehlten, von denen Wiesflecker und andere so blumenreich berichtet hatten. Diese Listen sollten zum Lieblingsthema von Simon Wiesenthal werden.

Im Januar 1986 hatte ich in Wien zu tun und meldete mich telefonisch im Dokumentationszentrum von Simon Wiesenthal in der Salztorgasse 6 und führte ein langes herzliches Gespräch mit dem Hausherren. Eine sympathische galizische Stimme mit dem unverkennbaren jiddischen Dialekt vernahm ich am anderen Ende der Leitung. Ich hatte über 17 Jahre in Israel im Golf von Akaba geforscht und mochte den Klang des Jiddischen, den ich so oft gehört hatte.

Wiesenthal war wohlwollend und interessiert. Er hatte von meinen Tauchunternehmungen im Toplitzsee gehört und verstand deshalb auch, weshalb ich sein Büro anrief. Die Straßburger Konferenz würde mich interessieren und besonders die Liste mit den Depositaren.

Selbst am Telefon war Wiesenthal ein faszinierender Erzähler. Er legte auch sofort los: »Ja, die Sache mit den Depositaren. Ich kenne welche, z.B. den Schindler, den Adjutanten von Kaltenbrunner, der 12 Millionen Dollar auf einem Konto in der Schweiz gehabt hat.« Die 12 Millionen soll Schindler, laut Wiesenthal, später den Alliierten übergeben haben. Er war einer jener Depositare, und da lebte im Ausseer Land ein anderer mit einer Viertel Million Dollar auf dem Konto. Meinen Einwand, dass eine Viertel Million ja nun nicht eine so schrecklich große Summe sei, die einen ganzen Industriezweig retten könnte, überging er. Selbstverständlich könnte ich in seinem Dokumentationszentrum alle Unterlagen einsehen, auch Fotokopien anfertigen – er werde seine Sekretärin benachrichtigen. »Darf ich Ihnen einen Rat geben? Ich weiß nicht, wie alt Sie sind. Ich bin 77. Warten Sie mit einer Veröffentlichung.«

Ich sagte Wiesenthal, dass ich kein Journalist und nicht unbedingt auf eine Veröffentlichung erpicht sei. Ja, meinte er, das mache mich sympathisch. Nach dem Telefonat hatte ich den Wunsch, Simon Wiesenthal persönlich kennenzulernen.

Am Nachmittag suchte ich sein Dokumentationszentrum auf – leider war Wiesenthal nicht mehr anwesend. Im zweiten Stock rechts in einem typischen Wiener Stiegenhaus stand ich bald vor der offenen Bürotür. Ich dachte daran, dass dieses Büro gefährlich lebt, und stellte mir vor, wie arabische Terroristen hier eindringen könnten. Mich entsetzte der bloße Gedanke. Eine bildschöne junge Frau mit langen schwarzen gekräuselten Haaren erwartete mich bereits und trat auf mich zu: »Ich hole den Toplitzsee-Akt«. Als sie wiederkam, hielt sie einen dünnen Stapel von Fotokopien in der Hand. »Das ist alles?«, fragte ich. »Ja, mehr haben wir nicht. Sie müssen verstehen, dass wir uns primär mit Verbrechensaufdeckung beschäftigen. Der Toplitzsee ist da wenig ergiebig.« Ja, das verstand ich. Sie händigte mir die Fotokopien aus, die ich ruhig behalten könnte.

In einem Nebenraum machte ich mich an die Arbeit und las die Kopien durch. In den Texten fand ich alles, den »Banditenschatz« von Julius Mader oder die bei Wiesenthal abgeschriebenen »Blutigen Spuren« von einem deutschen Autorenkollektiv, das die Ereignisse vom 10. August 1944 im Maison Rouge in fast romanhafter, etwas reißerischer Form beschrieben hatte. Ich habe es gerne gelesen, und fast könnte man ihren Darstellungen Glauben schenken. Sie müssen die gleichen Unterlagen in der Hand gehalten haben, die ich in diesem Augenblick durchlas, und wahrscheinlich saßen sie sogar im gleichen Zimmer des Dokumentationszentrums.

Dann las ich auch, dass die Marineversuchsanstalt am Toplitzsee extra 1944 nach der Straßburger Konferenz an den See gezogen sei, um Vorbereitungen für den neuen Aufstieg der SS zu treffen. Sie versenkten heimlich wichtige Pläne und vergruben Schätze und Geld an Land. Ich war über die gefürchteten Nazi-Jäger doch etwas enttäuscht. Jeder hatte wohl sein eigenes Wunschdenken, wo blieben die fundierten Recherchen und die nicht erfundenen Belege?

So war die Marineversuchsstation zum Beispiel bereits im April 1943 und nicht erst im Winter 1944 an den See gezogen. Ihr damaliger Dienststellenleiter Dr. Keller hatte mir die Gründe für den Umzug der Marineleute an den Toplitzsee in seiner 16 Seiten langen, handgeschriebenen Dokumentation übereignet. Da war nicht die Rede von heimlichen Versenkungen wichtiger Dokumente, die Aufgaben waren ganz andere.

Monate später rief ich noch einmal bei Simon Wiesenthal in Wien an. Er erzählte mir eine etwas »schräge« Geschichte. 1946 sei ein Mann bei ihm aufgetaucht, der einen riesigen Rucksack mit sehr wichtigen Unterlagen bei sich trug. Er berichtete Wiesenthal über die Straßburger Konferenz. Dieser Mann habe ihn dann aufgefordert, in den »Oberösterreichischen Nachrichten« einen Artikel über die Konferenz zu schreiben, denn zu dieser Zeit glaubte jeder – so der Besucher – sowieso alles. Wiesenthal schrieb diesen Artikel und nannte ihn »Fluchtkapitalien«. Er erschien am 25. Mai 1946. Seinen Inhalt fand ich später – manchmal sogar mit identischen Redewendungen – in Maders Buch von 1965, in Försters und Groehlers Schrift von 1972 oder in den »Blutigen Spuren« von Pomorin und seinen Kollegen aus dem Jahr 1980.

Nach dem Erscheinen von Wiesenthals Artikel sollen am Toplitzsee einige »Expeditionen« aufgetaucht sein, die mit 4 m langen Stangen die Ufergebiete abtasteten und offenbar nach etwas suchten.

Seite 4 Oberösterreichische Nachrichten

Samstag, 25.Mai 1946

FLUCHTKAPITALIEN

Er sagte wörtlich: "Die Schlacht um Frankreich ist für Deutschland verloren; von jetzt an muss die deutsche Industrie sich darauf einstellen, dass der Krieg nicht gewonnen werden kann und daher Massnahmen für eine wirtschaftlichen Nachkriegsfeldzug zu ergreifen sind. Zu diesem Zweck muss jeder Industrielle Kontakt und Verbindungen mit ausländischen Firm suchen und anknüpfen; aber nur allein für sich und ohne den Verdacht au sich zu lenken. Ausserdem ist auf finanzpolitischem Gebiete der Boden fü eine Kreditaufnahme grossen Stils nach dem Krieg vorzubereiten. Aber damit nicht genug, müssen die Industriellen sich auch selbst darauf gefasst machen, die Nazipartei zu finanzieren, die gezwungen sein wird, unter Grund zu gehen."

Dies sei für Wiesenthal der Hinweis für die tatsächliche Existenz der Konferenz gewesen. Wiesenthal endete damals seinen Artikel mit »Es sind ständig weitere Nachforschungen im Gange, um alle Einzelheiten zu entdecken und alle Fäden zu fangen. Das bisherige Ergebnis hat mit aller Deutlichkeit bewiesen, dass die Nazis noch vor dem Ende des Zweiten Weltkriegs bereits den Dritten Weltkrieg und das Vierte Reich vorbereitet haben.« Er habe dann in den National Archives in Washington D.C. gesucht, aber nichts gefunden. Auch im Treasure Department habe es nichts über die Konferenz gegeben.

Mitte Oktober 1986 vereinbarten wir ein Treffen in seinem Büro in der Salztorgasse. Im Flur des dunklen Hauses hingen Diplome, überall, Anerkennungen für seinen lebenslangen Kampf gegen Unmenschlichkeit und für Gerechtigkeit, für seine Dokumentation des Holocaust. Ich gestehe, dass mich diese Galerie internationaler Würdigungen aus aller Herren Länder tief beeindruckte. Ehrfurcht ergriff mich. »Dass ich am Leben geblieben war, während so viele – Begabtere, Klügere, Anständigere – gestorben waren, erschien mir in manchen Augenblicken beinahe als ein Verstoß gegen die Gerechtigkeit: Ich konnte das Gleichgewicht nur wiederherstellen, in dem ich den Toten Gerechtigkeit zuteilwerden ließ«, schrieb Wiesenthal in seinen Erinnerungen. Er und seine Frau verloren 89 Familienmitglieder in deutschen KZs. Wiesenthal ging nicht als Racheengel auf die Suche nach den Kriegsverbrechern. Über Tausend waren es bis zum Ende seines Lebens; er wollte den Toten sagen, dass er sie nicht vergessen hatte.

Nun saß der große Nazi-Jäger vor mir. Ein lebendiger 77-Jähriger von mittelgroßem Wuchs, sympathisch und noch sehr flink im Kopf. Wiesenthals bescheidene Erscheinung beeindruckte mich. Seine Augen strahlten Güte aus, und seine Gedanken gingen ununterbrochen auf Wanderschaft, sprangen hin und her. Dann erzählte er mir einen Witz. Hitler habe einen Chemiker beauftragt, aufgrund der schlechten wirtschaftlichen Lage aus Sch.... Butter zu machen. Nach zwei Jahren fragte Hitler nach: »Ja, mein Führer, streichen lasse sie sich schon«, sagte der Chemiker, »aber sie rieche noch.« Wiesenthal bog sich vor Lachen, und ich konnte nicht umhin, herzhaft mitzulachen.

Wiesenthal amüsierte sich, als ich ihm erzählte, dass ich kürzlich Obersturmbannführer Höttl gesprochen hatte und der erzählte, dass er ihn, Wiesenthal, seinen persönlichen Freund nannte. Da lachte er wieder. Er habe Höttl nur einmal beim Kriegsverbrechertribunal in Nürnberg gesehen – und da auch nur von hinten. Höttl sei ab 1944 ein wichtiger Mann im RSHA gewesen, er war stellvertretender Gruppenleiter im Amt F.

Unvermittelt sprach er über die Straßburger Konferenz. Ein amerikanischer Jurist sei kürzlich bei ihm gewesen und habe um Unterlagen gebeten. Nein, er habe keine. Wahrscheinlich erinnerte er sich unseres letzten Telefonates. Dann erzählte er eine neue Geschichte, die im Detail etwas anders klang als die, die er mir bereits früher mitgeteilt hatte. Ein Agent des OSS (Office of Strategic Services), eines amerikanischen militärischen Geheimdienstes, dem Wiesenthal seit Juli 1945 angehörte, habe ihn 1946 um einen Artikel darüber in den »Oberösterreichischen Nachrichten« gebeten. Eingehende Leserbriefe seien dann von den Amerikanern sofort konfisziert worden. Er habe übrigens in diesen Artikel die Namen der österreichischen Industriellen selbst eingesetzt. Da stutzte ich. Was hieß das, selbst eingesetzt!? Gab er damit nicht indirekt zu, dass die Straßburger Konferenz in Wirklichkeit ein reiner Bluff war? War es vielleicht nur ein Schachzug, Hintermänner aus der Reserve zu locken, sie zu verunsichern?

Wiesenthal wich meinem Anliegen beharrlich aus, vor der Kamera über die Straßburger Konferenz und über seinen Artikel von 1946 zu reden. »Es habe ja noch Zeit. Und wenn der I-Punkt fehle, solle ich mich noch einmal melden.« Es war kein klares Nein, aber auch keine direkte Absage. Wir hatten ein offenes, fast herzliches Gespräch geführt, und ich merkte, dass mich Wiesenthal nicht vor den Kopf stoßen wollte. War es wirklich so wichtig, Geschichten und Verbindungen zwischen dem Toplitzsee und der Straßburger Konferenz aus dem Mund von Wiesenthal persönlich zu hören? Ich durfte nicht vergessen, dass es Wiesenthal primär um Verfolgung individueller Kriegsverbrechen an Juden ging, wiewohl auch die Rückführung von geraubten Judenvermögen ein wichtiger Teil seiner Arbeit war.

Als der STERN 1959 von der österreichischen Regierung eine Bergegenehmigung für den Toplitzsee erhielt, schrieb Simon Wiesenthal einen Artikel »Die Erben des Vierten Reiches«. »Als vor einigen Wochen eine deutsche Illustrierte die Bergeaktion am Toplitzsee begonnen hatte, … ging eine Unruhewelle durch die Nazis in Österreich und in Deutschland, dass behüte Gott nicht nur Pfunde, Gold, Patente, schweres Wasser, Briefmarken, aber auch die Liste der Vertrauensleute, denen die Verantwortlichen des Dritten Reiches Kostbarkeiten zur Aufbewahrung übergeben haben, gefunden werden konnten. Mächtige Direktoren verschiedener Industriekonzerne, Inhaber zahlreicher Import-Exportfirmen zitterten um ihre Habe. Die versteckten Schätze des Dritten Reiches im Ausseer Gebiet bestehen aus Raub- und Plünderzügen der Nazis in ganz Europa. Einer der Hauptopfer des Raubes waren die Juden, und es wird daher mit Recht angenommen, dass der Großteil der versteckten Juwelen, Devisen und Goldes jüdischen Ursprungs ist.«

Viele Nazis hatten im Ausseer Land nach dem Krieg Unterschlupf gefunden. Selbst der größte Judenmörder aller Zeiten, Adolf Eichmann, sollte bis 1950 dort heimlich gelebt haben, bevor er sich nach Südamerika absetzte. Die Bevölkerung lieferte übrigens niemanden aus. »Ob Obersturmbannführer, Kommunist oder Linkssozialist, alle halten sie dicht zusammen. Vielleicht ist es das goldene Band, was sie verbindet«, bemerkt Wiesenthal etwas süffisant.

1963 geriet die Alpenrepublik noch einmal in Aufruhr. Der Staat war gefordert, den toten deutschen Sporttaucher Egner – wie ich vorn schon berichtete – aus dem Toplitzsee zu bergen. Diese Gelegenheit sollte genutzt werden, etwaige Schätze des Sees endgültig zu heben. Auf hoher ministerieller Ebene gingen Depeschen hin und her.

Am 30. Oktober 1963 fasste Dr. Weis in einem Schreiben an den Regierungsrat Wilhelm Krell die Situation zusammen. Im Toplitzsee könnten folgende Gegenstände gefunden werden:

1. Dokumente politischer Bedeutung
2. Nachrichten über Konten in der Schweiz
3. Goldbarren, Juwelen und andere Wertgegenstände

Nur auf diese Werte könnten jüdische Organisationen und Sammelstellen im In- und Ausland Ansprüche geltend machen. Goldbarren werden an die betreffenden Staaten ausgeliefert. Für andere Wertgegenstände muss der zweifelsfreie Nachweis früheren Eigentums erbracht werden. Der Rest gehört Österreich, wenn nicht der Beweis geführt werden kann, dass es sich um entzogenes Vermögen handelt. Man sollte jedoch die Beweisforderungen nicht zu hoch spannen und nach Möglichkeit die Angelegenheiten auf dem Wege eines Vergleichs erledigen.

Dr. Weis sah keine Gefahr, dass bei einem eventuellen Fund nicht genügend Zeit bestünde, jüdische Interessen wahrzunehmen. Kulturgemeinden und Sammelstellen könnten innerhalb von 24 Stunden ihre Ansprüche beim Innenminister Olah und anderen Ministern geltend machen. Ebenso könnte bei der Schweizer Regierung interveniert werden, sollten Papiere auftauchen, die Hinweise auf Konten in der Schweiz geben. Dr. Weis warnte vor Presseverlautbarungen: »Es steht ja noch gar nicht fest, ob es einen Schatz im Toplitzsee gibt und welcher Art er ist. Wenn etwas gefunden wird, dann wird ja die Beschlussfassung der Regierung über die Verwendung des Schatzes Monate dauern. Es ist doch gewiß richtiger, wenn man wartet, bis man weiß, was da ist, als dass man jetzt schon mit Forderungen öffentlich hervortritt, ohne zu wissen, ob etwas und was im Toplitzsee liegt.«

Um einen »prophylaktischen« Zugriff auf gefundene Schätze ging es auch Simon Wiesenthal in einem Brief vom 23. Oktober 1963 an den Innenminister Olah. Wieder wies Wiesenthal auf die Ereignisse der Geheimkonferenz im »Maison Rouge« hin. »Vor allem aber glauben wir, dass sich im Toplitzsee Dokumente über die Verlagerung deutschen Kapitals befinden, das heißt die sogenannte Liste der Depositare. Das war auch die Meinung amerikanischer Experten, die nach dem Kriege sich mit dieser Angelegenheit befasst haben.« Wiesenthal forderte, dass die verlagerten Gelder, Bankkonten, Preziosen und auch die durch die Gelder erworbenen Firmen zur Wiedergutmachung des nationalsozialistischen Unrechts herangezogen werden. Wiesenthal, als Präsident vom »Bund für die Verfolgten des Nazi-Regimes«, schlug Innenminister Olah den Bund als Treuhänder für alle im Toplitzsee gefundenen Vermögenswerte auch für die im Ausland lebenden jüdischen Nazi-Opfer vor.

Beim Durchlesen all dieser Dokumente bekam ich den Eindruck, dass das Fell des Bären schon vor der Jagd verteilt wurde. Die Bergeaktion 1963 wurde – wie wir wissen – ein riesiger teurer Flop und hinterließ fast zwei Hundertschaften frustrierter und wütender Journalisten. Mit unserem Tauchboot hatten wir die tiefen Böden der Schwefelwelt des Sees sehr viel genauer und sorgfältiger inspiziert, als es einem mit schweren Bleischuhen versehenen Helmtaucher damals möglich war. Sie versanken im Schlamm und sahen vermutlich nichts. Der Toplitzsee ist für einen Taucher kein leichtes Gelände, was auch der futuristische amerikanische Panzertaucher bestätigte, der im Jahr 2000 für Filmaufnahmen in den See steigen musste. Jürgen, unser Meisterpilot, hatte für den schlammigen Boden des Sees eine besondere Technik entwickelt, um möglichst schlammfrei Sicht auf den Boden zu haben. Er machte *Geo* durch einige Liter Luft in unserem variablen Ballasttank leichter, so dass das Boot immer Auftrieb hatte. Durch Verstellen der Propeller konnte er ohne große Mühe 10 oder 20 cm über dem Boden fahren, ohne den Schlamm aufzuwirbeln – wir hatten so klare Sicht auf den Boden. Wir kannten jede Ecke des Sees, und einen Behälter mit ominösen Depositarlisten hatten wir bei unseren vielen Tauchabstiegen nicht gesehen – und wenn, dann hätten wir Ministerialrat Dr. Leeb vom Innenministerium in Wien auf der Stelle informiert. Die Entdeckung eines solchen heißen Fundes hätten wir sofort gemeldet.

Immer mehr Zweifel kamen bei mir auf, ob diese Straßburger Konferenz überhaupt je stattgefunden hatte. Für jeden der Konferenzteilnehmer hätte die Gefahr bestanden, bei nächster Gelegenheit von Intriganten an den Pranger gestellt zu werden. Es wäre trotz ihres hohen Ranges ein fast sicheres Todesurteil gewesen – noch war Hitler an der Macht. Warum also schwieg Wiesenthal, wenn es um ein Bekenntnis zum »Maison Rouge« vor der Kamera ging?

Es gab so viele Ungereimtheiten. Auch das angebliche Gedächtnisprotokoll eines Geheimagenten war fragwürdig. Simon Wiesenthal schrieb, dass die Amerikaner erst nach Beendigung des Krieges von der Konferenz erfuhren. Da er bereits im Juli 1945 zumindest mit dem Geheimdienst OSS zusammenarbeitete, bestand der Verdacht, dass er sogar der Verursacher dieses Protokolls sein könnte. Also eine reine Spekulation. Er selbst hat – wie er zugibt – in den National Archives in Washington wie auch im Treasure Department nichts gefunden. Auch ich war dort erfolglos. Ich war mir bewusst, dass ich mich in ein Territorium begab, das nicht mein Gebiet war. Historiker hatten das zu entscheiden, und ein Historiker war ich nicht. Auch hatte ich nicht den Ehrgeiz, Sein oder Nichtsein des »Maison Rouge« und seiner Ereignisse aufzeigen zu müssen. Aber letztlich wollte ich es dann doch wissen.

Mein Anliegen und meine Bedenken trug ich verschiedenen Experten vor und bat um Stellungnahme. Der Erste war der Historiker Heinz Höhne, bekannt durch seine SS-Dokumentation »Der Orden unter dem Totenkopf«. Höhne stimmte meiner These zu, war aber vorsichtig, ob Wiesenthal wirklich der einzige Verursacher war. Tom Bower mit seinen ungewöhnlich guten Recherchen über Finanzbewegungen der Nationalsozialisten überraschte mich besonders: Obwohl es um Gelder, Finanztransaktionen der Industrie und Konten ging, hatte er noch nie etwas von der Konferenz in Straßburg gehört. Auch Obersturmbannführer Höttl, befragt nach Straßburg, gab offen zu, dass er von der Konferenz nichts wusste. Ich konnte mir nicht vorstellen, dass Höttl die Unwahrheit sagte. Mein Eindruck verstärkte sich, dass die Straßburger Geheimkonferenz in der Tat kaum jemand bekannt war und wahrscheinlich nicht stattgefunden hatte.

Dann zappte ich durchs Internet und fand ein 2007 erschienenes Buch »Odessa und das Vierte Reich. Mythen der Zeitgeschichte« von Dr. Heinz Schneppen, Historiker und pensionierter Botschafter der Bundesrepublik. Er wies nach, dass ODESSA (Organisation Der Ehemaligen SS Angehörigen), angeblich eine sektenhafte verschwörerische Geheimorganisation der SS, die nach dem Zweiten Weltkrieg Nazi-Verbrechern die Flucht nach Südamerika ermöglicht haben soll, nicht gab. Auch Krüger behauptete das. ODESSA war Dauerthema von Simon Wiesenthal. Schneppen sprach aus, was ich mich nicht getraut hatte – auch die Straßburger Konferenz hat nie stattgefunden. Sie war, wie ODESSA, ein Phantom.

Ich rief Dr. Schneppen in Berlin an und bedankte mich für die Hilfestellung, die er mir gab. Er hatte mir gewissermaßen die Verantwortung abgenommen: als Biologe eine Geschichtsfälschung publik zu machen, die auf den Widerstand der berufenen Historiker gestoßen wäre. Seit 21 Jahren ahnte ich, dass es die Geschichten um das »Maison Rouge« nicht gegeben hatte. Wer auch immer für diese Art von Geschichtsfälschung verantwortlich zeichnete, er muss dafür ein zwingendes Motiv gehabt haben.

Seit 1946 zählte es für Simon Wiesenthal zur Lebensaufgabe, eine generelle Wiedergutmachung für seine geschädigten Glaubensangehörigen wie aber auch von Nichtjuden zu erreichen, Recht wo Recht sein muss. Er war davon überzeugt, dass die Nationalsozialisten vorgesorgt hatten und dass in den Nachkriegsjahren eine Reihe von Funden, finanziellen Transaktionen und dubiosen Geschäften aufgedeckt würden, wo es auch um Werte der Juden ging. Wollte er darauf einen generellen Anspruch anmelden? Hatte er vielleicht deshalb eine Geheimkonferenz erfunden, die keine gesicherten Spuren hinterließ, um gewissermaßen »prophylaktisch« auf früher Geraubtes, Konfisziertes und durch die Nationalsozialisten treuhänderisch Übernommenes Zugriff zu haben?

Henriette v. Schirach und die verschollenen Wagner-Partituren

Dass mich die Ereignisse um den Toplitzsee auch in Bereiche führen würden, die weder meiner Profession noch meinen speziellen Interessen entsprachen, ahnte ich nicht. »Die Akte CK« war zum Beispiel so ein Fall. Wie dort, waren auch in der folgenden Geschichte Bernhard Krüger der Auslöser, sein im See versenktes Falschgeld – und die Druckmaschinen, die dabei eingesetzt wurden.

Ich hielt einen Zeitungsartikel mit einem Foto vom 5. Oktober 1950 in der Hand. Auf dem Foto war ein Pfeil mit dem Hinweis eingezeichnet, dass hier im Walchensee an dieser Stelle die Druckmaschinen des »Unternehmen Bernhard« versenkt wurden. Diese Nachricht musste falsch sein. Krüger selbst hatte mir erzählt, dass die Druckmaschinen in den Stollen der heutigen Brauerei in Redl-Zipf in Oberösterreich teilweise – auch später von den Amerikanern – zerstört worden waren. Andere Werkzeuge hatte er bei Wörgl in den Inn werfen lassen. Krüger hatte aber seine Häftlinge in Redl-Zipf vorzeitig verlassen. Keiner wusste auch, wohin Krügers rechte Hand, SS-Mann Hansch, mit seinen Lkws von Redl-Zipf letzten Endes verschwunden war, und ob er sich auch um die Druckmaschinen gekümmert hatte. Konnte es nicht möglich sein, dass die Druckmaschinen auch im tiefen Walchensee »entsorgt« wurden? Ich fragte Krüger danach. Er hielt es für ausgeschlossen, meinte aber, dass im Amt II Wirtschaft des Reichssicherheitshauptamtes identische Druckmaschinen verwendet wurden. Auf alle Fälle musste ich dieser Spur nachgehen. Ich ahnte nicht, dass sie bei verschollenen Wagner-Partituren enden würde.

Der Pfeil auf dem Foto mit dem Hinweis auf den Walchensee stammte von keiner Geringeren als Henriette v. Schirach, der Frau des Reichsjugendführers und Gauleiters von Wien, Baldur v. Schirach, der am Walchensee ein Wochenendhaus besaß.

Kurz vorher hatte ich ihr bemerkenswertes Buch »Der Preis der Herrlichkeit« gelesen, wo Henriette v. Schirach ihre Jahre an der Seite einer Nazigröße beschrieb. Die Reflektion zurück in ihr Leben gefiel mir, und als ein im Krieg Geborener wünschte ich mir diese Offenheit auch von anderen Zeitgenossen aus der damaligen Täterriege. Da war endlich jemand, der sich nicht rechtfertigte, der analysierte, reflektierte und der sich auch bekannte.

Henriette v. Schirach war die Tochter von Hitlers Leibfotografen Heinrich Hoffmann. Hitler ging im Hause der Hoffmanns aus und ein. Frau v. Schirach erzählte über einige bemerkenswerte, sehr menschliche Einzelheiten des Diktators, die ihr Kritik von deutschen Historikern einbrachten. Sie berichtete aber auch, wie sie Hitler Karfreitag 1943 auf dem Berghof nach eigenem Erleben von Judendeportation in Holland zur Rede stellte. Hitler reagierte ausfallend schroff, so dass die Schirachs um ihr Leben und Einlieferung in ein KZ bangen mussten. Danach brach der fast familiäre Kontakt zu Hitler ab, und die Schirachs wurden vom Berghof verbannt.

Lebte Frau v. Schirach noch? Ich wusste, dass ihr Sohn Klaus Rechtsanwalt in München war. Ihn kontaktierte ich. Die Schwiegertochter meldete sich am Telefon. Ich trug mein Anliegen vor. Sie, die Kinder, hielten das Reich der Toten möglichst von Henriette fern, sie leide darunter. »Ich muss Sie gleich darauf aufmerksam machen, dass ihr Vater (Anm. Heinrich Hoffmann) eine sehr blühende Fantasie hatte und dass sich diese auf Henriette übertragen hat«. Das hieß für mich im Klartext, dass ich vieles nicht so genau nehmen solle, vielleicht sei manches, was sie erzählte, nicht ganz vertrauenswürdig. Trotzdem, so sagte sie schließlich, wolle sie mir die Adresse geben. Ich war dankbar dafür, entwickelte sich daraus doch eine offene und spannende Korrespondenz. Eines Tages erhielt ich von Henriette v. Schirach ein 14seitiges Manuskript »Die verschollenen Wagner-Partituren«, ein kunsthistorischer Krimi, der sich äußerst spannend las.

Am Telefon sagte sie mir, dass ich der richtige Mann dafür sei, diesen Spuren zu folgen. Zwar ehrte mich das, doch ich entsann mich auch der Worte ihrer Schwiegertochter und ging mit aller Vorsicht an dieses intellektuelle Abenteuer, das mich irgendwie faszinierte. Kurz erzählt war der Inhalt etwa folgender:

Seit Kriegsende 1945 waren Richard Wagners Originalpartituren der »Feen«, des »Liebesverbots«, des »Rienzi«, des »Rheingold« und der »Walküre« verschollen. Die Originalzweitschriften des »Siegfried III« und der »Götterdämmerung« verschwanden, wie auch Orchesterskizzen des »Fliegenden Holländer«. Sie waren einstmals von Wagner seinem Verehrer Ludwig II. übereignet worden. Als Ludwig II. starb, gingen die Partituren in den Nachlass der Wittelsbacher über.

1939 wurde Hitler 50 Jahre alt. Er war ein großer Verehrer von Wagner, und die Vertreter der Deutschen Wirtschaft, Krupp, Flick, Thyssen und Dr. Richard von Schöller suchten nach einem geeigneten Geburtstagsgeschenk. Sie fanden das Richtige: die Partituren von Wagner. In einer teuren Kassette wurden sie dem Führer in der Reichskanzlei übergeben, wo er mit Kennerblick auf einer Treppe die Partiturblätter herumgezeigt haben soll. Albrecht Pietzsch, Präsident der damaligen Industrie- und Handelskammer und Leiter der Reichswirtschaftskammer, bemerkt in einem Schreiben vom 29. April 1939: »Über das Geschenk hat sich der Führer sichtlich gefreut.«

Winifred Wagner, Duz-Freundin von Hitler, sollte mehrmals den Führer um die Übergabe der kostbaren Partituren an das Bayreuther Archiv bitten. Doch vergebens. Hitler liebte zu sehr die Nähe von Wagners Handschrift, als dass er sich von ihnen trennen konnte. Bei ihm seien sie am besten aufgehoben. Während eines Lazarettbesuchs beim verwundeten Wolfgang Wagner soll Hitler versprochen haben, die Partituren Bayreuth zu übergeben, wenn er sie in Berlin selbst abholen würde. Dazu kommt es nicht mehr. Auf der Reise nach Berlin verhindert ein Luftangriff die Weiterreise von Wolfgang Wagner. Berlin wird für Dokumente und Wertsachen zunehmend unsicherer. In Flugzeugen transportiert man sie auf den Obersalzberg bei Berchtesgaden, den fast mondänen Zufluchtsort der Nazigrößen, die ihren Rückzugsort durch tiefe Bunker abgesichert hatten. Auch ein großer Teil von Hitlers Privatsachen landete hier. Unter ihnen 20 Aquarelle, die Hitler während seiner Bohemien-Zeit in Wien und München gemalt hatte, und die er sorgsam hütete, sollten sie doch auch in seinem geplantem Kunsttempel in Linz ausgestellt werden.

Als der Obersalzberg von den Alliierten am 25. April 1945 bombardiert und der Berghofkomplex außer den Bunkeranlagen fast völlig zerstört wurde, gingen 24 Holzkisten mit dem Privatbesitz des Diktators auf Reisen in Richtung Süden. Hitler wie auch sein von allen gehasster Privatsekretär und Berater Martin Bormann weilten zu dieser Zeit in Berlin, wo sie sich bald das Leben nehmen sollten.

Ein Tross von sechs Lastern, mit ihnen Frau Bormann und ihre Kinder sowie die verpackten Holzkisten, verließen den Obersalzberg. Dieser Tross wurde als der Bormann-Treck bekannt. In Bozen endete die Reise. Bormanns Kinder wurden in die Obhut von Kirchenoberen und Bergbauern gegeben, wo sie angeblich noch heute teilweise unter anderem Namen leben. Von den Holzkisten mit dem millionenschweren Vermögen kamen einige in die Villa Reale bei Bozen, andere verschwanden in Verstecken, die nur wenige kannten. Dann verlieren sich ihre Spuren, wie auch die Spuren der Aquarelle und – falls sie gemeinsam auf den Weg gegangen waren – auch die Spuren von Wagners Partituren.

1984 hörte Frau v. Schirach von einer bemerkenswerten Kunstausstellung im ehrwürdigen Palazzo Vecchio in Florenz, von 20 Hitleraquarellen hoher Qualität. In einer englischen Kunstzeitschrift stellt sie fest, dass es sich um jene 20 Aquarelle handelte, die Hitler auf dem Berghof bei Berchtesgaden aufbewahrt hatte. Frau v. Schirach fuhr nach Florenz. War die Kassette mit den Wagner-Partituren den gleichen Weg gegangen wie die Aquarelle? Frau Bormann wusste um ihren Wert und wird sie nicht am Obersalzberg zurückgelassen haben. Frau v. Schirach glaubte jetzt, dass die Kassette und die Aquarelle irgendwo zusammen liegen, an gleicher Stelle in Mappen mit Lederbändchen eingebunden.

Die in Florenz ausgestellten Aquarelle stammten jedoch aus dem Nachlass des 1983 verstorbenen Rodolfo Sivieri – eine schillernde Gestalt des Geheimdienstes, ein zu Ehren gekommener Kulturminister. Er war ein »007 dell'Arte« der Kunstszene, der sich zur Aufgabe gesetzt hatte, von den Nationalsozialisten geplünderte und geraubte Kunstschätze wieder nach Hause zu bringen – nach Italien. Einige Tausend verschollene Kunstwerke hat der in Berlin und Florenz ausgebildete Kunsthistoriker nach Italien rückgeführt und wurde dafür so etwas wie ein Volksheld. In Florenz setzte er sich sein Denkmal: ein exquisites Privatmuseum »Casa Museo Rodolfo Sivieri« in der Lungarno Serristori am Arno-Ufer. Brigitte Hamann schreibt in ihrem Buch »Hitler in Wien«, dass auf dem letzten Transport von Frau Bormann Hitler-Bilder gestohlen wurden, die später in Italien wieder auftauchten. Sie kenne zwei Originale, die im Privatbesitz und absolut unverkäuflich seien.

Die Nähe der 20 Hitler-Aquarelle und der Wagner-Partituren war wohl von Henriette v. Schirach erfunden worden, nicht mehr und nicht weniger eine plausible schöne Hypothese. Ob sich Hitler in Berlin von den Partituren trennte und sie mit auf den Obersalzberg gab, ist nicht bekannt. Briefe seiner Mutter, die er innig liebte, hat er – wie Brigitte Hamann meint – bei sich behalten.

Ministro Rodolfo Sivieri, Besitzer der Aquarelle, geriet leicht und schnell in den Verdacht, dass er auch der heimliche Besitzer der Partituren sei. Am Ende ihres Manuskriptes schrieb Henriette v. Schirach: »Nun sollten wir das tun, was uns Sherlock Holmes gelehrt hat: Wir sollten unsere grauen Zellen in Gang setzen und kombinieren. August 1986 H. v. Schirach.« Dies war das Datum, an dem das Manuskript bei mir in Seewiesen einging.

Am 1. September antwortete ich auf den Begleitbrief: »Ja, man kann spekulieren, und doch sollte diese Sache schon wegen ihres immensen kulturhistorischen Wertes verfolgt werden. Natürlich wissen Sie nicht, ob die Aquarelle und die Partituren in der Tat wie siamesische Zwillinge immer zusammen gewesen sind.« Ich ahnte nicht, dass die Suche nach den verschollenen Wagner-Partituren so etwas war wie die Suche nach dem berühmten Bernsteinzimmer, dass es zig Möglichkeiten gab, wohin diese Partituren verschwunden sein konnten. Kunstgeschichtler waren ihnen seit Langem auf der Spur. In Fachkreisen sprach man gerne darüber, und einige wiegelten schon ab, wenn sie nur das Wort verschollene Partituren hörten. Das war kein guter Anfang.

Eines aber war gewiss, der Kunstagent Rodolfo Sivieri hatte offenbar selbst Nazi-Kunst mit zweifelhafter Provenienz besessen. Wie er die 20 Aquarelle von Frau Bormann erhielt, ob er sie bezahlte, erpresste oder konfiszierte, bleibt bis heute unbekannt. Henriette v. Schirach schreibt dazu: »Es ist unbestritten, die Bilder kamen mit dem Tross Gerda Bormann via Bozen nach Florenz. Man hat also den Wert der Hitler-Aquarelle erkannt, und Rodolfo Siviero hat sie sich unter den Nagel gerissen.« Ein Kirchenoberer, Vertrauter von Gerda Bormann, sagte es noch prägnanter: »Dieser Kerl hat die Kisten geklaut.«

Die Journalisten Lahme und Stunz berichteten 2007 in der »FAZ« über einen weiteren fragwürdigen Fund in Sivieris Nachlass: 130 Briefe von Napoleon an den Herzog von Valmy. Sie gehörten einstmals italienischen Nachfahren des Adligen und befanden sich dann in deutschem Besitz. Sie sollten nach dem Krieg an die Nachfahren des Herzogs durch den italienischen Kunstbeauftragten Roberto Sivieri zurückgegeben werden. Die Briefe landeten aber privat bei Sivieri, und als er 1983 starb, ging der Nachlass in den Besitz der Region Toskana über. Sivieri war also selbst auf der Jagd nach verlorenen Schätzen. Dass er die Wagner-Partituren durchaus auf seine ihm offenbar eigene Weise »verwaltet« hat, war nicht von der Hand zu weisen. Mehr und mehr faszinierte mich die Kunst des Kunstsammelns, »the art of art collecting«.

Eines war klar. Rodolfo Sivieri konnte als gefeierter Beutekunstjäger von den Nazis gestohlener italienischer Kunstgüter kaum öffentlich zugeben, dass er im Besitz der Wagner-Partituren sei. Trotzdem könnte er aber heimlicher Besitzer der Partituren sein, die er an geheimem Ort für sich aufbewahrte. Ich liebäugelte mit dieser Hypothese und gebe zu, dass ich sie testen wollte. Sivieri hatte eine große Zahl von Tagebüchern hinterlassen, wobei die Tagebücher von 1940–1948 möglicherweise im L'Archivio Sivieri im Archivio Diplomatico in Rom unter Verschluss lagen. Wenn er die Partituren von Frau Bormann anlässlich der Bildübergabe erhalten hatte, könnte eventuell sein Tagebuch von 1946 darüber Auskunft geben – vorausgesetzt, Sivieri hat über ein solches heißes Thema in seinem Tagebuch berichtet. Ich musste Einsicht in die Tagebücher nehmen.

Über die Bibliotheca Hertziana des Max-Planck-Institutes für Kunstgeschichte in Rom wurde ich mit Ambassadore M. bekannt, der mich nach Rom einlud. Im Außenministerium sei das Büro Sivieris gewissermaßen als eine Art Museum erhalten geblieben. Als ich später jedoch gezielt nach den unter Verschluss stehenden Tagebüchern Sivieris fragte, brach die Korrespondenz mit Rom plötzlich ab. Ehrlicherweise hatte ich über ein Vorhaben gesprochen, meine Recherchen zu Sivieri eventuell für einen Dokumentarfilm zu verwenden. Vielleicht war ich dadurch dem Außenministerium suspekt geworden, wird doch Sivieri auch heute noch in Italien hoch verehrt. Die italienische Tür war damit ein für alle Mal zugeschlagen. Ich hatte auch gemerkt, dass Untersuchungen in Italien ungemein schwierig sind. In Bergamo fand eine Ausstellung »The war is over« statt, wo auch zwei Hitler-Aquarelle (wahrscheinlich aus der Ausstellung von 1984 in Florenz) gezeigt wurden. Als ich den Kurator der Ausstellung Giacinto Di Pietrantonio um die Herkunft der Bilder bat, folgte eisernes Schweigen.

Mir kamen Zweifel. Auch nahm mir die Bemerkung der Schwiegertochter über die sprudelnde Fantasie von Frau v. Schirach etwas den Biss, den Aquarellen und den Partituren in Italien mit Verve weiter zu folgen. Wenn es Hitler bis April 1945 strikt ablehnte, die Partituren aus der Hand zu geben, so war es durchaus wahrscheinlich, dass sie nicht mit Frau Bormann auf eine italienische Reise gegangen waren.

Ich musste unbedingt Kontakt zu Wolfgang Wagner aufnehmen. Er war einer der Ersten, der sich nach Kriegsende auf die Suche nach den Partituren gemacht hatte. Bei dem ersten Gespräch merkte ich, dass sich Frau v. Schirach wahrscheinlich irrte. Nicht Wolfgang Wagner, sondern sein Bruder Wieland hatte im April 1945 vergebens versucht, die Partituren in Berlin aus der Hand Hitlers zu erhalten.

In einem Münchner Archiv fand ich wichtige Briefe. Im Jahr 2002 schrieb Wolfgang Wagner an Andreas von Majewski: »Das weitere Schicksal des Geschenks der Manuskripte an Adolf Hitler sowie deren Verbleib bis zur Besetzung des Reichskanzleibunkers ist mir ja bekannt.« Meint er hier die Besetzung des Kanzleibunkers durch die Rote Armee nach dem Selbstmord Hitlers, also die ersten Maitage 1945?

Am 15. Februar 1973 teilte Wagner Professor Keim vom Bayerischen Staatsministerium für Unterricht und Kultur mit: »Mein Bruder Wieland hat sich zwischen Januar und April 1945 bemüht, die nachweislich in Berlin lagernden Originale an sicheren Ort zu verbringen.« Wagner erwähnt aber auch, dass er nicht mit Sicherheit sagen könne, ob die Manuskripte in den letzten Kriegstagen doch noch aus Berlin ausgeflogen worden sind.

Stimmen die zeitlichen Angaben Wagners und die Partituren befanden sich bis in die letzten Kriegstage hinein in Berlin, könnten sie tatsächlich niemals mit dem Bormann-Treck nach Italien gelangt sein. Frau v. Schirachs so schöne Hypothese des engen siamesischen Zusammenseins von Hitler-Aquarellen und den Wagner-Partituren würde sich dann in Wohlgefallen auflösen und Ministro Roberto Sivieri wäre zu Unrecht verdächtigt worden. War ich also jahrelang einem Phantom nachgejagt?

Wagner suchte auch in Amerika. »Nein, in Amerika sind sie nicht«, sagt er mir am Telefon. »Hitlers Privatbibliothek in der Prinzregentenstraße in München ist zwar von Berchtesgaden komplett in die Library of Congress nach Washington gegangen. Ein Bayreuther Journalist ist aber dort gewesen und berichtete, dass Hitlers Archivalien noch nicht einmal gesichtet waren.« Wagners Noten fand er nicht.

Auch in Schlesien wurden die Partituren vermutet. Sie konnten mit der Auslagerung der Mozart-Manuskripte dort eingelagert worden sein. Ein amtlicher Bescheid wies nach, dass Wagners Partituren nicht dabei waren. Seine Partituren blieben verschwunden.

Als wir schließlich auf Moskau zu sprechen kamen, tat Wolfgang Wagner sehr geheimnisvoll. Da sei etwas im Gange. Gespräche mit Putin würden zur Zeit geführt. Auch das Auswärtige Amt würde sich darum bemühen. Wagner versicherte mir, wenn die Spuren nach Amerika und Russland versiegen, würde Italien wieder interessant. Italien sei aber ein schwieriger Partner, denn alle Kulturgüter – selbst gestohlene – die vor 35 Jahren ins Land kamen, gehören automatisch dem Staat. So recht mochte er nicht an italienische Spuren glauben. Doch wo sind die Partituren nun wirklich? Hat sie vielleicht Hitler gar in seinem menschenverachtenden Wahn in den letzten Tagen vernichtet, um sie nicht den Sowjets in die Hände fallen zu lassen? Sollte also der geliebte Wagner mit dem größten Feldherren aller Zeiten gemeinsam zugrunde gegangen sein? Zutrauen könnte man es ihm schon. Oder wurden sie doch durch die Rote Armee »gerettet« und schlummern heute als Beutegut einen tiefen Dornröschenschlaf irgendwo in der Asservatenkammer eines russischen Museums? Zu gönnen wäre es den Noten, blieben sie dann wenigstens der Menschheit erhalten.

Die letzten Apriltage scheinen das Schicksal der Wagner-Noten bestimmt zu haben. Was geschah damals im Umkreis Hitlers? In einem bemerkenswerten Buch von Rochus Misch »Der letzte Zeuge. Ich war Hitlers Telefonist, Kurier und Leibwächter« erfahren wir, dass

Misch die Partituren 1940 in den privaten Räumen Hitlers in der Alten Reichskanzlei ausgebreitet gesehen hat. Auch erfahren wir, dass in der Alten Reichskanzlei in einer Art privaten Schatzkammer Gastgeschenke und andere wertvolle Dinge Hitlers aufbewahrt wurden. Hitlers Wohnung wurde im März 1945 von einer Bombe getroffen, und die Alte Reichskanzlei wurde anschließend im Artilleriefeuer der Roten Armee zwischen 23. April bis 2. Mai völlig zerstört. In der lähmenden Agonie dieser letzten Tage Hitlers ist es unwahrscheinlich, dass die Partituren noch aus Berlin ausgeflogen wurden. Rochus Misch berichtet, dass am 22. April die letzte Ju 352 aus der Führerstaffel Berlin verließ. Zahlreiche Kisten hatte sie an Bord. Sie stürzte in der Nähe Dresdens ab und brannte aus. Waren die Partituren an Bord? Dann wären sie der Nachwelt für immer verloren.

Am Ende meiner Untersuchung kehrte ich an die Anfänge allen Ungemachs zurück. Ich hatte im Wittelsbacher Ausgleichsfond im Nymphenburger Schloss in München um Einsicht in die Verkaufsakten und Verkaufsverhandlungen der Wagner-Partituren gebeten. Ich wollte wenigstens einmal in meinem Leben etwas Konkretes zum Thema der Wagner-Partituren selbst in den Händen halten, hard facts gewissermaßen. Dort in der Bibliothek im Nymphenburger Schloss lernte ich zu meiner eigenen Überraschung, dass es sich bei den Wagner-Partituren um fast 4000 Seiten Manuskript handelte und dass 750 000 Reichsmark plus 50 000 Reichsmark Provision an das Antiquariat Taeuber über Albrecht Pietzsch an den Ausgleichsfond überwiesen wurden. Am 18. April 1939 haben dann die Gerichtsreferendare Horst Toepfer und Dr. Gerlach Hemmerich die Partituren nach Berlin überführt. Dort endet die Geschichte.

Mit den Partituren war es ähnlich wie mit dem Nazi-Schatz im Toplitzsee. Dass es einen großen Goldschatz gegeben hat, wies Karl Bernd Esser in seinem schwer lesbaren Buch »Hitlers Gold« nach. Auch, dass unsere alliierten Freunde jenseits des Atlantiks noch heute den größten Teil davon besitzen. Am Toplitzsee mussten einheimische Bauern und SS-Wachmannschaften geheimnisvolle Kisten zum

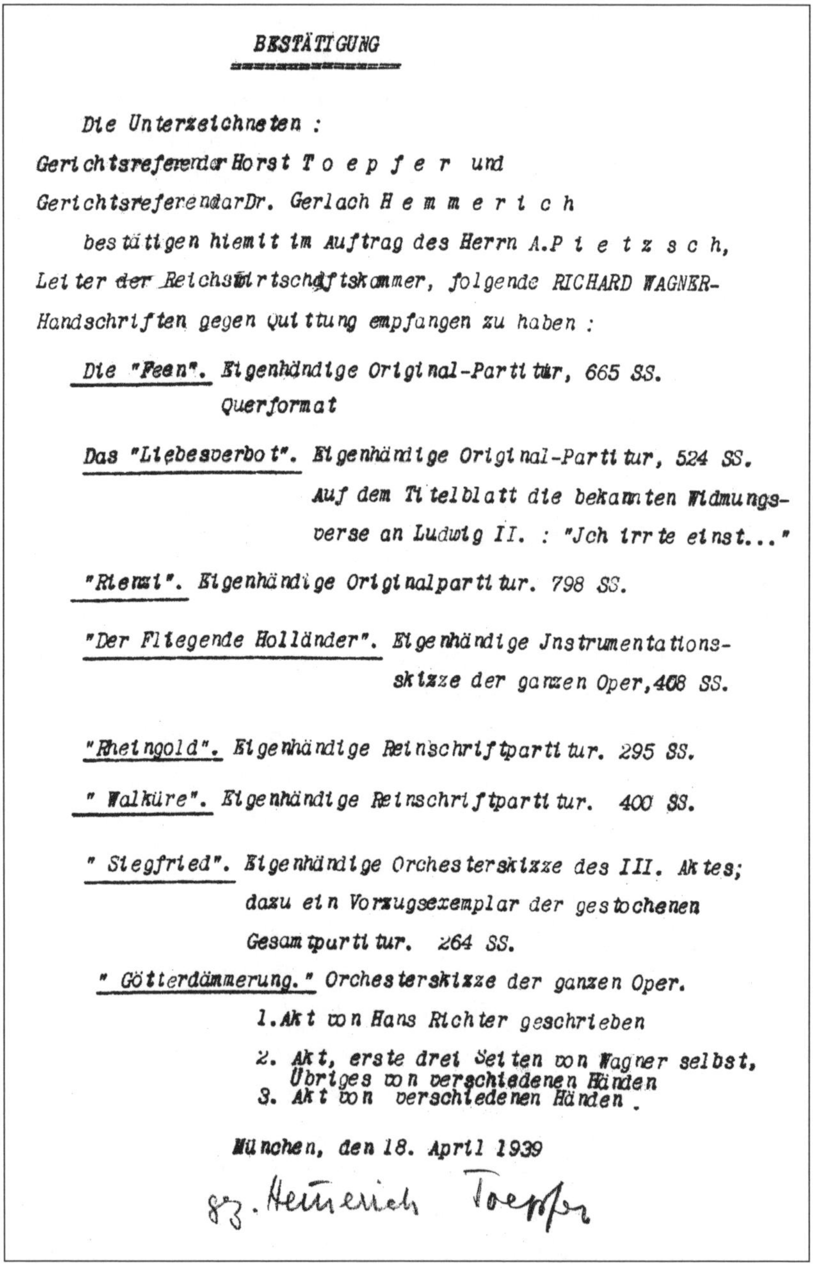

BESTÄTIGUNG

Die Unterzeichneten :

Gerichtsreferendar Horst T o e p f e r und

Gerichtsreferendar Dr. Gerlach H e m m e r i c h

bestätigen hiemit im Auftrag des Herrn A.P i e t z s c h, Leiter der Reichswirtschaftskammer, folgende RICHARD WAGNER-Handschriften gegen Quittung empfangen zu haben :

Die "Feen". Eigenhändige Original-Partitur, 665 SS. Querformat

Das "Liebesverbot". Eigenhändige Original-Partitur, 524 SS. Auf dem Titelblatt die bekannten Widmungsverse an Ludwig II. : "Jch irrte einst..."

"Rienzi". Eigenhändige Originalpartitur. 798 SS.

"Der Fliegende Holländer". Eigenhändige Jnstrumentationsskizze der ganzen Oper, 408 SS.

"Rheingold". Eigenhändige Reinschriftpartitur. 295 SS.

" Walküre". Eigenhändige Reinschriftpartitur. 400 SS.

" Siegfried". Eigenhändige Orchesterskizze des III. Aktes; dazu ein Vorzugsexemplar der gestochenen Gesamtpartitur. 264 SS.

" Götterdämmerung." Orchesterskizze der ganzen Oper.

1. Akt von Hans Richter geschrieben

2. Akt, erste drei Seiten von Wagner selbst, Übriges von verschiedenen Händen

3. Akt von verschiedenen Händen.

München, den 18. April 1939

gz. Heinrich Toepfer

Empfangsbestätigung für den Erhalt von Wagner-Partituren

See transportieren. Daraus entstand – zwar erst viele Jahre später – die Legende vom versenkten Nazi-Schatz, der noch heute im See schlummern soll und immer wieder Unentwegte an seine Ufer lockt, die trotz unserer Beobachtungen, Filme und Berichte ihre Augen vor der Wahrheit verschließen.

Dass die Wagner-Partituren verschwanden und noch heute keiner genau weiß, wo sie eigentlich sind, ist ein Faktum. Dass damals im April 1945 auf dem Bormann-Treck ebenfalls Holzkisten gesehen wurden, die dann in Bozen einem ungewissen Schicksal entgegen gingen, ist sicher eine wahre Geschichte. Dass aber in den Toplitzsee-Kisten Gold und in den Bormann-Kisten vielleicht Wagner-Partituren lagen, kann keiner belegen. Dies wird zum Stoff, aus dem die Träume sind – und wieder ziehen Froschkönig und Rheintöchter, wie in einem ordentlichen Märchen und schon im vorigen Kapitel beschrieben, an einem Strang.

Eine Zeitreise ganz anderer Art

Am 1. November 2007 um 14.36 Uhr tauchten wir neben einer senkrechten Wand am Südwestufer des Toplitzsees zum letzten Mal auf. Es war *Jagos* 1041. Fahrt. In den vergangenen zwei Dekaden waren wir in diesem einzigartigen See mit *Geo* und *Jago* auf 175 Tauchfahrten insgesamt 686 Stunden oder 28,6 Tage unter Wasser. Mit Fug und Recht konnten wir sagen, dass wir den See in- und auswendig kannten. Ein bisschen Nostalgie spielte aber auch eine Rolle. So wie 1819 Erzherzog Johann sich in den See und die Postmeisterstochter Anna Plochl, die später seine Frau und Gräfin von Meran wurde, verliebte, hat auch der See bei mir Spuren hinterlassen. Anfangs habe ich ihn durch die äußeren Umstände verflucht – für die der See eigentlich nichts konnte. Jetzt mochte ich ihn gar, hat er mir doch viele wertvolle Ein- und Aussichten beschert. Nicht nur, dass ich ganz neue Bereiche der Biologie kennenlernte, es war auch eine Lehrstunde in Zeitgeschichte, die ich gewissermaßen am Objekt selbst erfahren konnte. Für mich als notorisch neugierigen Menschen wurde der See zu einer Lebenserfahrung. Jetzt, so glaube ich, werde ich mit einem Tauchboot so bald nicht wieder zum Toplitzsee zurückkehren.

Vorn zwischen den drei Backen unseres Greifarmes hielt unsere künstliche Hand eine Colaflasche aus Plastik, deren oberen Teil wir mit einem Messer herausgeschnitten hatten, so dass eine Öffnung von vielleicht 7–8 cm Durchmesser entstand. Jürgen und ich waren in 60 m Tiefe unter einen felsigen Überhang gefahren, wo wir mit der Plastikflasche eigenartige zerfranste Zapfen einsammelten, die bei der leichtesten Berührung in sich zusammen fielen. Ich hielt die Öffnung der Flasche unter diese Zapfen oder kratzte sie sanft seitwärts ab, um sie danach wie bei einem Videospiel mit der fast kreisrunden Öffnung einzufangen. In den meisten Fällen hatte ich Pech, und die flauschigen weichen Teile fielen daneben und trudelten abwärts. Jetzt lagen einige im unteren bauchigen Teil der Flasche, bereit, um mikroskopisch untersucht zu werden. Wir wollten wissen, wie sie entstanden. Dies war unsere letzte Tätigkeit im Toplitzsee.

Jago, unser geliebtes Gefährt, das uns in den letzten 18 Jahren in vielen Meeren und Seen unschätzbare Dienste geleistet hatte, war in der Zwischenzeit in den Besitz des Leibniz-Institutes für Meereswissenschaften in Kiel übergegangen, wo es nun allen Meeresforschern des In- und Auslandes zur Verfügung steht. Vor zwei Jahren siedelten Jürgen und Karen Hissmann, meine beiden hervorragenden langjährigen Mitarbeiter, an das Kieler Institut über. Ich selbst blieb in Süddeutschland und unterhalte mit Mitteln der Max-Planck-Gesellschaft eine kleine Außenstelle in Tutzing am Starnberger See. Hier entstand auch der Plan, zusammen mit dem Max-Planck-Institut für marine Mikrobiologie in Bremen der Bakterienwelt des Toplitzsees auf den Leib zu rücken.

Die Bakterienwelt des Sees war zwar für mich kein unbekanntes Buch mehr, doch wusste ich nicht, mit wem ich es dort unten eigentlich zu tun hatte. Dieses letzte private Rätsel wollte ich lösen – und das ging nur mit Experten, die ihr Handwerk verstanden. Molekulare Techniken sind heute gefragt, um Bakterien zu identifizieren. Als Feldbiologe war ich für solche Arbeiten nicht ausgebildet und überließ sie lieber den Fachleuten. Molekulare Stammbäume geben heute die Verwandtschaften zwischen den Organismen sehr viel besser und präziser wieder als äußere morphologische Merkmale, mit denen früher Biologen vorliebnehmen mussten, um Stammbäume zu erstellen. Besonders Bakterien waren dafür schwierige Kandidaten, sind sie doch nicht nur extrem klein, sie sind auch extrem merkmalsarm.

Damals 1980 auf meinem ersten heimlichen Tauchgang mit dem Atemgerät sah ich unterhalb des ersten Wasserfalls grüne »Wiesen«, die sich mattenartig ausgebreitet hatten. Zwischen ihnen befanden sich die zarten weißen Schleier von Schwefelfadenbakterien. Die Grünen hielt ich für etwas Außergewöhnliches. Da der See unterhalb von 15 m immer sauerstoffärmer wurde, musste er Schwefelwasserstoff enthalten. Da entstand mein Anfangsverdacht, dass diese grünen Wiesen etwas mit dem Schwefel zu tun haben könnten. Als wir schließlich mit der *Geo* unterwegs waren, hatte ich extra einen Schwefelwasserstoffsensor angeschafft, mit dem wir den Gehalt an Schwefelwasserstoff des Wassers messen konnten. Und in der Tat, wir konnten das giftige Gas nachweisen. Zum Tiefen hin nahm seine Konzentration erheblich zu. Ich war kein Mikrobiologe und hatte mehr ein naturalistisches Liebhaber-Interesse an diesen Beobachtungen, denen ich aber Bedeutung beimaß.

1988 war Dr. Widdel, damals an der Technischen Universität in München tätig, mit uns getaucht. In den Proben entdeckte er verdächtige Bakterienfilamente, die einer bekannten Gattung »Chloroflexus« – eigentlich Bewohner heißer Quellen – glichen. Da ahnten wir, dass wir es mit einem außergewöhnlichen Organismus zu tun haben könnten. Leider blieben die zarten langen Bakterienfilamente nicht am Leben, und Dr. Widdel konnte sie nicht kultivieren.

Weshalb dieser dem »Chloroflexus« ähnlichen Bakterientyp Bedeutung hat? Um das zu verstehen, ist ein kleiner Ausflug in die frühe Geschichte unseres Planeten nötig. Die Uratmosphäre der Erde war eine ziemlich giftige Angelegenheit, denn Sauerstoff gab es zunächst nicht. Vor zweieinhalb Milliarden Jahren waren es Cyanobakterien, die als Erste mit Hilfe des Lichtes Wasser spalteten und dadurch Sauerstoffmoleküle freisetzten. Dafür benötigten sie ganz spezielle lichtabsorbierende Pigmente und spezielle Fotosysteme, die das einfallende Licht verarbeiteten. Es war die sogenannte oxygenative Fotosynthese, der wir unser heutiges Leben zu verdanken haben. Nur langsam reicherte sich die Biosphäre mit Sauerstoff an. Vor anderthalb Milliarden Jahren waren es erst 0,2 %. Im Kambrium vor

540 Millionen Jahren stieg der Sauerstoffgehalt erst auf 1 % gegenüber unseren heutigen 21 %.

Mit dem Aufstieg der Cyanobakterien vor 2,5 Milliarden Jahren begann ein schleichender »oxygenativer« Holocaust, der die meisten Organismen dahinraffte, denn Sauerstoff war ein Zellgift für sie. Damals in ganz frühen Zeiten der Erde, lange vor dem Aufstieg der Cyanobakterien, gab es aber andere Bakterien, gewissermaßen die Vorläufer der Fotosynthese, die – statt Wasser – den Schwefelwasserstoff mit Hilfe des Lichtes und spezieller lichtabsorbierender Pigmente spalteten und so die »anoxygenative« Fotosynthese erfanden. Sie waren also die Urväter der Fotosynthese und sind deshalb heute für die Forschung interessant. Schwefelwasserstoff – ihre Lebensgrundlage – ist ein ganz besonderes Gas, das durch unseren atembaren Sauerstoff leicht durch Oxydation vernichtet wird. Solche lebenden Fossilien der Fotosynthese können deshalb heute nur in ganz speziellen Habitaten unserer Erde existieren, die meisten von ihnen leben in heißen Quellen. Waren die Toplitzseebakterien von Dr. Widdel das kalte Gegenstück zu den heißen Quellenverwandten? Auf alle Fälle waren es sehr alte Organismen, die uns Auskunft über die stammesgeschichtliche Entstehung der Fotosynthese geben könnten. Ich freute mich, dass *Geo* diese spannende Entdeckung gelungen war.

Dann aber wollten wir die Wahrheit wissen und erfahren, mit wem wir es eigentlich zu tun hatten. So entstand viele Jahre danach die Idee der Tauchfahrt 2007: der Abschluss unserer Taucharbeiten im Toplitzsee, der ganz und gar den Bakterienproblemen gewidmet sein sollte. Professor Widdel, in der Zwischenzeit Direktor des Max-Planck-Institutes für marine Mikrobiologie, fing Feuer und verschickte E-mails an interessierte Kollegen im In- und Ausland. Eine Handvoll Experten aus Holland, Belgien und Deutschland kamen zusammen.

Der Start Mitte Oktober stand unter einem denkbar schlechten Stern. Unerwartet hatte es im Salzkammergut einen sehr frühen

Wintereinbruch gegeben. Ich traute meinen Augen nicht. Eine Web-Kamera am Toplitzsee zeigte im Internet eine weihnachtliche Stimmung mit 40–50 cm Neuschnee. So hatte ich den Toplitzsee noch nie gesehen. Albrecht Syen, der Fischerwirt vom See, warnte uns am Telefon vor dem Pötschenpass vor Bad Aussee, wo Fahrzeuge wegen Rutschgefahr stecken blieben. Jürgen war bereits mit dem Tauchboot im Schlepp aus Kiel abgefahren. In Göttingen nahm er meinen Sohn Sebastian und einen Freund auf, die uns am See helfen wollten. Dann erhielt ich eine Hiobsbotschaft. Auf der Autobahn bei Regensburg hatte sich das linke vordere Rad des Tauchbootanhängers gelöst, rollte auf den Mittelstreifen, hüpfte über die Leitplanke und verschwand auf der Gegenfahrbahn. Jürgen merkte den Radverlust nicht und wurde erst durch hinter ihm fahrende Autos darauf aufmerksam gemacht. Wie durch ein Wunder war die Gegenfahrbahn in diesem Augenblick zufällig leer. Schutzengel hatten für uns Wache gestanden, und wir malten uns nur ungern aus, was das lose rollende Rad auf der anderen Seite der Autobahn hätte anrichten können – ein Albtraum. Alle Räder des Anhängers waren locker. Jürgen hatte vor Antritt der Reise neue Reifen aufziehen lassen, und vermutlich vergaß die Werkstatt, die Räder sorgfältig festzuziehen. Das verlorene Rad verschwand auf Nimmerwiedersehen und wurde bis heute nicht gefunden.

In die Jagdhütte am Toplitzsee, die uns die Österreichischen Bundesforste zur Verfügung gestellt hatte, zogen wir ein. Abends um 21 Uhr traf *Jago* endlich ein. Jetzt waren wir komplett, der letzte Akt am Toplitzsee konnte beginnen. Hier in dieser Hütte hatten wir bei all unseren Toplitzseeeinsätzen gehaust, und wir liebten daher die anheimelnde Atmosphäre dieses prächtigen alten Holzhauses. Auch Chefreporter Löhde vom STERN hatte hier 1959 residiert. Gauleiter Eigruber, Kaltenbrunner und hohe Marineoffiziere waren früher Gäste dieser Hütte. Gert Fröbe spielte hier den Bösewicht in Franz Antels »Schatz vom Toplitzsee«. Wir befanden uns gewissermaßen auf historischem Boden.

Das Wasser des Sees, durch die Scheinwerfer der Web-Kamera angeleuchtet, erschien uns in dieser Nacht tiefgründig schwarz. Die riesigen Schneemengen vorn am Ufer verschwanden übergangslos in seiner Finsternis, die das Weiß des Schnees nicht duldete. Wie ein gefräßiger Moloch verschlang sie die Schneekristalle. So wirkte der See auf uns fast ein bisschen unheimlich, aber unter Wasser war er es nicht. Schnee und schlechtes Wetter sollten die ganze Zeit über unsere beständigen Begleiter bleiben. Unter Wasser spielte es keine so große Rolle, doch unsere Begleitmannschaft litt unter Gräue und Kälte. Schnell stellte sich Tauchroutine ein, und wieder bekamen wir den Toplitzsee fest in den »Griff«.

Im ersten Seedrittel bemerkten wir tiefe Furchen im weichen Sediment, die wir vorher nicht zu Gesicht bekommen hatten. Es waren Spuren menschlicher Tätigkeit. Jemand hatte eine überdimensionierte Harke hier durchgezogen. Der Seeboden war durchwühlt und hatte seine unberührte Schönheit verloren, die wir früher bei jeder Tauchfahrt bewunderten. Wir selbst empfanden uns oft als Eindringlinge, wenn wir mit dem Kiel des Bootes die Stille dieser Böden störten. Jürgen bemühte sich, durch seine ihm eigene besondere Fahrweise mit ein wenig Auftrieb das Boot über dem Boden zu halten, um auf diese Weise möglichst kaum Sediment aufzuwirbeln. Nicht immer gelang das. Uns wurde bewusst, dass Zeit hier unten keine Rolle spielte. Seit Hunderten von Jahren rieselt der Detritus von oben abwärts und erzeugt die wunderbaren filigranen Muster, die unser Fotografenherz vom ersten Tag an bewegten.

Es machte uns zornig, die Zerstörungen hier unten noch heute wahrzunehmen, die vor Jahren von der amerikanischen Firma OCEANEERING für nichts und wieder nichts produziert wurden, auf der Suche nach Schätzen, die es nicht gab. Wir waren ganz in der Nähe der vielen aufgeschlagenen Falschgeldkisten, die hier verstreut umher gelegen hatten. Einige der Deckel hatten wir sorgfältig fotografiert. Die bräunlich durch den Geldfresser »Methanobakterium pecunivorans« angegammelten Falschgeldreste, die auf den Deckeln klebten, wollten wir in Abständen fotografieren, um so über Jahre hinweg die Aktivitäten des Bakteriums sichtbar zu machen. Nichts war mehr da. Ein sicher einmaliges Experiment war vernichtet worden. Immer wieder hatte ich mich in den vergangenen Jahren gefragt, wie diese alten Bakterien aus der ganz frühen Vorzeit unserer Erde hier in den jungen See gekommen sind.

Unter dem ersten Wasserfall suchten wir nach den grünen »Wiesen«. Frisches Laub lag auf der schrägen Halde, auf der ich vor mehr als 27 Jahren mit dem Tauchgerät unterwegs gewesen war, wo ich in der Blattmasse, bis zum Hals eingetaucht, vorsichtig nach unten in die Tiefe rutschte. In 23 m Tiefe begannen die ersten zarten grünen Schleier und wurden bei 19–20 m dichter und merklich grüner. Hier schien ihre Hauptverbreitung zu sein, um alsbald wieder verdünnt unseren Blicken bei 17 m zu entschwinden.

Am nächsten Tag wollten wir messen, was da in der Tiefe zwischen 17–23 m geschah. Mitten im See waren wir abgetaucht und maßen mit neuen modernen Sensoren Licht, Temperatur und den Sauerstoffgehalt des Wassers. Oben an der Oberfläche war es jetzt 6,8 °C warm. Im Tiefenbereich der grünen Schleier und Matten sank die Temperatur rapide auf 5,61 °C, der Sauerstoffgehalt auf nur noch 5 % und das Licht gar auf nur 0,1 % des Oberflächenwertes ab. Als wir an diesem Nachmittag schließlich den Boden bei 100 m Tiefe in völliger Dunkelheit erreichten, war die Temperatur über dem Grund auf 5,83 °C angestiegen, während der Sauerstoffgehalt praktisch auf null sank. Uns wurde klar, dass unser grünes »Chloroflexus«-Wesen ein dem extremen Schwachlicht angepasster Organismus war. Die Nähe der Schwefelfadenbakterien bewies, dass er in der Tat Schwefelwasserstoff nötig hat. Ob er auf die geringen Spuren des noch vorhandenen Sauerstoffs angewiesen war, konnten wir nicht entscheiden.

Durchgefroren und kalt erreichten wir unseren Landeplatz vorn am Steg der Jausenstation. Unser holländischer Kollege Marcel van der Meer war eingetroffen, und bis in die Nacht hinein diskutierten wir die beste Sammelmethode für dieses kaum griffige und flauschige bewegliche Etwas, das sich unseren ersten Sammelversuchen entwand. Albrecht Syen opferte einen Muskatnussbehälter, mit dem wir erneut auf Bakterienjagd gingen. Die Nüsse wurden umquartiert und wanderten in ein Marmeladenglas. Wenn wir eine geeignete Stelle gefunden hatten, sollte Sebastian nach unten kommen. Ohne den Boden mit den Flossen zu berühren, sollte er sich vorn über dem Lampenbügel des Bootes abwärts hängen und die Bakterien in den Muskatnussbehälter schleusen.

Wir sahen ihn im dunkelgrünen Dämmer schnell auf uns zukommen. Sebastian hatte Spaß an dieser Arbeit, zog seine Flossen aus und kroch langsam über uns auf den Lampenbügel zu und begann seine Sisyphusarbeit. Die Bakterien gingen wie fliegende Teppiche lappenartig auf Wanderschaft und floateten frei im Wasser. Sebastian gelang es, einige wieder einzufangen und im Muskatnussbehältnis festzuhalten. Jürgen und ich saßen währenddessen im Trockenen hinter der großen Scheibe und hatten wunderbare Vorschläge, wie man die beweglichen fliegenden Teppiche einzufangen habe. Zuschauer sind immer besserwissend als die Akteure vor Ort. Ungestörte Bakterienrasen, wie es sich unsere Bremer Kollegen gerne wünschten, würden wir auf diese Weise nicht bekommen. Marcel war trotzdem zufrieden. Für seine DNS-Untersuchungen genügte das unansehnliche Grün, das er in Trockeneis verpackte und nach Holland mitnahm.

Molekularbiologen sind genügsame Forscher und kommen Gott sei dank mit kleinsten Mengen aus. Marcel würde uns als Erster Antwort darauf geben, ob wir es wirklich mit einem grünen »Chloroflexus« zu tun hatten oder nicht.

Wladimir aus der Ukraine, ein Diplomand aus Hannover, hatte ein Mikroskop mitgebracht. Hier sah ich sie zum ersten Mal, diese hauchdünnen Schnüre, die sich langsam durch das Blickfeld des Mikroskops schlichen. Das Corpus Delicti unserer gesamten Toplitzsee-Expedition, so befand ich, war eigentlich nicht besonders attraktiv. Und doch hatten sie etwas Besonderes, was sie von allen Bakterienformen, die ich in meiner Studienzeit gesehen hatte, wesentlich unterschied. Sie waren extrem dünn, dafür aber ewig lang – und damit für ein Bakterium außergewöhnlich groß. In den gleichen Proben entdeckten wir weitere farblose Schnüre, die sich noch schneller als die grünen Bakterienfäden fort bewegten. Es waren Schwefelfadenbakterien (Beggiatoas), mit denen sich Wladimir besonders gut auskannte. Dieses Bakterium hatte etwas Wurmhaftes an sich. Bei starker Vergrößerung konnten wir sogar Schwefelkörner entdecken, die sich mit behänder Geschwindigkeit in dem langen Bakterienkörper bewegten.

Jetzt hatte ich die Bakterien gewissermaßen von Angesicht zu Angesicht gesehen. Jetzt mussten wir wissen, wieso die »Beggiatoas« große sichtbare Strukturen bauten, die besondere wieder erkennbare Formen hatten: wabenartig vernetzte Sechsecke, die wie die Zellen von Bienenwaben aussahen, aber auch Rhomben, Achtecke oder gar schiefe Vierecke, die filigranartig räumlich verbunden waren. War da ein Baumeister am Werk? Gab es dafür gewissermaßen einen genetischen Masterplan, eine Blaupause? So ganz traute ich dieser schönen Hypothese nicht über den Weg. Und doch macht es Spaß, den Herzschlag mit interessanten Spekulationen zu erhöhen. Nur muss man bereit sein, zurück ins kalte Wasser der Wahrheit zu springen, wenn die Idee zu verwegen auf Wanderschaft gegangen war. Ich wollte es nun wissen: den Masterplan der Schwefelfadenbakterien.

Wir waren jetzt alle versammelt, die Fachleute der Bakterienwelt, die Professor Widdel zusammengetrommelt hatte – und wir, die Bakterienfreunde, die ein naturalistisches Interesse an diesen Organismen hatten, die mich damals 1980 dort unten im See so fasziniert hatten. Jürgen kam die wichtige Aufgabe zu, diesen Laborforschern ihre »Arbeitskollegen« vorzustellen, die sie nie vorher in natura gesehen hatten. Er chauffierte jeden hinab zu den Bakterienmatten. Selten zeigen Laborforscher die enthusiastische Begeisterung, die unsereins beim Anblick von Farben und Formen überfällt, auch wenn es nur Bakterien sind. Seit Jahren teilt Jürgen mit mir diese naive voraussetzungslose Freude an allem Lebendigen. Tauchbootfahren macht deshalb auch mit ihm besonderen Spaß. Enttäuschung dann, wenn Laborforscher draußen die Objekte ihrer wissenschaftlichen Begierde mäßig cool und emotionslos zur Kenntnis nehmen.

Dieses Mal hatte Jürgen besonderes Pech. Er hatte einen blinden Passagier an Bord, eine nervige Fliege, die unruhig hin und her flog. Eine chinesische Jungforscherin aus Hongkong wurde unten in der Tiefe wegen der Fliege hysterisch. Sie sagte der Fliege den bedingungslosen Kampf an, den aber das Insekt gewann.

Wir hatten abends in der Fischerhütte über unsere Bakterienstrukturen diskutiert – wir, die naturalistischen Beobachter auf der einen Seite, die Bakterienexperten aus dem Labor auf der anderen. Es war nicht wegzudiskutieren, dass wir die Bakterienbauten wiedererkennbarer und nicht zufälliger Strukturen hundertfach gesehen hatten. Die Bakterienexperten glaubten dagegen nicht, dass »Beggiatoas« die Fähigkeit zur Strukturbildung besäßen. Wir hatten wunderschöne Zapfen gesehen, die wie Lametta nach unten von den Bäumen hingen und oft die Form von großen Stalaktiten hatten. Sah man noch genauer hin, waren sie von Netzwerken vier- bis achteckiger räumlicher weißer Muster durchzogen. Fritz Widdel sprach ihnen jeden biologischen Ursprung ab: sie seien abiogen. Wir hielten sie dagegen für Bakterienbauten, denn wir hatten – wenn auch nicht immer – die weißen (bakteriellen?) Ränder der Strukturen gesehen.

Jürgen und Wladimir tauchten zum Zapfensammeln ins tiefe Becken des Sees. Sie beförderten einige Zapfen in einen Behälter, der unten am Kiel von *Jago* mit Kabelbindern festgezurrt war. An der Wasseroberfläche hatten wir ein gravierendes Problem. Wie bekamen wir die Proben aus anderthalb Meter Tiefe nach oben? Sebastian zog sich kurzerhand bis auf seine Unterhose aus und sprang mit einem Messer in den nur sechs °C warmen, winterlichen Toplitzsee, durchschnitt die Kabelbinder und holte die Proben aus dem eiskalten Nass. Wir Zuschauer fröstelten beim bloßen Hinsehen und zollten ihm großen Respekt, als er wieder an der Oberfläche erschien.

Das Mikroskop offenbarte, dass weder Widdels noch meine Hypothese stimmte. Die internen Strukturen der Zapfen gab es nicht mehr. Sie hatten sich in einen Wust von gelatinösem Glibber aufgelöst, in dem die Zoologie und Botanik versammelt war: Algenreste, tote Insektenhüllen, Diatomeen, einige schleichende »Beggiatoas«, aber auch lebende Wimpertiere verschiedener Arten, die offenbar im sauerstofflosen Milieu bequem leben können. Es waren biogene, also biologisch entstandene Strukturen. Bakterien jedoch waren nicht ihre Konstrukteure, ich hatte mich geirrt. Es hatte sich ein kleines spezielles Ökosystem aus dem herabrieselnden Detritus gebildet, der wie eine Falle weitere Partikel einfing. Wir waren beim Abtauchen im Freiwasser immer wieder auf kleine »Stehaufmännchen« gestoßen. Fäden mit einem kleinen weißen Ballastkörper, der die Fäden nach unten zog: es war »lake snow«, der seinen Weg in die Tiefe antrat und dort unten entweder an den Zapfen der Bäume hängen blieb oder am Boden landete.

Als unsere wissenschaftlichen Kollegen uns verließen, rückten wir in den verbleibenden zwei Tagen den weißen Bakterienstrukturen noch einmal auf den Leib. Irgendetwas hatten wir übersehen. Die schon erwähnte aufgeschnittene Flasche aus Plastik half uns beim ganz gezielten Einsammeln neuer Proben. Wir entzifferten das Rätsel. Immer wieder sahen wir am Boden wabenartige Muster. Je geringer die Hangneigung, umso kleiner waren die Waben. An senkrechten Stellen dagegen, wo sich Detritus ablöste und nach unten fallen konnte, bildeten sich die vernetzten vier- bis achteckigen Körper. Sie entstanden auf physikalischem Weg, wenn das Gewicht der anhaftenden Teile nach unten zog. Dies war nur in extrem ruhigem Wasser möglich, wo keine Strömung die zarten Gebilde zerstören konnte. Und dann sahen wir sie: die »Beggiatoas«, die die langsam gewachsenen Zapfen besiedelten. Berührte der hängende Zapfen den Boden, krochen die »Beggiatoas« entweder vom Boden aus nach oben oder aber, sie begannen von oben nach unten zu kriechen. Opportunistisch stürzten sie sich auf die willkommene Beute, denn die Zapfen waren pure Nahrung für sie, an der auch die herabrieselnden Stehaufmännchen weiter hängen blieben. Es waren gewissermaßen Fallen, die jetzt den Bakterien zugutekamen. In den weißen Strukturen fanden wir eine besonders dicke und lange »Beggiatoa«, die bei schräger Beleuchtung auf dem Objektträger des Mikroskops mit bloßem Auge sichtbar wurde. Ein Riesenbakterium – und vielleicht hatten wir sogar eine neue Art entdeckt, doch das konnten nur die Laborforscher entscheiden.

Wir waren zufrieden. Wir verstanden jetzt die Baugeschichte unserer wunderschönen Bakterienwelten, die wir immer wieder bewundert hatten. Man fragt sich nur, warum wir nicht viel früher darauf gestoßen waren. Hatten wir doch immer wieder Bergahorn- oder Rotbuchenblätter in Form zarter Beggiatoa-Muster am Boden gesehen, obwohl von den Blattflächen selbst nichts mehr übrig blieb. Sie entstanden am Ende des totalen organischen Abbaus, wenn nur noch die Blattadern als klägliche Reste übrig blieben. Wie lange so ein Vorgang dauert und wie die Bakterien auf ändernde Umwelten reagieren, wenn ihnen zum Beispiel im späten Winter unter dem Eis die Nahrung ausgeht, wäre durch Langzeitbeobachtungen leicht festzustellen. Man müsste sie mit Kameras dauernd beobachten und gleichzeitig mit Sensoren ihre Umweltbedingungen ständig messen. Ich denke an Europas erste Bakterienlangzeit-Beobachtungsstation. Etwas Ähnliches haben die Amerikaner und Japaner in der Tiefsee an den Ausflüssen der heißen Vents aufgebaut. Solche Stationen geben tiefe Einblicke in das Funktionieren dieser speziellen Ökosysteme: ein Forschungsziel, dass sich auch in dem außergewöhnlichen Ökosystem des Toplitzsees lohnen würde.

Die Tauchfahrt 2007 war eine stille ruhige Forschungsreise. Die Medien waren uns wohlgesonnen und belästigten uns nicht mehr mit NS-Geschichten des Sees. Allerdings hatte ich auch eine Warnung ausgesprochen, dass uns Fragen nach Goldschätzen nerven würden. Das half. Gerne berichteten wir darüber, was wir wirklich in dem See fanden und gesehen hatten.

Der Grundlsee lag vor mir und darüber die schneeverhangenen Berge des Dachstein. Ich schaute auf die Villa Roth am Ende des Sees und musste an Dr. Keller denken und an die Forscher der Kriegsmarine, die dort gewohnt hatten. Auch an die Empfehlung Kellers an einen SS-Mann, die vermeintlichen präparierten Papiere, in Wirklichkeit Falschgeld, in der Not der letzten Kriegstage im See zu versenken. Daraus war 14 Jahre später der Mythos vom Nazi-Gold entstanden, unter dem wir in den verflossenen Jahren wirklich gelitten hatten. Ich verfluchte den See. Ich dachte auch daran, wie mir an dieser Stelle mein Freund Dieter nach einer Pressekonferenz beiläufig von einer Kapstadt-Liebe erzählte. Er wusste nicht, dass es die Tochter des Meisterfälschers Krüger war. Durch diesen unbeschreiblichen Zufall fanden wir ihn. Ungewollt war das »Unternehmen Bernhard« in mein Leben getreten. Mit Krüger tauchte ich dann zu seinen versenkten Geldkisten, die er noch einmal sehen wollte. So war meine ganz private Zeitreise in die Welt meiner Väter entstanden, von der ich kaum etwas wusste. Ich dachte aber auch an den netten Vormittag mit dem Schauspieler Joachim Fuchsberger, der in der Villa Roth, ein Besitz seines Freundes, zeitweise wohnte und mit dem ich vor mehr als 20 Jahren über das vermeintliche Flugzeug W 34 diskutiert hatte. Wir fanden keinen schlüssigen Weg, wie das Fluggerät dort in den See geraten sein konnte. Die Antwort kam später aus dem Deutschen Museum in München, dass wir es nicht mit einem Flugzeug, sondern mit Teilen einer V1 Rakete zu tun hatten. Das alles lag jetzt weit zurück, und ich gebe zu, dass ich als neugieriger Mensch viele interessante Stunden bei den Recherchen erleben durfte. Es war keineswegs verlorene Zeit.

Und ehrlich gesagt verdankte ich unsere Abenteuer am Toplitzsee meinem verehrten Lehrer Konrad Lorenz. Sein Credo, die Natur ganzheitlich zu beobachten, habe ich bis heute verinnerlicht. Als ich 1980 die grünen Wiesen auf meinem verbotenen einsamen Tauchabstieg zum ersten Mal sah, hatte ich sein berühmtes Nanu-Erlebnis. Was war das da unten, was im fast sauerstofflosen, Schwefelwasserstoff geschwängerten Wasser grün war und ausgerechnet dort lebte, wo sich »grünes« Leben normalerweise schwertut? Die Wissenschaft konnte damals keine Antwort geben, da die Organismen gerade entdeckt worden waren. Dieses Mal sind wir nach 27 Jahren dieser Frage nachgegangen. Es waren Experten nötig, die mit den Organismen von dort unten Umgang hatten. Kürzlich erhielt ich von Prof. Widdel die erfreuliche Nachricht, dass die grünen Wiesen durch »filamentöse anoxygenative phototrophe Bakterien« gebildet werden; die Fachleute nennen sie FAPB. Sie gehören in die Verwandtschaft der alten Bakterientypen, sie sind lebende Fossilien.

Jetzt können wir nur hoffen, dass die grünen Bakterienfäden des Toplitzsees am Leben bleiben und der Wissenschaft helfen, die Frage nach dem Ursprung und der Evolution der Fotosynthese zu beantworten. Dies ist keine triviale Frage, denn Bakterien waren es, die die Fotosynthese in schwefelwasserstoffhaltigen Gewässern entdeckten – und das war die Grundlage für alles andere Leben auf unserem Planeten. Wir waren auf eine andere Art von Zeitreise gegangen, die nichts mit unserer eigenen jüngeren Geschichte zu tun hatte.

Ich fühlte mich wohl an diesem sonnigen Vormittag auf dem Heimweg nach München. Etwas war zum Abschluss gekommen. Ich würde nicht mehr die historischen Recherchen fortführen, die sich sowieso immer weiter vom See entfernt hatten. Dieses Thema war jetzt vorbei. Vieles blieb unbeantwortet und versank im Hypothetischen, für einen Naturwissenschaftler ein unbefriedigender Rest. Berufene Historiker mögen Nachsicht üben. Ich weiß selbst zu gut, wie das so ist, wenn Hobbyforscher den Mund auftun. Werde ich noch einmal zum Toplitzsee zurückkehren? Gewiss nicht mit einem Tauchboot! Ich liebäugele trotzdem mit der Möglichkeit, eine Langzeitbeobachtungsstation im See zu installieren, um das Werden und Vergehen der Bakterienmatten über längere Zeiträume zu verfolgen. Ob es dazu kommt, steht freilich noch in den Sternen.

Als ich am Ende der Reise das Tal des Toplitzsees verließ und dieses Mal bei herrlichem Sonnenschein an den schindel- und teilweise schneebedeckten Häusern der Steiermark vorbeifuhr, fiel eine Last von meinen Schultern. Ich fühlte mich befreit und konnte tief durchatmen. In mir machte sich eine große Ruhe breit. Ich hatte meinen Frieden mit dem Toplitzsee geschlossen. Vor 23 Jahren hatte mich meine Familie – die Kinder waren noch klein – zum See begleitet. Nie wieder begleiteten sie mich. Die Horrorshow der Medien hatte damals unseren Aufenthalt zu einem Albtraum gemacht. Dieses Mal jedoch, inzwischen groß geworden, wollten sie freiwillig mitkommen. Niko, 25 Jahre alt, tauchte zum ersten Mal mit *Jago*. »Vielen Dank, Papa«, sagte er am Schluss. »Du bist schon ein abgefahrener Typ«, meinte er, was wohl auf jugendlichem Neudeutsch eine Art Kompliment sein sollte. Sebastian hatte uns als routinierter Taucher und Kameramann mit feinem Auge geholfen. Anja war mit ihrem Freund angereist, und Simone, meine Frau, sagte gar, was für ein schöner See der Toplitzsee doch sei. Ich dachte auch an meinen Bruder Jürgen und den Jugendfreund Horst. Beide hatten uns am See geholfen. Viele Jahre waren wir durch die innerdeutsche Grenze getrennt, und erst jetzt als graue Dackel kamen wir wieder zusammen und konnten das tun, was wir schon damals vor über 47 Jahren am liebsten taten – tauchen und forschen.

Quellen

Über den Toplitzsee wurde oft und viel geschrieben und berichtet, so dass ich eine Literaturzusammenstellung aus den vielen Büchern, Zeitungsartikeln und Berichten nicht abschreiben möchte. Ich hatte nie die Absicht, gewissermaßen die »Zeitgeschichte« des Sees zu schreiben, die eine Aufarbeitung aller Literatur notwendig gemacht hätte. Das müssen Berufenere tun, denn ich bin kein Historiker. Ich habe im Laufe der Jahre unmäßig viele Mediennachrichten gesammelt und gelesen, die einige Seiten dieses Buches füllen würden und in denen fast identische und vielfach abgeschriebene, meist falsche Geschichten stehen. Jeder Interessierte kann sie gerne bei mir einsehen. Ich warne jedoch: als seriöse Zitate sind sie nicht zu gebrauchen. Da wo mir Literatur und Zeitungsberichte als wichtig erschienen, habe ich sie im Text erwähnt. Im Text stehen auch in Anführungsstrichen Zitate, Aufzeichnungen in Tagebuch- und Notizbüchern, Auszüge aus Briefen, Telefonmitschriften und Interviews, die gewissermaßen meine wichtigsten Quellenbelege sind. Ich habe in folgenden Archiven, Behörden, Museen, Gedenkstätten und Instituten gearbeitet: in Deutschland im Archiv des Wittelsbacher Ausgleichsfond München, Birthler Behörde Berlin, Gedenkstätte des KZ Oranienburg, Institut für Zeitgeschichte München, Stasizentrale Leipzig, Staatsbibliothek München und STERN-Archiv Hamburg; in Österreich in der Nationalbibliothek Wien, Simon Wiesenthal Archiv und im Archiv des Österreichischen Widerstandes; in der Schweiz im Schweizerischen Bundesarchiv Bern; in London im Imperial War Museum, Bank of England und dem Archiv der Royal Naval Historical Branch; in den USA in den National Archives Washington.

Dank

Dieses Buch wäre nicht ohne den glücklichen Zufall entstanden, dass mein verstorbener Freund Dieter Heunemann die Tochter des Meisterfälschers Krüger kannte und mir so den Zugang zum »Unternehmen Bernhard« öffnete. Dieter danke ich für seinen unermüdlichen Einsatz und seine stete Hilfsbereitschaft. Meinem Bruder Jürgen Fricke sowie meinen Freunden und Mitarbeitern Dietmar Beier, Horst Bust, Urs Möckli, Olaf Reinicke und Jürgen Schauer danke ich für ihren jahrelangen und nie erlahmenden Enthusiasmus bei allen unseren Tauchmissionen, auch am Toplitzsee. Jürgen Schauer traf Sorge für unsere geliebten Tauchvehikel *Geo* und *Jago.*

Die Österreichischen Bundesforste haben uns zu jeder Zeit großzügig unterstützt. Forstrat Wimmer hatten wir besonders ins Herz geschlossen. Dr. Richard Wick ebnete die Wege, eine Tauchgenehmigung für den Toplitzsee zu erhalten. Auch dem Innenministerium, besonders Ministerialrat Dr. Leeb, aber auch den Ämtern der Politischen Expositur in Bad Aussee und der Naturschutzbehörde in Graz danke ich für Unterstützung unserer Taucharbeiten. Prof. Eberhard Stüber vom »Haus der Natur« in Salzburg initiierte die Bergeaktion, die ausschließlich musealen Zwecken diente. In Wien danke ich Hofrätin Dr. Ander von der Österreichischen Nationalbibliothek, die mir Zugang zu den Magazinen gewährte.

Gerhard Zauner und seine Mitarbeiter halfen uns uneigennützig mit ihrer technischen Expertise am See, wie auch die Freiwillige Feuerwehr von Gößl. Ich bedaure sehr, dass Gerhard Zauner nie einen Herzenszugang zu den Österreichischen Bundesforsten, dem Eigner des Sees, fand. Am See danke ich Albrecht Syen, dem Wirt der Jausenstation, für viele Hilfen.

Den ehemaligen Mitarbeitern der Chemisch-Physikalischen Versuchsanstalt der deutschen Marine Dr. Hermann Determann, Dr. Hans Keller, Dr. Albert Lindberg und Ingenieur Max Roelk verdanke ich viele Einblicke in ihre frühere Tätigkeit. Dr. Keller schrieb mir handschriftlich »Die Geschichte vom Toplitzsee«, wofür ich ihm außerordentlichen Dank schulde. Viele Stunden haben wir uns über seine Versuche am See unterhalten.

Mein Freund und Historiker Hans Biereigel aus Oranienburg prüfte nicht nur einige Kapitel dieses Buches, er hat mir auch Zugang zu den Ereignissen im KZ Sachsenhausen verschafft. Jack Plappler und Adolf Burger, ehemalige Häftlinge des KZs, erzählten und schrieben mir viele Einzelheiten der Geschehnisse, die ich in der dunklen KZ-Geschichte Deutschlands nicht erwartet hätte.

Mit Shraga Elam, Autor des Buches »Hitlers Fälscher«, habe ich viele anregende Diskussionen geführt und von seinem großen Wissen profitiert. Gleiches gilt für den Journalisten Thomas Wartmann aus München, der sogar einmal mit uns tauchte. Rechtsanwalt Dr. Günter Lanz las einige Kapitel und beriet mich in Fragen des Persönlichkeitsschutzes, eine diffizile Sache in unserer heutigen Zeit. Dank schulde ich auch Günter Eisele von der Birthler-Behörde in Berlin und Andreas v. Majewski vom Wittelsbacher Ausgleichsfonds in München.

Mein Freund und Berater Hans Scherz sowie Frau Barbara Knauer schauten mit Argusaugen auf den Text, wofür ich außerordentlich dankbar bin. Gott sei dank gibt es heutzutage eine Telefonflatrate, denn sonst hätte ich die Telefongebühren für unsere ausgiebigen stundenlangen Telefonkonferenzen kaum begleichen können.

Meiner Familie danke ich für die jahrelange Geduld, Toplitzseegeschichten bei meiner Mitteilsamkeit anhören zu müssen. Gott sei dank haben sie bei der allerletzten Tauchfahrt im November 2007 dem Toplitzsee und mir vergeben.

Personenregister

Ander, Angelika 197
Antel, Franz 13, 238
Ardenne, Manfred von 157
Aufhaber, Walter 51

Ballard, Robert 20f., 25
Bart, Gerda 199, 200
Bazna, Elyesa 63
Beyer, Dietmar 14, 42, 48, 82f., 87
Biereigl, Hans 98, 125
Bluschke Dr. (Marineangehöriger) 138
Bober, Max 100
Bölkow, Ludwig 33
Bormann, Gerda 225–229
Bormann, Martin 225
Bower, Tom 75, 220
Braun, Wernher von 201
Buchwald (OKH Amtmann) 192
Burger, Adolf 101, 125
Bust, Horst 27, 181, 185, 248

Canaris, Wilhelm 205
Carliss, John 20f.
Chruschtschow, Nikita 198
Cicero (Deckname für Bazna) 63
Coppock, Robert M. 137f., 144
Cousteau, Jacques 167, 194
Crapp (Marine-Froschmann) 198

Dasch, Georg D. 186f., 200f., 204f., 207f.
Determann, Hermann 73f., 129, 131, 137, 141–143, 149
Dierksheide, Walter 106, 111
Dulles, Allen W. 54
Dutschke, Rudi 8

Edel-Hirschweh, Peter 97, 99, 113
Egner, Alfred 34, 68, 178, 207f., 217
Eibl-Eibesfeldt, Irenäeus von 52
Eichmann, Adolf 209, 210, 217
Eigruber, August 133, 136, 238
Elam, Shraga 62
Engels, Friedrich 8
Erzherzog Johann 24, 128, 234
Esser, Karl Bernd 188f., 231

Falls, Nigel 107, 162
Felbeck, Horst 89
Flak, Peter 162
Flick, Friedrich 224
Foertsch, Volker 203–205
Folger (Landeskriminalamt) 203
Förster, Gerhard 210, 212, 214
Freiberger, Georg 33, 204–208
Fricke, Anja 248
Fricke, Niko 248
Fricke, Sebastian 238, 241, 243, 248
Fricke, Simone 156, 248
Friedrich II., der Große 55
Frischenschlager, Friedhelm 150, 163, 166
Fröbe, Gert 13, 238
Fuchsberger, Joachim 198, 246
Fuhrer, Hans Rudolf 206
Funk, Walter 72

Gaiswinkler, Albrecht 168
Galland, Adolf 69
Gates, Bill 160
Gehlen, Reinhard 204
Gerhardsen, Einar 98
Gerkens (Fotograf) 67
Gerrens, H. 67f.
Giere, Olaf 89f.
Goebbels, Joseph 157
Göring, Hermann 205
Gröbl, Willy 61

Groehler, Olaf 210, 212, 214
Gruber, Max 136, 178
Günther, Klaus 11

Hagen, Walter 54, 57f.
Hamann, Brigitte 226
Hansch (SS Mann) 73, 104, 222
Hartem, Jaac van 62f.
Hass, Hans 194
Hayim, Ben 171
Hehnchen Dr. (Physikerin) 141
Heitzmann (SS Mann) 97
Hemmerich, Gerlach 231
Herzog von Valmy 227
Heunemann, Dieter 52, 94, 246
Heydrich, Reinhard 56, 58f.
Himmler, Heinrich 54, 61, 64
Hissmann, Karen 235
Hitler, Adolf 57, 61, 71, 73, 157, 189, 215, 220, 223–227, 229–231
Hoffmann, Heinrich 223
Höhne, Heinz 102, 220
Holmes, Sherlock 226
Horbach, Michael 67
Höttl, Wilhelm 54, 57–68, 71f., 94–96, 107, 168, 171–173, 216, 220
Hussein, Saddam 188

Jahn, Peter 27

Kaltenbrunner, Ernst 54, 59–61, 63–65, 73, 95, 173, 209f., 212, 238
Kaufmann (Häftlingsarzt) 100
Keil Dr. (Physiker) 132
Keim, Prof. (Bayr. Staatsministerium) 229
Keller, Hans 67f., 73f., 129, 131–136, 141–143, 146, 154, 178, 214, 246
Keyworth, John 55
Klug (Major) 205
Knatchbull-Hugessen, Hugh, Sir 63
Knopp, Guido 69
Köberl, Hubert 151
Köberl, Markus 17
Kopacka, Werner 151
Krause, Chaim 116, 118–123, 126
Kreisky, Bruno 175
Krell, Wilhelm 218
Krüger, Bernhard 19, 48, 52, 56–61, 63–65, 67, 70f., 73, 75, 93–100, 102, 104, 107–119, 122–125, 165, 168, 221f., 246
Krüger, Birgit 94
Krupp, Gustav 224

Laden bin, Osama 188
Lahme, Tilman 227
Landmann, Günter 77
Langer, Albert 57 f.
Leeb, Andreas 36, 43, 45, 153, 157, 219
Lenin, Wladimir Iljitsch 8
Lewinsky (KZ-Häftling) 99
Lindberg, Albert 131, 138–146, 149
List, Wilhelm 189
Löhde, Wolfgang 48, 53, 66–71, 74, 94, 96, 104, 106, 238
Lorenz, Konrad 9, 11, 246
Löwenthal, Gerhard 169
Ludwig II. 224

MacLean, Alistair 134
Mader, Julius 52, 99, 104, 119, 126, 128, 146, 170–173, 204–207, 210, 213f.
Majewski, Andreas von 229
Malitzky (Verwaltungsbeamter) 191, 193
Malkin, Lawrence 55
Marx, Karl 8, 10
McNally, George 52
Meer, Marcel van der 240f.
Meier, Karl 98
Meir, Golda 63
Misch, Rochus 230f.
Möckli, Urs 14, 37, 42, 44, 47, 109f.
Muray, Laslo 157, 161, 166, 179f.
Mussolini, Benito 61, 94

Nannen, Henry 67–69
Napoleon 55, 227
Naujocks, Alfred 56–59, 94, 109
Nieft, Gerhard 99
Nieft, Horst 99

Olah, Franz 218f.
Oswald, Gottfried 34, 204, 207

Papen, Franz von 63
Pelley, Scott 17
Piccard, Jacques 23
Pieper, Peter 187
Pietrantonio, Giacinto di 228

Pietzsch, Albrecht 224, 231
Plank, Viktor 176
Plapler, Jack 101–104
Plochl, Anna 24, 128, 234
Pöling, Eberhard 152
Pomorin, Jürgen 214
Pose, Manfred 148
Prandtl, Ludwig 139
Probst (Hofrat) 36
Pulver, Liselotte 200
Putin, Wladimir 230

Radl, Karl 95
Reder, Walter 163
Reinecke, Olaf 14, 37, 42f., 178–180, 208
Rhein, Wilhelm 138, 144
Riegel, Heinz 167–171, 173
Roelk, Max 51, 129f., 135f., 146, 178
Ruttner, Franz 22, 28f., 38

Sturm, Christian 158
S., Norbert (Prozesszeuge) 118f., 121–126
Salvatore, Gaston 8, 10
Schauer Dr. (Marinetechniker) 133, 136, 142
Schauer, Jürgen 14, 31, 39–42, 44, 47, 49, 83, 85, 87, 109f., 147–149, 151, 156, 160, 178–180, 182–185, 194, 196, 208, 219, 234, 235, 238f., 241–243
Scheid Dr. (SS-Obergruppenführer) 211
Schellenberg, Walter 59–61, 104, 109f., 113
Scherz, Hans 196f., 199f., 202
Scherz, Renate 197
Schindler, Oskar 113f., 212
Schirach, Baldur von 223
Schirach, Henriette von 202, 222f., 225–229
Schirach, Klaus von 223
Schmidt Dipl. Ing. 138
Schmidt, Karl-Heinz 34, 204, 207
Schmidt-Eenboom, Erich 188, 205
Schneider, Romy 198
Schneppen, Heinz 221
Schöller, Richard von 224
Schrack, Herbert 197, 200
Schütz, Klaus 9
Schwend, Friedrich 61f., 64, 70, 111, 168, 170
Serafini, Marco 123, 125
Sivieri, Rodolfo 226–229
Skorzeny, Otto 73, 94–96, 139
Smoljanoff, Sorowitsch 59, 63
Sommer (Kampfschwimmer) 155f., 161, 166
Sorgalla (Chefsekretärin GEO) 13
Steiner, Viktor 99
Stetter, Karl 90–92, 150
Strassner, Peter 211
Strauß, Franz Josef 9f.
Stüber, Eberhard 150, 158f.
Stumm, Johannes 9
Stunz, Holger 227
Sukjennik, Piotr 99
Syen, Albrecht 29f., 45, 87, 112, 126, 181, 238, 241

Tarra, Walter 51, 87, 90, 151, 197f.
Teufel, Fritz 9
Thyssen, Fritz 224
Todt , Fritz 132
Toepfer, Horst 231
Truman, Harry S. 187

Vareschi, Ekkehard 29, 30

Wagner, Richard 224
Wagner, Wieland 229
Wagner, Winifred 224
Wagner, Wolfgang 224, 229f.
Wallraff, Günter 13
Waneck, Wilhelm 94, 96
Weinert, Holger 169
Weis, Dr. (österr. Innenministerium) 218
Wendig Dr. (Tarnname für Schwend) 61f.
Wick, Richard 35
Widdel, Fritz 235f., 242–244, 247
Wiesenthal, Simon 193, 210, 212–221
Wiesflecker, Oskar 209f., 212
Winter, Rolf 32, 152
Wolfrum, Rüdiger 72
Wright, Paul 107

Zauner, Gerhard 112, 126

Ortsregister

Abbazia 61
Alicante 207
Altaussee 54
Amsterdam 62
Arfar 91
Aschering 33
Attersee 133
Auschwitz 109
Ausseer Land 37, 92, 208, 212, 217
Außenalster 32

Bad Aussee 34, 36f., 46, 73, 88, 103, 134, 161f., 197, 238
Bad Ischl 135
Bagdad 188
Banat 189f., 193
Bayreuth 224
Belgrad 62, 180, 189
Berchtesgaden 225, 230
Bergamo 228
Berlin 8f., 11, 19, 34, 55, 57, 59, 62, 64, 97, 99–101, 115f., 118–122, 124f., 172, 200, 221, 224–226, 229, 231
Berlin-Charlottenburg 124, 126
Bern 205f.
Bernau am Chiemsee 206f.
Bodensee 32
Böhmen 54
Bonn 205, 207
Bozen 225, 227, 233
Bremen 235
Budapest 62
Buenos Aires 104

Chiemsee 66

Dachstein 246
Dahlem 124
Dänisch Nienhof 144
Dassel 104
Dassel-Einbeck 106
Djibouti 91
Dresden 231
Dürenhausen 106
Düsseldorf 187

Ebensee 73, 103
Eberswalde 57
Eckernförde 131
Eggerding-Schärding 188f., 192–194
Eilat 32

Florenz 225–228
Frankfurt 171

Genf 170
Glücksburg 206
Goslar 106
Gößl 37f., 52, 91, 134f., 142, 150f., 155, 157, 165
Göttingen 99, 139, 238
Gran Sasso 94
Graz 36, 150f.
Groß-Flottbeck 129
Groß-Ziethen 101
Grundlsee 35, 73f., 134f., 137, 142f., 246

Hamburg 11, 32, 52, 67, 74, 89, 93, 106, 112, 118–120, 123, 129, 158f., 170, 172
Hannover 99, 241
Heidelberg 72
Hochstaufen 192
Hongkong 243

Ickern 152
Innsbruck 105

Jerusalem 16, 123

Kahlenberg 199
Kairo 104
Kammersee 81, 181
Kapstadt 52, 246
Karlsruhe 167
Kiel 51, 129f., 134–136, 143, 235, 238
Kiel-Dietrichsdorf 131
Köln 143
Königssee 12, 90
Konstanz 206
Kopenhagen 62
Kruschtschewatz 180

La Jolla 89
Laboe 136

Landsberg 133
Lenzburg 206
Linz 64, 133, 225
Litzmannstadt 116
Lodz 120f.
London 106, 141, 145, 159, 163, 199
Long Island 186
Los Angeles 16

Madrid 62
Mainz 69, 166
Marzabotto 163
Mauthausen 64, 103, 133
Meran 61, 64, 168
Morawa 180
Moskau 69, 230
München 14, 33–35, 62, 65, 73, 75, 90, 101, 123, 143, 153, 158, 167, 169, 172, 181, 189, 203, 223, 225, 230f., 236, 246f.

Navarone 134
New York 139, 186f.
Niehoff 143
Nürnberg 94f., 133, 216

Obersalzberg 225f.
Oranienburg 119
Ottobrunn 33

Paris 62, 145
Piding 188, 191
Plön 132
Pötschenpass 238
Prag 59
Pullach 203
Pulvermaar 133

Radstatt 73, 105
Rastenburg 132
Redl-Zipf 64, 73, 103–105, 222
Regensburg 143, 238
Rom 62, 228
Romanshorn 32
Rorschach 32

Sachsenhausen 47, 59f., 64, 66f., 70, 93, 96, 98–100, 103f., 125
Salzburg 89, 104f., 109, 154, 165
Salzkammergut 11f., 22, 112, 127, 176, 237
Sankt Augustin 207
Schärding 189
Schwaz 104, 198
Seewiesen 11, 33, 52, 153, 203, 226
Sofia 63
St. Valentin 64
Starnberg 106, 206
Starnberger See 12, 33, 37, 166, 235
Staufeneck 188f., 191, 193
Stockholm 62
Stralsund 32, 72
Straßburg 209f., 220
Stuttgart 16, 106

Tanger 62
Tel Aviv 63
Thuner See 46
Tirol 61
Tolensesee 132
Totes Gebirge 12, 128, 133
Traun 81, 162
Tutzing 235

Ugleisee 132
Unterschondorf 206

Völklingen 134
Vulcano 91

Walchensee 222f.
Washington D.C. 210, 215, 220, 230
Wattens-Lizum 104
Weilheim 205
West Brompton (London) 137
Wien 35, 50, 54, 150, 154, 157, 159, 166, 189, 191, 195–201, 209f., 212, 214, 219, 223, 225
Wörgl 104f., 222

Zell am See 104
Zürich 51, 62, 151, 206, 211